REBIRTH OF THE CITY

도시의 재탄생

도시, 공간, 문화

활기차고 살기 좋은 도시 만들기를 위한 세 가지 방법

하권찬 저

나무미디어

도시 · 공간 · 문화

2017년 6월 1일 1판 1쇄 인쇄
2017년 6월 10일 1판 1쇄 발행

저 자 하권찬
발행인 박재린
발행처 나무미디어
주 소 경기 성남시 분당구 정자1로 30길 107-1002
전 화 031-712-9489
팩스 031-602-9489
E-mail injae8005@hanmail.net
신고번호 제2016-000031호

정 가 18,000원
ISBN 979-11-86756-08-9 03320

차 례

프롤로그

다양성은 도시의 경쟁력이다.

18세기 영국의 시인 윌리엄 쿠퍼(William Cowper)는 "신은 자연을 만들었고, 인간은 도시를 만들었다"고 하였다. 이처럼 도시는 오랜 인류 역사가 누적된 산물이며, 또한 인간과 사회가 만든 문명들의 집합체로 소중한 존재이다. 그런데 이처럼 소중한 도시에서 사는 우리들은 여유를 찾지 못하고 헤매고 있다. 그 이유는 아마도 도시가 다양성을 잃어가기 때문일 것이다. 낡은 건물이 허물어짐과 동시에 그 곳에 있던 다양한 이야기들이 없어지고, 새로 들어서는 번쩍이는 높은 건물들로 도시가 획일화되기 때문일 것이다.

이러한 상황에서 도시 개발과 재생은 더욱 도시민들에게 행복과 여유를 찾아 줄 수 있는 방향으로 행해져야 한다. 지금까지의 도시가 고도성장과정에서 '일터'로서의 역할에 그쳤으나, 이제는 '삶터'와 '놀이터'의 기능강화를 통한 조화로운 균형을 이루어야 할 필요성이 높아진 것이다. 거기에다 수많은 도시 중에서 자신만의 고유성을 잃지 않은 도시공간을 위해서는, 고유의 역사성과 상징성을 살리는 도시재생이 필요하다.

우리가 아는 경쟁력이 있는 세계적인 도시들은 인구구성, 산업구조, 문화환경 등이 매우 다양하게 펼쳐지고, 이 같은 「다양성」이 잘 안착되어 있다는 특징을 보이고 있다. 이러한 도시가 갖는 「다양성」은 산업, 노동, 기술 등 여러 요소를 통해 도시발전에 반영돼 지속가능한 도시를 만들어가는 원동력이 되고 있다. 따라서 「다양성」은 경쟁력을 갖추고 창의성을 자극하는 미래 도시의 필요 조건일 것이다.

그렇다면, 지금의 도시는 어떤 모습인가? 현재 진행되는 신도시개발과 도시재생은 그 배경이 다른데도 불구하고 결과는 모두 똑같아진다는 문제점을 보이고 있다. 수익성이 높은 아파트 위주의 모습으로 전개된 도시 건축 때문에 원래의 도시에 오랜 세월 쌓인 경험과 스토리, 다양성은 무시되고 있다. 지금까지의 도시재생사업이 대부분 "철거와 재건축"이라는 획일적 시행방법으로만 추진되어 왔기 때문이다. 이는 재생사업들이 주택공급위주의 정책목표에 맞추어 불량환경 제거에 치중하고, 토지소유자와 사업주체는 자산가치 증대와 사업성만을 추구해 왔기 때문이다. 그 결과, 기존 도시의 역사적인 모습과 「다양성」은 사라진 천편일률적인 모습의 도시만이 남게 된 것이다.

이처럼 도시가 「다양성」을 잃게 된 가장 큰 이유는 경제적 가치 때문이었다. 건물을 지어 얻는 경제적 이익은 같은 면적의 땅을 기존의 낡은 상태로서 얻는 이익과는 비교할 수 없을 정도로 크다. 거기에다 새 건물이라는 상대적 가치까지도 추가된다.

그동안 우리나라는 재개발, 재건축, 아파트 광풍에 싸여 하루아침에 아파트 가격이 올라 돈을 번 사람이 있는 반면, 경제적인 이유로 살던 곳에서 떠날 수밖에 없던 사람들도 존재한다. 경제적 가치라는 명목하에 재개발, 재건축은 지금도 다 밀어버리고, 그동안 쌓였던 풍경이나 이야기는 다 없어지고, 어느 곳에서나 똑같은 모양의 아파트집단으로 바꾸는 수준에 머물고 있다.

다행인 점은 많은 전문가들이 이러한 문제를 인식하고 도시가 다양성을 잃게 되는 현상을 막기 위해 제도적으로 다양성이 보호되도록 도시가 설계 되어야 한다고 주장하고 있다.

온 도시가 입만 열면 하나같이 재개발, 재건축, 아파트 하는 세태다. 그러나 이제는 도시민들의 진정한 행복과 삶의 가치가 어디에 있는지 곰곰이 헤아려 보아야 한다. 우리를 행복하게 하고, 삶의 여유를 주는 것은 깔끔하게 정리된, 사업성을 감안하여 들어선 높은 건물이나 오른 집값만이 아니다. 행복의 소재는 여기저기에 무수히 널려있다. 그런데 행복해질 수 있는 그 가슴을 잃어가고 있다.

바로 이 점이 책의 출발점이다. 변화하는 환경속에 경제적으로만 접근하는 기존의 틀을 벗어나 도시민들의 삶이 같이하는 "활기차고 살기 좋은 도시"가 되려면 어떻게 해야 하는 가라는 질문이다. 이를 위해 도시의 가치, 그리고 공간의 변화, 다음으로 문화를 활용한 도시의 재탄생이라는 주제로 접근하여 구체적인 사례 속에서 대안을 찾아 나간다. 각 주제 안에는 사례 속에서 제시된 방안들이 항목별로 제시된다. 이를 통해 더 나은 도시가 되기 위해 우리가 할 일들을 고민해 보자는 것이 이 책의 전달사항이다.

이 책은 필자가 2011년에 발간한 “문화가 부동산을 살린다”의 후속편이다. 전작은 다행히도 우수도서에도 선정되고, 독자들의 적지 않은 호응 속에 후속작 요구에 직면하였다. 첫 번째 책이 문화요소를 이용해 부동산 가치를 올린다는 주제를 다루는 내용이었다면, 이번에는 범위를 넓혀서 “도시”를 살리는 요소로서 공간과 문화를 가지고 접근하였다는 차이점이 있다. 또 하나 책을 쓰게 된 계기로 필자가 2015년 「이코노미조선」에 연재한 ‘하권찬의 도시이야기 시리즈’가 있다. 시리즈를 연재하면서 도시에 대한 고민과 함께 과제도 듬뿍 안게 되었던 것이다. 이에 이번에 과제 해결 차원에서 쓰게 된 책이 “도시의 재탄생 도시, 공간, 문화”이다. 가능하면 고민한 과제에 대해 사례와 함께 대안을 찾으려고 노력했다. 물론 결과가 모두 만족스러울 수는 없지만 그래도 ‘도시분야’에 관해 차곡차곡 쌓은 경험과 연구들로 내용을 채워 보았다. 따라서 본 책은 특히 도시와 관련된 정책적 접근이 필요한 지자체나 정부, 공기업 직원들에게 적극 권한다. 그리고 도시와 부동산, 지역경제, 지역개발, 건축 분야를 배우는 분들은 자신의 전문영역에 대한 비전과 방향을 찾는데 참고하기를 권장한다. 마지막으로 자기가 살고 있는 도시에 대해 관심이 있는 일반인들에게는 자신이 살고 있는 도시를 바라보는 관점 변화에 도움을 줄 것으로 기대한다.

도시의 가치

도시관광, 랜드마크, 도시재생, 공공공간 활용으로 도시의 가치를 올린다.

호주 시드니의 Vividsydney (왼쪽 위),
미국 뉴욕의 I♥NY (오른쪽 위)
미국 시카고의 밀레니엄파크내 클라우드게이트 (왼쪽 아래),
스페인 발렌시아의 (오른쪽 아래)

1. 도시 브랜드와 랜드마크

도시 브랜드

"I♥NY"라는 슬로건이 있다. "I♥NY"는 도시브랜드 개발의 원조라고 할 수 있는 미국 뉴욕주의 브랜드로 1970년대 중반 관광활성화를 위해 뉴욕주 무역부 New York State Department of Commerce에서 시작한 광고캠페인으로 출발되었다. 이 브랜드는 1년 뒤 뉴욕주 관광수입을 1억 4천만달러로 증가시켜 비용 대비 4배의 효과를 가져온 대표적인 「도시브랜드」 성공사례이다. 또, "I Amsterdam"이라는 슬로건도 있다. 이는 '나는 암스테르담 시민이다'는 뜻을 가진 네덜란드 암스테르담의 브랜드로 2004년 야심차게 이 캠페인을 런칭하면서 암스테르담의 여러 유명 관광지에 조형물을 설치하여 홍보효과를 높힌 사례이다.

한편, 싱가포르는 "Your Singapore"를 내세우고 있다. 기존의 "Uniquely Singapore"에서 「마리나 베이 샌즈」와 「센토사 유니버설 스튜디오」 등 관광 인프라를 구축한 뒤 선택한 슬로건이다. 이는 기존의 명소 위주의 관광 상품에서 벗어나 여행자 개개인의 취향에 맞춘 서비스를 극대화 하겠다는 의미를 가진 브랜드로 이해된다. 그리고 일본의 동경은 "도쿄: Yes! Tokyo"라는 슬로건이 있다. 이는 모든 사람들의 요구에 'YES'라고 답할 수 있는 친절함이 갖춰진 완벽한 도시라는 개념이다.

도시간의 끝없는 경쟁은 「도시브랜드」 제고로 이어진다. 「도시브랜드」 제고는 결국 가치를 높이는 것이 과제가 될 수밖에 없다. 이를 위해서는 타 도시와의 차별화를 통해 결국 그 도시가 매력적인 삶의 공간으로 태어나야만 한다. 그러한 점에서 「도시브랜드」의 제고는 대부분의 도시에서 중요한 이슈이다.

그렇다면, 브랜드란 무엇인가? 일반적으로 의류, 가방, 신발을 비롯한 각종 제품에 표시된 브랜드란 특정회사의 제품임을 알리는 수단으로 특정 상품이나 지역, 단체의 이름을 쉽게 널리 알리기 위해 만든 문자나 기호, 도형 등을 의미한다. 오늘날에는 도시 이미지를 만들고 홍보하여 세계에 알리는데 있어서도 활용되고 있다. 도시 브랜드는 다른 도시와의 차별성을 갖는 것이 중요하기 때문에 시각적 상징인 심볼Symbol과 브랜드의 주제를 짧게 압축하여 표현한 슬로건Slogan, 그리고 브랜드를 의인화하여 만화형태로 표현한 그림 형태의 캐릭터Character 등이 사용된다.

세계의 도시브랜드

I ♥ NY

앞에서 언급된 미국 뉴욕의 'I♥NY'는 도시 브랜드 슬로건 가운데 가장 알려진 것 중의 하나이다. '나는 뉴욕을 사랑한다'는 뜻의 이 브랜드 슬로건은 1977년 그래픽 디자이너인 밀턴 글레이저가 도안했다. 당시 뉴욕시는 석유파동으로 경기는 극심하게 침체되었고 실직자 수 급증과 함께 '범죄의 도시'라는 별명으로 불리기까지 하였다. 이에 뉴욕시는 긍정적인 도시 이미지와 인식 제고를 위해 이 슬로건을 광고 캠페인에 사용했다. 그 결과 뉴욕시의 관광 수입은 급증했고, 또

그림 1-1 | 뉴욕의 I♥NY 마크와 상징물(ⓒ뉴욕시)

뉴욕은 매력적이고 활기찬 도시라는 이미지로 탈바꿈했다. 'Love' 글자 대신 빨간 하트모양을 넣은 'I♥NY' 하나가 범죄의 도시로 악명 높던 뉴욕을 세계적인 관광·패션도시로 탈바꿈시켰다고 해도 과언이 아니다.

I amsterdam

네덜란드 암스테르담은 2004년부터 'I amsterdam'을 쓰고 있다. "나는 암스테르담 사람이다"라는 뜻이다. 다인종, 다문화가 공존하는 도시라는 이미지를 잘 전해주고 있다. 이를 통해 암스테르담도 '꼭 가보고 싶은 도시'로 각인시키는 데 성공했다. 특히 아래 그림과 같이 암스테르담 국립박물관 앞에 설치된 "I amsterdam"조형물은 이제 대표적인 암스테르담의 필수 방문지가 되었다. 나아가 조형물만이 아닌 'I amsterdam'이미지를 이용한 시티카드, 벤치 등을 제작해 운영하는 등 다방면에서 슬로건을 활용하고 있다.

그림 1-2 | 네덜란드의 I amsterdam 조형물 (ⓒ암스테르담시)

▌그림 1-3 | I amsterdam 브랜드의 활용모습 (ⓒ암스테르담시)

덴마크 코펜하겐 -cOPENhagen

북유럽의 덴마크 코펜하겐시에서는 코펜하겐과 OPEN의 철자를 이용해 만든 로고로서, 「cOPENhagen」을 활용하고 있다. '당신에게 열려 있는 Open for You 코펜하겐'이라는 슬로건을 통한 다양한 캠페인 활동을 함께 벌이고 있는 것이다. 특히 코펜하겐의 단어 속 「Open」을 강조함으로써 덴마크의 열려있는 마인드를 간결하면서도 확실하게 전달해주고 있다.

현재는 덴마크인들의 없어서는 안 될 교통수단인 자전거부터 시청 앞 잔디밭, 지하철역, 휴지통 등에 이 브랜드를 붙여 널리 홍보를 하고 있어서 코펜하겐의 대표적 이미지로 자리잡고 있다.

▌그림 1-4 | 덴마크의 Copenhagen마크와 문구가 삽입된 자전거의 모습 (ⓒ코펜하겐시)

I • SEOUL • U

2015년 10월 28일 서울시는 새로운 서울 브랜드로 기존의 「하이 서울」을 바꾸어 「너와 나의 서울 I • SEOUL • U」로 확정하였다. 그 과정으로 서울시는 '서울 브랜드 아이디어 국제 공모전(7.20~9.1)'에 출품된 16,147작품 중, I • SEOUL • U와 seouling 서울은 진행형, 그리고 SEOULMATE의 총 3개 서울브랜드 최종후보를 선정했다. 그 중 선택된 「I • SEOUL • U」는 너와 나 사이에 서울이 있다는 서로 공존하는 서울을 의미한다고 한다. 즉 서울을 중심으로 너와 나, 시민과 시민이 이어지며, 시민과 세계인이 함께 공존하는 서울이라는 의미를 담고 있는 것이다.

I•SEOUL•U

너와 나의 서울

그림 1-5 | I • SEOUL • U (©서울특별시)

세부적으로는 SEOUL의 양 옆에 열정과 여유를 상징하는 붉은색과 푸른색의 '닷 dot'으로 표현했고, SEOUL의 'O'에 한글 자모 '이응'을 결합해서 세계적이면서 대한민국 대표 도시임을 이미지화 했다고 한다. 그 이후 「I • SEOUL • U」에 대해서 일부의 비난여론으로 패러디가 나오고, 해외 언론에서도 「Konglish」논란을 보도하는 등 이슈화 되고는 있으나 현재도 새로운 서울브랜드로 사용중에 있다.

이처럼 다양한 세계의 도시브랜드를 살펴 보면, 우선 이해하기 쉽고, 외국인이 봐도 한 눈에 들어오는 슬로건이 특징이다. 그러나 중요한 것은 각자의 도시 상황과 어울리는 컨셉이어야 할 것이고, 시민들도 아끼는 브랜드가 되어야 할 것이고, 이어서는 효율적인 홍보가 뒤따른다고 할 수 있다.

도시 브랜드의 역할

서울의 새 브랜드처럼 잘잘못을 따지기 이전에 중요한 것은 전 세계의 많은 도시들이 도시의 정체성을 표현할 수 있는 고유브랜드를 만들기 위해 노력하고 있다는 것이다. 세계화의 빠른 진행으로 국가간의 경쟁은 도시간의 경쟁으로 심화되고 있다. 이같은 시대적 변화속에 도시를 하나의 상품으로 인식하고, 타도시와 차별화된 특징과 이미지를 상징하는 수단으로 도시를 내세우고 있는 것이다. 그리하여 하나의 도시를 브랜드화 하고 마케팅전략을 세워 장소의 정체성을 강화하고 매력적인 이미지를 창출하기 위해 많은 도시들이 앞다투어 도시브랜딩을 하고 있는 것이다. 한 도시의 정체성을 알려야 할 필요성이 늘어나고, 이를 대표적으로 보여줄 수 있는 것이 「**도시 브랜드**」라고 이해할 수 있게 된다.

스마트폰하면 I-phone이, 만년필하면 **몽블랑**이 떠오르는 상품 브랜드처럼 도시, 장소 등의 지역도 브랜드로 인식되고 있다. 특히 국가, 민족, 지역 간의 경계가 사라지는 시대에 있어서 국가, 도시, 지역 간의 경쟁은 거의 무한 경쟁의 상황에 들어 갔다고 할 수 있다. 관광객, 투자자, 거주민들을 유치하기 위한 각 지역의 노력과 투자는 거의 생사를 건 듯한 상황이 된 것이다.

그렇지만 우리나라의 도시브랜드는 현재 축제, 특산품 등을 이용한 가치 높이기에만 집중하고 있다. 각 도시들은 CI와 슬로건을 만들어 운영하고 있지만 현란한 색채와 비슷비슷한 캐릭터만을 내세운 마케팅을 하고 있으며, 그나마 앞서 있는 서울도 사정은 다르지 않다. 디자인서울 정책을 앞세워 도시의 아이덴티티를 나타내고자 하였으나 해외 선진 도시에 비하면 도시브랜드 이미지측면에서 아직은 부족한 실정일 수밖에 없다.

세계적인 브랜드 조사기관인 "Anholt-GMI"에서 세계의 60개 도시를 대상으로 하여 2011년 조사한 도시별 브랜드 순위에서 서울은 44위를 차지하였으며, 가장 브랜드 가치가 높은 도시 순으로는 프랑스 파리, 영국 런던, 호주의 시드니, 미국의 뉴욕, 로스앤젤레스 순으로 나타났다. 상위권에 속해있는 도시들은 각각 도시의 브랜드 이미지가 확실하고 뚜렷하다는 것과 조형물이나 건축물 등의 랜드마크가 있다는 점이 공통점으로 나타났다.

또한 성공한 도시들의 슬로건을 살펴보면 몇 가지 공통점이 있다. 무엇보다 발음하기 쉽고 문장에 리듬이 있어 기억하기 좋다는 점, 간단명료하되 부연설명 없이 의미가 잘 전달된다는 점, 함축적인 디자인으로 잘 표현되었다는 점이다.

도시의 부가가치는 그 도시가 지닌 이미지에 의해 확대 재생산된다는 점에서 「도시브랜드」는 지역사회의 문화적인 영역은 물론, 경제에도 영향을 끼친다. 따라서 단지 로고 개발에만 그칠 것이 아니라, 장기적인 안목에서 지속적으로 지역자산의 경제적 가치를 창출하기 위한 활용과 관리가 필요하다.

한편으로 「**도시브랜드**」 개발은 도시의 이미지를 새롭게 만들고 이를 통해 문화와 산업을 일으키는 선순환 구조를 만든다. 결국 도시 브랜드가 도시의 정체성 높이는 것은 물론 내국인을 넘어 세계인이 즐기는 아이콘이 된다는 점을 고려해야 한다.

이러한 가운데 도시브랜드 가치 상승을 위해서는 첫째, 브랜드 가치와 포지셔닝의 명확한 정의와 공유, 둘째 브랜드 마케팅 커뮤니케이션의 체계성 확보, 셋째, 브랜드 마케팅 커뮤니케이션의 효과적 실행, 넷째 상징적 경관과 공간 구축을 통한 하드브랜딩 강화, 다섯째, 지역브랜드 자신의 평가를 통한 브랜딩 성과 측정과 문제 도출 및 개선 등의 전략들이 고려될 필요가 있다.

도시의 랜드마크

서울의 「랜드마크」는 흔히 '서울타워 남산타워'라고 한다. 이처럼 서울의 '서울타워' 같이 어느 도시마다 도시를 상징하는 역할을 하는 건물이나 시설 등이 있게 마련이다. 이 때 이와 같은 역할을 하는 시설물을 흔히 랜드마크라 한다. 「랜드마크」를 정의하면, 도시의 이미지를 대표하는 특이성 特異性 있는 시설이나 건물을 말하며, 여기에는 물리적 · 가시적 특징의 시설물뿐만 아니라 개념적이고 역사적인 의미를 갖는 추상적인 공간 등도 포함된다.

사람은 도시의 각 부분을 상호 관련시키면서 각자의 정신적인 이미지를 환경으로부터 만들어낸다. 즉, 도시의 물리적인 현실로부터 사람이 추출해 낸 그림이 바로 도시의 이미지인 것이다. 이같은 도시이미지를 만드는 「랜드마크」는 현대에 들어서는 특정 도시의 이미지를 만드는 건축물을 의미하는 용어로 사용된다. 따라서 서울의 '서울타워'나 '광화문', 이집트의 '피라미드', 중국의 '천안문', 미국의 '자유의 여신상' 등이 대표적인 「랜드마크」라고 할 수 있다.

특히 오랜 기간 도시를 대표하는 「랜드마크」로 자리잡아왔던, 뉴욕의 '엠파이어 스테이트 빌딩', 시카고의 '시어스타워', 프랑스 파리의 '에펠탑' 등의 건축물은 물론, 최근에 와서는 대만의 타이페이 '101빌딩', 두바이의 '부르즈 할리파', 싱가포르의 '마리나베이 샌즈 호텔' 등 높은 건축물은 전형적인 「랜드마크」로 자리잡고 있다.

그 중 싱가포르의 '마리나베이 샌즈 호텔'은 싱가포르 정부 주도로 지어진 곳으로 경제 효과를 창출하는 대표적인 「랜드마크」이다. 건물이 배를 떠받치는 모양의 독특한 디자인에다가, 세계 최고 높이의 옥외 수영장, 쇼핑몰과 컨벤션센터, 카지노 시설 등은 관광객 누구나 발길을 멈출 수밖에 없다. '마리나베이 샌즈 호텔'은 2014년 한 해에만 방문객만 연인원 4천만 명, 3조 6천억 원의 수익을 올렸다고 발표했다.

▌**그림 1-6** | 미국 시카고 윌리스타워의 모습 (ⓒ윌리스타워)

"높이"라는 가치로 관광객을 모으는 랜드마크

도시가치의 바로미터로서 랜드마크의 이해를 위해 먼저, 미국 시카고시의 랜드마크인 「**윌리스타워** Willistower」 경우를 살펴보자.

1871년 대화재를 겪은 이후 도시 대부분을 태우게 된 미국 시카고시CHICAGO는 '수직 도시' 건설에 나서게 되었다. 이 건축도시의 한 가운데 서 있는 110층, 높이 443m의 「**윌리스타워** 전, 시어스 타워」는 1973년 건설 이후 시카고는 물론 미국을 대표하는 랜드마크로서 「**윌리스타워**」를 찾는 관광객은 매년 160만 명이 넘는다. 마치 공중에 떠 있는 듯한 아찔한 느낌을 주는 유리 바닥 구조[1]에, 시카고 주변 4개 주를 한눈에 볼 수 있는 전망대는 최고의 관광 명소로 자리 잡았다. **윌리스타워**의 원래 이름이었던 「**시어스타워** Sears Tower」는 2009년 죽기 전에 꼭 봐야 할 세계 건축 1001[2]에도 뽑혔던 건물이다. '시어스 로벅' 사의 의뢰로 「**시어스타워**」가 지어졌을 당시 미국은 경제가 다시 활기를 띠기 시작하면서 고층 건물 건설이 대유행을 타고 있었다. 건축학적으로는 스키드모어, 오윙스 & 메르렐 사의 브루스 그라함이 디자인을 맡았으며, 엔지니어 파즐러 R. 칸이 혁신적인 건설 방법으로 묶음튜브 철조구조를 고안 적용하여 층이 진 외형을 만들어 냈다. 「**시어스타워**」의 외형은 청동색 유리와 스테인리스 알루미늄으로 뒤덮여 있다. 내부로 들어가면 넓은 사무실 공간이 나오며, 이는 도시의 정경을 아무런 장애물 없이 감상할 수 있도록 해준다. 건물의 설계에 또 하나의 혁신적 기술이 적용되었는데, 타워에 대한 강한 인상을 만드는 주요 역할을 하는 창문을 항상 깨끗하게 유지하기 위해, 사람을 이용한 고층유리를 청소하는 것이 아닌 로봇을 이용한 창문 청소 시스템을 도입한 것이다.

---

1) 유리발코니 레지(The Ledge)는 유리로 된 바닥 아래로 400m의 아찔한 높이로 느낄 수 있는 관광객을 이끄는 요소임.

2) 죽기 전에 꼭 봐야 할 세계 건축 1001, 2009.1.20., 마로니에북스.

▮그림 1-7 | 윌리스타워와 유리바닥 전망대에서 즐기는 시민 (ⓒwww.willistower.com, theskydeck.com)

「시어스타워」는 애초부터 세계에서 가장 높은 건축물이 되기 위해 지어졌으며, 현재까지도 미국 내 최고층 건물이자 사용 가능한 사무실 공간이 가장 넓은 건축물이다. 이곳은 이제 세계적인 관광명소가 되었고, 매해 이를 보기 위해 수만 명의 인파가 몰리고 있다. 현재는 윌리스 그룹이 이 건물을 소유하고 있으며, 「윌리스타워」로 명칭을 바꾸었다.

또한, 대만에도 대표적인 랜드마크로 자리잡은 「101타워」가 있다. 「타이베이 금융센터[Taipei 101, 台北國際金融大樓]」[3]는 타이완을 상징하는 아이콘이자 '타이베이의 맨해튼'이라고 불리는 신의 信義 지역의 랜드마크다. 연중 관광객의 발길이 끊이지 않는 인기 명소로 흔히 **타이베이 101 빌딩**이라고 불린다. 타이완의 유명 건축가 '리쭈위안'이 설계한 건물로 건물 외관은 하늘로 뻗어 나가는 대나무 위에 꽃잎이 겹겹이 포개진 형상이다. 건물에는 8개 마디가 있는데 이는 중

3) http://www.taipei-101.com.tw

그림 1-8
타이페이 101빌딩

화 문화권에서 부, 번영, 성장, 발전 등을 의미하는 숫자 '8'을 염두에 둔 것이다. 저녁이면 건물에 조명을 밝혀 주변을 화려한 빛으로 물들인다.

높이가 508m에 달하여 타이베이 시내 어디서나 볼 수 있는 가시성을 가지고 있다. 현존하는 최고 높이 건물인 두바이의 「**부르즈 할리파**」(828m)가 건설되기 전까지는 세계 최고층 건물의 지위를 누렸다. 전망대가 위치한 89층까지 초고속 엘리베이터를 타고 올라갈 수 있다. 매표소가 있는 5층부터 전망대까지 불과 37초 만에 도착해, 한때 세계에서 가장 빠른 엘리베이터로 기네스북에 등재되었다. 사방이 유리로 설계된 89층 전망대에서는 타이베이 시내를 360도 파노라마로 감상할 수 있다.

날씨가 좋은 날에는 비상계단을 통해 연결되는 91층을 개방한다. 야외에서 타이베이 전경을 조망하기에 더없이 좋다. 먹거리 역시 중요하다는 점에서, 85층에는 타이베이에만 10개 이상 분점을 둔 타이완 향토 음식 전문점 '신예'가 있다. 입장료를 내고 전망대에 올라가지 않더라도 이곳에서 식사하며 환상적인 전망을 즐길 수 있다. 지하 1층에는 중식, 양식, 일식 등을 선보이는 음식점 수십 개가 들어선 푸드코트가 있다.

본래 은행과 증권회사 등 타이베이 금융기관이 모여 있는 건물이지만 사무실 외에도 지하 5층부터 지상 101층까지 유명 브랜드가 입점한 대형 쇼핑센터와 고급 레스토랑들이 들어서 관광객들이 많이 찾는다. 쇼핑과 오락, 식사를 한곳에서 즐길 수 있는 복합시설로 자리잡은 것이다.

두바이의 랜드마크인 「부르즈 할리파 Burj Khalifa」는 아랍에미리트 U.A.E 두바이의 신도심 지역에 건설된 초고층 건물로 전체 높이 829.84m의 현존 세계최고 높이의 건물이다. '부르즈'는 아랍어로 '탑'이라는 뜻이며, '할리파'는 아랍에미리트 대통령의 이름인 할리파 빈 자이드 알 나하얀 Khalifa bin Zaid al-Nahayan에서 땄다.

시행사는 두바이의 '에마르 Emmar'이고, 한국의 삼성물산(주) 건설부문이 시공사로 참여하여 3일에 1층씩 올리는 최단 공기(工期) 수행으로 세계의 주목을 끌었다. 총 공사비 15억 달러를 소요하여 2004년 9월 21일 착공하여, 2009년 10월 완공되었으며, 2010년 1월 4일 개장하였다. 면적은 33만 4,000㎡로, 상업 시설과 주거 시설, 오락 시설 등을 포함한 대규모 복합 시설로 이용된다.

2011년 개봉한 '미션 임파서블:고스트 프로토콜'에서 주인공 '탐 크루즈'는 지상 828m의 두바이 「부르즈 할리파」에서 와이어에만 의존한 채 고공 액션을 펼쳐서 당시 관객들의 시선을 한눈에 사로잡았다. 이후 관광지로 이름을 더욱 날리게 되었다.

전 세계에서 가장 높은 건물로서 다양한 기록도 가지고 있다. 세계초고층학회 평가기준인 구조물, 사람이 사는 거주층, 건물지붕, 첨탑 등 4개 분야에 모두 최고를 기록하고 있다. 163층에 높이 828미터, 또 분당 600m를 이동하는 최고속 엘리베이터를 보유하고 있다. 이 건물은 이전까지 가장 높았던 대만 타이페이 101보다도 300미터 이상 높아진 것이다. 축구장 17개 면적의 외장유리 등 수많은 최첨단 기술이 집약된 건물이다. 각 층별로는 124층의 전망대, 109층 이상엔 사무실, 40층 이상엔 고급 아파트, 1층에서 39층까지는 호텔로 사용되고 있으며, 명품으로 알려진 '아르마니호텔'이 입점되어 있다. 전망대에서 두 층을 내려가면 세계에서

▌그림 1-9 |
부르즈 할리파의 모습 (ⓒJune)

가장 높은 곳에 위치한 고급 레스토랑 겸 라운지인 '앳모스피어 At.mosphere'가 있어서 많은 관광객들이 식당을 이용하면서 경치를 즐긴다.

한편, 건물 모양에 지역성을 반영하여 사막의 꽃과 모스크의 돔을 모티프로 디자인되었다. 위에서 내려다 보면, 건물이 꽃잎모양처럼 보인다.

「부르즈 할리파」는 석유 일변도의 경제에서 탈피하여 서비스와 관광 중심 도시로 다각화를 이루겠다는 두바이의 의지가 담긴 건물로 들어섰다. 관광객은 124층의 전망대로 올라가 꼭대기 층의 짜릿한 전망을 즐기고 특히 야간에는 인근에서 벌어지는 두바이몰 분수쇼를 위에서 볼 수 있다. 밑으로 내려온 관광객은 인접한 '두바이몰'에서 쇼핑을 즐기고, 세계 3대 분수쇼라는 '두바이몰 분수쇼'를 관람하게 된다. 오후 6시부터 매 30분 단위로 벌어지는 분수쇼는 각기 다른 곡에 맞추어 최대 높이가 150m에 이른다고 한다. 특히 야간에 보는 이 음악 분수 쇼는 아름다운 음악과 함께 춤추듯 흔들리는 물줄기가 빛과 함께 어우러져 낮보다 더 멋진 장관을 만들어 낸다. 저녁이 되면 호수에서 펼쳐지는 분수쇼와 함께 빌딩에서 빛나는 조명까지 어울려 화려한 무지개 빛으로 뒤덮힌 빌딩들의 모습도 볼 수 있다. 한편 주변에는 약 11만 제곱미터 규모의 공원 안에는 호숫가 산책로, 숲, 어린이 놀이터, 인공 폭포 등이 있어서 공원 산책도 시민들의 중요한 일과라고 한다.

또한, 두바이 어느 곳에서도 보인다는 점에서 '새해 맞이 행사를 위한 장소'로도 사용되며, '불꽃 축제'도 함께 개최되는 장소이다. 그 결과, 다른 많은 초고층 건축물들이 그렇듯이 「부르즈 할리파」 역시 한 해 1,000만명 가량이 방문하고 있으며, 연결된 쇼핑몰인 '두바이몰'도 UAE 국내 총생산의 5%에 달하는 50억 달러(약 5조 8200억원)의 외화를 벌어들이고 있다. 여기에서 초고층건물의 전망대에서 그 나라의 가장 높은 하늘과 도시경관을 감상한 관광객들은 이어서 쇼핑몰로 유입돼 매출로 이어지는 효과가 만들어 지는 셈이다.

그러나 지난 10년간 전 세계 최고층 빌딩으로서 두바이의 랜드마크로 이름을 날렸던 「부르즈 할리파」도 얼마후면 그 명성을 물려줘야 한다. 2020년에는 179m가 더 높은 1,007m의 사우디아라비아의 제다 타워 Jeddah Tower가, 그리고 2020년에는 같은 두바이에 928m 짜리 건물 '더 타워'가 들어서기 때문이다. 따라서 궁금한 것은 세계 최고 타이틀을 잃었을 때의 「부르즈 할리파」의 대응과 이후의 모습이다.

"문화"라는 가치로 시민과 함께 소통하는 랜드마크

이런 점에서 높이가 아닌 시민과 함께하는 문화를 내세운 미국 시카고시의 「밀레니엄파크 Millenium Park」가 시사하는 바는 크다. 시카고는 건축의 도시로 불리울 정도로 앞에 언급한 "윌리스타워"같은 다양한 초고층빌딩이 자리잡고 있지만, 지금의 시카고 「랜드마크」는 단연코 99,000m^{2}의 부지에 자리잡은 「밀레니엄파크」를 포함한 문화시설물이다.

미국 시카고시의 명물인 「밀레니엄파크」는 서기 2천년을 기념하기 위해 계획했던 공원으로, 당초 예상보다 공사가 지연되어 2004년에 문을 열었다. 공사 지연과 막대한 지출로 홍역을 치르기도 했으나 오늘날 시카고 역사상 최고의 성과

그림 1-10 | 밀레니엄파크의 클라우드 게이트와 크라운 분수 (ⓒ 시카고시(좌), commons.wikimedia.org/Serge Melki(우))

중 하나로 손꼽히고 있다. 이곳은 세계적인 건축가와 예술가들의 작품들이 주변 풍경과 조화를 이루고 있어서 개장 6개월만에 150만명의 방문객을 기록하는 등 시카고 최고의 명소로 자리잡았다.

새로운 개념의 랜드마크로서 이 곳의 가장 큰 특징은 전시물들이 단순히 볼거리를 넘어 "상호작용 interactive"적인 요소를 갖추고 있다는 점이다. 즉, 위압적으로 자리 잡고 있는 것이 아닌 방문객들이 보고 만지고 체험할 수 있도록 개방형 전시 형태로 운영함으로써 다양한 활동을 즐길 수 있도록 한 것이다.

특히 이 곳에 있는 '**클라우드 게이트** Cloud Gate'와 '**크라운 파운틴** Crown Fountain'은 보는 이의 눈길과 손길을 사로잡는다. 대표적인 상징물인 '**클라우드 게이트**'는 콩 모양의 대형 스테인리스 조형물로 높이 10미터, 무게 100톤에 달하는 초대형 작품이다. 볼록한 표면이 거울처럼 주변 환경을 비추고 있어, 보는 각도에 따라 하늘과, 주변 건축물들이 담아지기도 하고, 가까이 다가서면 몸과 얼굴이 일그러져 보이기도 해 관람객들에게 다양한 재미를 전한다. 터널처럼 아래를 다닐 수도 있고, 바닥에 누워 사진을 찍을 수도 있어서 특별한 재미를 제공한다.

'**크라운 분수**'는 광장의 양쪽에 서로 마주보고 서있는 15m높이의 쌍둥이 기둥이다. 기둥에 설치된 대형 LED스크린에서는 시카고 시민 1천여 명의 얼굴을 담은 영상이 연속적으로 흘러나오고, 여름에는 화면속 사람들의 입부분에서 물줄기가 쏟아져 나와서 분수광장에는 물놀이를 즐기는 어린이들로 북적이는 이색적인 볼거리를 제공한다. 다양한 인종과 문화가 공존하는 시카고의 특징을 시민들의 영상을 통해 보여주고, 관람객에게는 흥미를 유발해 공공미술 작품으로서 대중성과 예술성을 두루 갖추었다는 평는다.

「**밀레니엄파크**」도 파리의 '에펠탑'이나 빌바오의 '구겐하임 미술관' 같은 여타 국가의 랜드마크처럼 초기에는 독특함으로 인해 많은 반대와 시행착오, 비용문제 등의 비난을 거치다가 설치 후에는 평가가 바뀌어져 그 효과를 톡톡히 보게 된 경우이다.

그렇다면 우리나라의 랜드마크는 어떤가. 서울시의 설문조사결과, 서울시의 도시 랜드마크는 아직까지 남산(39%), 한강(29%) 등 자연경관이 지배적이다. 흔히 도시 어디에서나 눈에 띄는 시각적인 의미인 초고층빌딩으로 대표되는 것보다는 누구나 아는 곳(31%), 자주 가는 곳(18%)을 선택하고 있다. 건축물로는 남산 **N서울타워**와 **63빌딩** 등을 랜드마크로 인식하고 있다.

이런 점에서 2014년 3월 오픈한 서울 동대문운동장자리에 들어선 「**동대문 디자인 프라자** Dongdaemun Design Plaza: DDP」는 의미 있는 건물이다. 「DDP」는 랜드마크를 랜드와 마크의 합성어로서 땅에 세워진 이정표가 되는 대상이라는 차원에서 본다면, 규모면이나 독특한 모양 등에서 랜드마크로서 충분한 자격을 갖췄다. 지금은 고인이 된 세계적인 건축가 '자하 하디드 Zaha Hadid'가 설계한 건축물로 우주선으로 보이는 독특한 자태로 눈에 확 띄는 건물이다. 건축학적으로는 세계 최대 규모의 3차원 비정형 건축물로서 최소한의 실내 기둥으로 안전하면서도 마치 우주 공간과 같은 대규모 공간감을 전달하는 의미를 가진 건물이다. 그러나 동대문의 역사적 배경, 주변과의 조화, 동대문운동장을 없애고 세웠다는 점, 사용계획 검토가 부족한 점 등의 이유로 불시착한 U.F.O로 까지 불리우고 있는 등 계획시점부터 개관후인 지금까지도 많은 논란에 쌓여있다.

한편으로 「**동대문디자인프라자** DDP」는 2015년 대한민국 랜드마크로서 세계인에게 당당히 인정받았다. 서울디자인재단은 인스타그램 Instagram이 발표한 2015년 한 해 동안 대한민국에서 가장 많은 사랑을 받은 명소에 「DDP 동대문디자인플라자」가 선정됐다고 밝힌 바 있다. 인스타그램은 사진 및 동영상을 통한 SNS 서비스로 월 활동 사용자가 4억명을 돌파하는 전 세계인이 소통하는 소셜 커뮤니티다. 인스타그램은 2015년 한 해를 정리하며 '2015 화제의 콘텐츠'를 공개했다. 인스타그램 유저들로부터 가장 큰 인기를 끈 인물, 장소, 계절 등을 발표한 것으로, 2015년 한 해 동안 가장 많이 태그 된 국내 명소에 「DDP」가 기록된 것이다.

그림 1-11 | DDP의 외부와 내부모습 (ⓒddp.or.kr)

또한 「DDP」는 페이스북을 달군 올해의 장소에도 언급됐다. 페이스북에서도 '2015년 올 한해 화제의 토픽들'을 발표하며, 「DDP」가 국내 페이스북 사용자들 사이에서 가장 인기 있는 장소 5위로 선정됐다고 하였다. 2014년 3월 개관 이후 2015년 12월8일 기준 전체 방문객이 1388만595명, 1일 평균 2만2103여명이 방문하고 있다는 점에서 대한민국 대표 콘텐츠 플랫폼으로 입증받은 것이다.

그러나 랜드마크로 지어진 많은 건물들이, 예를 들어 스페인 빌바오의 '**구겐하임미술관**'이나 파리의 '**에펠탑**', 스페인 바르셀로나의 '**아그바타워**' 등 현재 각 국을 대표하고 있는 랜드마크들은 바로 초기 도입시에 강력한 반대를 겪었고, 이를 극복하여 오늘날의 모습이 되었다는 공통점을 가지고 있다. 그리고는 각각의 효과를 톡톡히 누리고 있는 것이다. 이처럼 랜드마크의 역사에서 시대와의 불화를 겪고 당당히 살아남은 사례는 의외로 많다. 오히려 「DDP」보다 훨씬 강력한 반대를 극복하고 오늘날 대표적인 도시의 상징성으로 자리잡고 있다.

▌**그림 1-12** | 동대문디자인프라자(DDP)의 야경 모습 (©서울특별시)

「DDP」는 이미 지어졌다. 이미 서울의 대표적인 관광지로 역할을 하고 있는 소중한 자산이다. 따라서 우리가 할 일은 'DDP'의 출현에 대한 고민에서 벗어나 그 역할과 시민과의 공감대 형성, 문화적 요소를 반영한 'DDP 효과'를 창출해야 한다. 여기에는 싱가포르의 「**가든스 바이 더 베이** Garden's By the Bay」사례도 도움이 된다.

앞에 언급한 싱가포르의 마리나 베이 도시재생 사업은 문화관광시설을 통해 이미지를 구축한 곳이다. "**마리나 베이**"는 대표적인 마리나베이 샌즈 호텔 외에 수변에 Garden's by the Bay, Maina Barrage 및 Singapore Sports Stadium 등과 산책로를 연결하여 조명, 음향 등을 이용한 색다른 공간을 조성하였다. 이 곳은 특히, 야간시간대의 활용에 가치를 두어 이를 실현함으로써 새로운 도심내 문화적 여가활동이 이루어지는 복합관광공간으로 조성되었다.

싱가포르의 미래 비전인 공원속의 도시 city in a Garden의 핵심 사업으로 진행된 「가든스 바이 더 베이 프로젝트」는 세계에서 가장 큰 규모의 정원 프로젝트이다. 가장 눈길을 끄는 시설은 수직정원으로 25~50m(약 9~16층) 높이로 제작된 '슈퍼트리 Super Tree'이다. '슈퍼트리'는 열대 덩굴 및 착생식물, 양치식물 등을 수직적으로 배치하고, 야간에는 조명을 통해 새로운 경관과 전망을 제공하고 있다. 슈퍼트리 가운데 가장 높은 곳에는 바 bar가 운영중이며, 지상 20m 높이의 공중 산책로는 방문객들의 발길을 잡는 시설이다. 이외에도 2개의 돔형태의 온실을 운영 중으로 그 중, 'Flower Dome'은 다양한 지역의 식물 및 꽃들이 전시되어 있으며, 'Cloud Dome'은 입구에 폭포를 설치하고 지구 기후 변화에 대한 다양한 에듀테인먼트적 요소를 포함하고 있다.

「가든스 바이 더 베이」는 압축적인 공간 활용의 복합문화시설이 예를 들어, 야간 조명같이 이용자를 고려한 장치들에 의해서 새로운 관광명소로서 활용된 것이다. 독특한 외관을 가진 문화예술 및 관광휴양시설이 새로운 랜드마크로서 지역의 관광이미지를 제고시켜서, 국제적 수준의 관광목적지로도 개발 잠재력이 높은 사례가 된 것이다.

「랜드마크」는 한편으로 공간에 새로운 의미를 부여하는 장소성과 직결된다. 장소성이 강할수록 다양성과 삶의 질이 더해져 활기찬 도시가 된다는 점에서 최종적으로 도시민들의 삶의 질을 높일 수 있어서 꼭 필요한 요소이다. 따라서 지

▌그림 1-13 | 싱가포르의 가든스 바이 더 베이 모습 (ⓒ싱가포르관광청)

금까지의 「**랜드마크**」가 그 지역에서 제일 높고 큰 건물이었다면, 이제는 더 이상 높고, 큰 것이 도시의 「**랜드마크**」의 기준이 될 수 없다.

사례에서 보듯이 이제는 낮은 건물이라도 '문화적 요소'를 갖추고 시민들과 소통하는 공간으로 자리매김한다면, 얼마든지 「**랜드마크**」로 자리 잡을 수 있는 시대이다. 과거의 「**랜드마크**」가 우뚝 자리 잡아 그 곳을 기점으로 움직이는 이정표역할을 했다면, 이제는 보고 가는 곳이 아닌, 관람객과 지나가는 시민들과 소통하는 시설물로 자리 잡아야만 미래의 「**랜드마크**」로서 자리매김을 할 수 있는 것이다. 여기에 추가로 가미할 것은 공간적으로는 '공공 공간'과 '친환경'에 대한 관심으로 더 많은 이용자가 공감할 수 있는 공간을 창출하고 있는 것이다. 즉, 높아지거나 시실보호를 위해서 닫혀있는 것이 아닌 개방되어 많은 사람들이 메시지를 주고받을 수 있는 환경으로 바꾸어 주는 것이다. 실제 동대문의 "DDP"는 야간에 가보면, 뒤쪽은 어두워서 접근성이 떨어져 생동하는 동대문의 다른 시장들과는 연계되지 못해 24시간 개방된 공간으로서 역할에 한계가 있다.

「랜드마크」가 꼭 높을 필요는 없다. 그러나 도시의 가치와 브랜드를 알리는데 꼭 필요한 요소이다. 그리고 대도시만이 아닌 중소도시에서도 얼마든지 지역에 맞는 「**랜드마크**」를 만들고 운영할 수 있다. 다만 그 조건으로는 지역의 특성이 반영된, 시민과 소통공간으로 자리잡을 수 있어야 하며, 특히 공공공간의 적극적 활용과 환경요소 가미가 필요하다.

효과적인 랜드마크의 특성

이처럼 세계 다양한 도시에는 저마다 도시를 대표하는 건물들이 랜드마크로 자리잡고 있다. 도시의 이미지를 대표하는 특이성 있는 시설이나 건물로서 국가와 도시의 이미지를 구축하고, 많은 관광객을 끌어들이게 되고, 일자리를 창출하는 등의 효과로 인해 전 세계의 많은 도시와 국가들이 각기 특색 있는 랜드마크

만들기에 나서고 있다. 그렇지만 대부분은 높이에 의한 「랜드마크」 경쟁을 벌이고 있다는 것이 문제이다. 실질적으로 「**랜드마크**」가 긍정적인 역할을 하려면, 아래와 같은 몇 가지의 특성이 반영되어져야 할 것이다.

첫째, 랜드마크는 도시의 특색을 반영해야 한다.

세계의 여러 나라, 특히 후발 중진국들의 경우, 국력을 보여주고 각 도시의 이미지 정립을 위해 다양한 랜드마크 갖기 운동이 벌어지고 있다. 특히 중국에서는 요즘 그 지역의 상징적 건물, 즉, 랜드마크를 짓는 경쟁이 붙어서 너도나도 랜드마크라고 주장하는 기이한 건물들이 속속 등장하자, 시진핑 주석이 경고까지 하고 나선 적[4]이 있다. 장쑤성 쑤저우에 새로 들어선 고층 빌딩은 높이 300m가 넘는 세계 최대의 게이트형 건축물로 건축비만 무려 1조 6천억 원이 들었으나 속바지를 연상시키는 외관 때문에 공식 명칭인 '동방의 문' 대신 '동방의 내복'으로 불리우고 있다. 비슷한 맥락으로 광둥성 광저우시는 엽전 모양의 빌딩 덕에 '졸부 도시'라고 불리우고 있으며, 이에 더 나아가 지역 특산품인 주전자나 술통, 물고기 모양을 그대로 옮겨 놓은 건물들도 있다. 대표적인 중국 관영 언론 인민일보 빌딩은 '요강', CCTV 사옥은 '배변'이라는 별칭을 얻기도 했으며, 심지어는 이집트 유적이나 베니스 같은 유럽 유명 관광지를 통째로 베낀 짝퉁 마을까지 등장했다. 이처럼 기이한 건축물들이 잇따라 생겨나는 것은 눈에 띄기만 하면 된다는 지방정부의 과시욕 때문으로 볼 수 있다.

이처럼 랜드마크의 효과 때문에 많은 도시들이 무리한 시도들을 하고 있지만 결국은 해당 도시의 진정한 특색이 반영되지 못한다면, 그 효과는 오래 가지 못하고, 사라지고 만다.

---

4) SBS뉴스, 내복 · 엽전빌딩? 웃음거리된 中 '랜드마크', 2015년 4월 15일, (news.sbs.co.kr/news/endPage.do? news_id=N1002931524)

둘째, 랜드마크는 높이만으로 이루어지지 않는다.

바벨탑에서 시작된 높이에 대한 인간의 열망을 이어받아 오늘도 전 세계의 도시들은 높이를 가지고 경쟁에 경쟁을 거듭하고 있다. 그러나 과거의 「랜드마크」가 높이를 통해 20세기의 자본력을 보여주며 기업의 가치와 고층 주거의 매력을 강조하였다면, 현대 도시에서는 높이가 아닌, 또 다른 접근이 필요하게 되었다. 21세기형 랜드마크는 여백의 공간인 길과 땅에서 시민을 위한 존재로 새롭게 태어나고 있는 것이다.

그 나라를 특징짓고, 알리는 대표적인 상징물이라는 점에서, 특히 급격한 성장에 놓인 도시들을 위주로 상대적으로 알리기 쉬운 '높이'에 의한 랜드마크 경쟁을 벌이고 있다. 이는 국내에서도 마찬가지이다. 서울 송파구 잠실동에서는 높이 555m의 제2롯데월드타워가 세워졌고, 강남구 삼성동에서는 현대자동차가 이보다 14m 높은 569m의 건물을 계획하고 있는 상황이다.

그러다 보니 높이를 이용한 「랜드마크」 다툼은 그 경쟁력의 지속기간이 짧을 수밖에 없다. 2~3년이면 순위가 바뀔 정도이다. 그렇다면, 높은 「랜드마크」들이 보여주었던 위상들이 앞으로도 계속 될까? 아니다. 이제는 관점이 다른 접근이 필요한 시기인 것이다. 높이를 앞세운 건물들이 경쟁력을 갖기에는 이미 도시에는 고층빌딩이 즐비한 상태이다. 따라서 현대 도시에서는 이미 여러 나라에서 시도 중인 '문화'를 이용한 랜드마크가 필요하게 된다. 파리 퐁피두광장의 예술가들의 공연, 뉴욕 맨해튼거리의 'LOVE' 조형물, 암스테르담의 'I am Amsterdam' 조형물, 게이츠헤드의 '밀레니엄다리' 등이 상징물로 자리 잡았고, 우리나라에서도 서울의 청계광장, 시청광장, 선유도공원이 건축과 문화가 어우러진 환경 조성으로 사람들을 끌어 모으고 있는 것이다.

2. 도시에서의 관광산업

영국의 런던은 마스터카드사 발표 2015년 기준, 세계 관광도시 순위에서 해외 방문객(1,882만 명)과 소비액(202.3억 달러) 모두 수위를 차지했다. 관광객수는 이어서 방콕(2013년도 1위)과 파리의 순이고, 관광소비액에서는 뉴욕과 파리의 순서이다. 우리나라의 서울은 중국관광객의 영향 등으로 관광소비액에서 런던과 뉴욕, 파리에 이어 4위(152.4억 달러)를 차지하고 있고, 방문객 순위로는 9위(1,035만 명)를 차지한 것으로 나타났다. 그리고 그 순위 경쟁은 런던과 파리, 뉴욕, 방콕을 상위에 두고 해마다 많은 변화를 보이고 있다. 한편, 대도시들이 주

그림 1-14 | 2015년 세계관광도시중 소비액 순위(마스터카드)

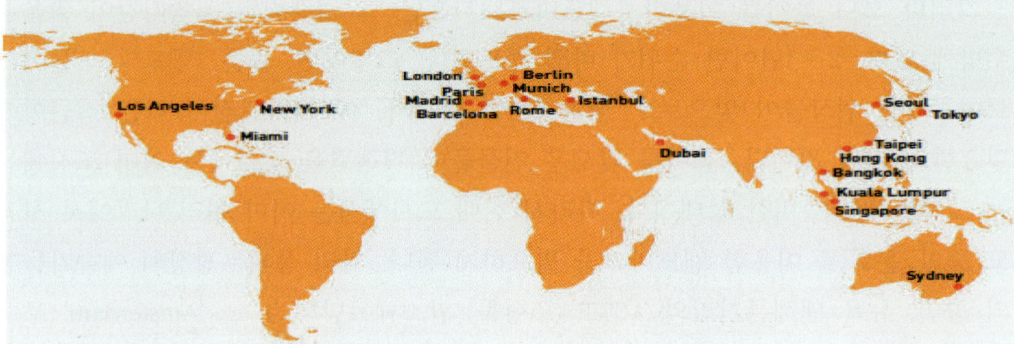

1	London	$20.23 bn	11	Taipei	$9.28 bn
2	New York	$17.37 bn	12	Tokyo	$8.44 bn
3	Paris	$16.61 bn	13	Hong Kong	$7.44 bn
4	Seoul	$15.24 bn	14	Los Angeles	$7.36 bn
5	Singapore	$14.65 bn	15	Madrid	$7.13 bn
6	Barcelona	$13.86 bn	16	Miami	$6.40 bn
7	Bangkok	$12.36 bn	17	Sydney	$6.15 bn
8	Kuala Lumpur	$12.02 bn	18	Munich	$5.57 bn
9	Dubai	$11.68 bn	19	Rome	$5.29 bn
10	Istanbul	$9.37 bn	20	Berlin	$5.22 bn

로 상위권을 차지하고 있으나, 최근에는 상대적으로 알려지지 않았던 도시들도 급격한 성장세를 보인다. 2009~2015년 기간에 외국관광객이 가장 많이 늘어난 도시는 스리랑카의 콜롬보가 21.1% 성장을, 이어서 중국의 청도, UAE의 아부다비, 일본의 오사카, 사우디의 리야드, 중국의 시안, 대만 타이페이, 일본의 토쿄, 페루 리마, 베트남 호치민시 순으로 성장세를 보이고 있다. 내용적으로 런던과 방콕이 해외방문객 1,2위를 차지하고 있는 이유는 유명관광지도 많이 있지만, 관광객들이 관광하기에 편한 교통이나 먹거리, 풍부한 문화 등의 영향도 크다.

매일경제 2016. 1.24일자의 '런던서 찾은 글로벌도시 경쟁력 기사'에 따르면, "관광 1위를 차지한 도시인 런던이 각종 도시경쟁력지수에서도 1위를 차지하며, 글로벌 기입들은 진 세계에서 런던을 비즈니스 하기에 가장 좋은 도시 글로벌 기업 10개 중 4개는 유럽 본사가 런던에 소재로 꼽고 있고, 산업화 시대의 종언과 함께 1971년 한때 70%까지 치솟았던 런던의 실업률이 2015 6.2%까지 떨어졌다고 한다. 그 결과, 전 세계에서 사람과 돈이 몰리면서 최근 1년간 런던의 평균 부동산 가격은 하루에 120파운드 약 21만원씩 상승하여 3.3m^{2}에 5억 원을 넘는 아파트도 등장했다고 한다. 또한, 런던은 뉴욕, 샌프란시스코와 함께 세계 3대 스타트업 기업 유치 도시로서, 그 대표적인 장소로 임대료의 장점과 정부의 정책 실현이 어우러져 탄생한 유럽의 실리콘밸리라고 불리우는 "테크시티"가 자리하고 있다.

2015년 일본 모리연구재단이 발표한 '2015 모리지수'에서도 런던은 박물관 수 1위, 외국인 관광객 수 1위, 외국인 거주자 수에서 2위를 차지하는 등 '문화 교류'에서도 최상위권을 차지하여, 이는 런던이 사람을 끌어들이는 도시가 된 이유를 설명해준다. 이미 런던 거주자 중 45%는 해외에서 태어난 사람들이고, 한 해 런던인의 2배에 달하는 관광객이 각국에서 몰려오는 상황인 것이다.

흔히 "관광"은 굴뚝없는 공장 또는 보이지 않는 무역이라고도 한다. 친환경적이면서도 부가가치가 높은 산업의 대명사로 불리 운다. 따라서 많은 나라와 도시

▌그림 1-15 | 런던시내의 모습

들이 관광산업에 전념하고 있다. 오랜 기간 관광산업위주로 진행해왔던 유럽 도시들은 관광산업이 먹여 살린다 해도 과언이 아니다. 그러나 모든 도시가 관광산업을 육성한다고 해서 잘 되는 것인가? 아니다. 변화를 이해하고, 사람들의 라이프스타일을 반영한 제대로 접근된 관광산업만이 도시를 먹여살린다는 점에서 접근방식을 고민해야 할 것이다.

이제 '도시의 경쟁력'이 '국가의 경쟁력'을 좌우하는 시대가 되었다. 세계 각 나라들이 도시 경쟁력을 외치는 것도 바로 '도시 경쟁력'이 곧 '국가 경쟁력'을 결정짓는다는 믿음 때문이다. 많은 나라들이 매력적이고 차별화된 도시를 만들어 도시의 브랜드 가치를 높이기 위해 치열하게 경쟁하는 이유도 여기에 있다. 도시 경쟁력을 키우는 대표적인 방법이 바로 '관광산업' 육성이다. 관광산업은 '황금알을 낳는 효자산업'으로 불릴 만큼 관련 산업 연계효과는 물론 부가가치 창출효과가 높다.

여러 관광산업 중에도 도시와 연계되어 부각되는 것이 '도시관광'이다. 여기에서 눈여겨 보아야할 부분은 소비자의 관광욕구가 변하면서 관광목적지의 선택이 다양해진다는 것이다. 꼭 유명 관광지만 관광목적지가 되는 것이 아니고 도시 전체가 주요한 관광목적지의 하나가 되고 있는 것이다. 이에 세계 각 도시들은 복합문화시설과 도시를 알리는 랜드마크의 개발, 도시브랜드 개발 등을 통하여 도시 활성화를 꾀하고 이를 통하여 도시경제 활성화에 기여하고 있다. 우리나라의 각 도시들도 최근 들어 도시축제를 개최하거나, 도시 내 문화관광 공간을 정비하고, 관광객의 편의서비스를 개선하는 등 도시로의 관광객 유치에 관심을 기울이고 있다. 이처럼 도시경쟁력을 살리는 중요한 산업인 '도시관광'에 대해 조금 더 살펴본다.

도시관광

「도시관광」이란 도시내부 혹은 도시 외부인에 의해서 도시의 각종 매력물과 편의시설 및 도시의 이미지를 관광대상으로 하여 도시내에서 발생하는 관광현상이라 할 수 있다. 도시를 관광한다는 것은 주로 '업무와 문화'로 대표되는 2개의 동기부여요소가 절대적이다. 그러나 실제로 도시관광은 훨씬 다양하다. 사람들은 여러 가지 이유, 즉, 친구나 친척을 만나기 위해서, 박물관을 방문하기 위해서, 극장 관람이나 스포츠 이벤트에 참가하기 위해서, 명소를 보기 위해, 오락거리를 찾아서, 쇼핑하기 위해, 집회와 전시회에 참여하기 위해, 기타 등등의 이유로 도시를 방문할 것이다. 이러한 도시방문의 동기는 「도시관광」을 이해하는데 있어 매우 중요하다. 왜냐하면, 이러한 동기 복합적인 동기가 훨씬 많지만에 따라서 도시마다 각기 다른 상황에 맞는 도시관광상품이 결정되기 때문이다.

「도시관광」이 도시에서 필요한 여러 가지 기능 중 가장 중요한 것은 당연하게도 경제적 기능일 것이다. 도시를 방문하는 관광객들의 소비로 인해서 경제적 수입을 증가시키고 숙박업 및 편의시설 등의 관광산업 부문의 고용을 창출하기 때문이다. 여기에 더해 다양한 경제적인 파급효과를 가져다 줄 뿐만 아니라 기업이나 개인의 공간적 이동을 유발하여 도시의 물리적 환경까지 변화시키기도 한다.

그렇지만, 이 같은 도시관광의 진흥을 위한 개발행위는 규모와 외형적 모습에만 집착해 자칫 그 도시가 가지고 있는 장소성이나 지역 정체성과 무관한 형태의 개발이 이루어진다면, 나중에는 오히려 도시에 위협이 되는 수도 있다는 것을 알아야 한다.

지역특성을 활용한 일본 삿포로시의 도시관광

일본의 삿포로시는 삿포로에 처음 방문하는 사람에게 추천하는 추천명소 베스트 10을 아래 표와 같이 지정하여 관광안내소에서 안내하고 있다[5]. 즉, 도시를 대표하는 명소를 선정하여 특성에 따른 관리를 하고 있는 것이다.

또한, 삿포로시에서는 "화이트 일루미네이션 White illumination"이라는 겨울의 도시라는 삿포로에 특성화된 이벤트를 매년 실시하고 있다. 일본 최초의 일루미네이션으로 1981년에 시작되었으며, 52만 개의 전구장식으로 겨울의 삿포로를 물들이는 이벤트다. 행사장소인 오도리 공원에는 우주와 크리스마스를 이미지로 한 심볼장식물 등이 빛의 예술로 반짝인다. 삿포로 에키마에 도리와 미나미 1조 도리에는 전구로 장식된 나무들이 거리를 채색한다. 크리스마스 시기에는 24시까지 점등시간이 연장되어 연인들의 데이트 장소로도 자리잡았다. 지금은 삿포로를 대표하는 겨울 이벤트가 된 "삿포로 화이트 일루미네이션"은 조형작가 '이토 다카미치' 씨가 만든 홋카이도의 침엽수를 모티프로 한 '빛의 나무'에서 시작되었다. 이후 30년 이상 계속, 이 행사는 삿포로 시민과 여행자들에게 추운 겨울이기에 더욱 돋보이는 빛의 아름다움을 전하며 대표적인 삿포로의 관광상품이 되었다.

---

5) 김향자(2011), 도시관광 활성화 정책 추진방안, 문화관광연구원.

그림 1-16 | 삿포로 오도리 공원의 야경 (©삿포로시)

〈표 1-1〉 삿포로시의 도시명소 10

베스트 10	명소 특성
① 삿포로 오도리공원(大通公園)	도시휴양공간
② 북해도옛도청(北海道庁旧本舎)	매력적인 도시공간, 건축물 랜드마크화
③ 삿포로 양전망대(さっぽろ羊ヶ丘展望台)	매력적인 도시공간
④ 북해도대학(北海道大学)	매력적인 도시공간
⑤ 삿포로 시계탑(札幌市時計台)	건축물의 랜드마크화
⑥ 오쿠라산 스키전망대(大倉山展望台)	장소마케팅
⑦ 삿포로 TV타워(さっぽろテレビ塔)	건축물의 랜드마크화
⑧ JR타워 전망대(JRタワー展望室)	도심 속 야경관광
⑨ 모에레공원(モエレ沼公園)	도시 휴양공간 및 문화공간
⑩ 하얀 연인 파크(白い恋人パーク)	상품코스

일본의 삿포로시 도시관광의 특징은 정부와 시민, 지역 상인이 상호 협력하여 도시관광을 추진해 나가고 있다는 것이다. 일방적인 정책의 수립과 진행이 아니라 삿포로시에 거주하는 시민들에게 의견을 묻고, 현재 관광업 관련 사업을 하는 사람들에게도 도시의 매력이 무엇인지를 인식시킴으로써 도시관광이 정부주도가 아닌 시민과 사업자가 함께 만들어 나가고 있는 사례인 것이다.

특히 겨울에 눈이 많이 오는 것을 축제로 활용하여 개최되는 삿포로의 눈축제는 세계 5대 축제 안에 들고 있을 정도이다. 계절에 맞는 이벤트와 축제의 진행으로 삿포로의 자연경관 및 특징을 살리고 있는데 특히, 사계절의 특성을 살린 축제를 개최하는 것을 중심으로 시기별로 그 개성을 잘 활용하고 있는 곳이다.

홍보방법도 시사하는 바가 크다. 삿포로시는 도시관광을 위해 국내 및 국외의 수요에 맞춘 홍보전략을 수립하고 집행하거나 근래에 와서 중요성이 더해지는 SNS의 활용이 돋보이는 도시로 알려져 있다. 페이스북이나 트위터를 통해 국내 수요 뿐만 아니라 전 세계 각지의 삿포로에 대한 정보를 원하는 수요자에게 다양한 정보를 실시간 전달하고 있다.

그림 1-17 | 삿포로시 화이트 일루미네이션 (ⓒhttp://www.welcome.city.sapporo.jp)

그림 1-18 | 쉐필드시의 여성 철강노동자를 기리는 Women of Steel 동상 (ⓒ쉐필드시)

도심재생을 활용한 영국 쉐필드시의 도시관광

영국의 철강도시인 「**쉐필드시** Sheffield」는 오래된 산업도시가 도시재생사업을 활용하여 도시관광산업을 이끌게 된 대표적인 사례[6]이다. 먼저 그 배경을 살펴보면, 「**쉐필드시**」는 영국내의 대표적인 철강산업도시였으나 1960년대 산업구조의 변화로 심각한 도심쇠퇴문제에 직면하여 도심재생정책을 추진하게 되었다. 1970대 이후부터 철강산업의 쇠퇴, 주변 대도시와의 경쟁력 약화, 도시 외곽지역의 무분별한 개발로 인한 개발여력의 상실 등 심각한 도심부 쇠퇴현상을 겪게 되었다. 이에 「**쉐필드시**」에서는 철강산업을 대체할 새로운 미래형 산업으로 지식정보산업, 정밀기계산업, 관광문화산업, 그리고 현대형 레저산업을 선정해 이를 집중 육성하는 신산업전략으로 정책 방향을 선회하여 새로운 변화를 경험하게 되었다.

이 점은 우리나라에도 쇠락한 산업도시들이 현재도 존재하고 앞으로도 늘어난

---

6) 김향자(2011), 전게서.

다는 점에서 충분히 고려할 수 있는 분야인 것이다. 「쉐필드시」의 도시재생 기본전략은 크게 역사적 지역성을 살리는 '역사문화 환경조성', 보행접근성 강화로서 '보행자 공간의 확보', 도심을 떠난 사람들을 다시 모이게 하는 '도심 주거 확보', 요구되는 다양한 기능 수용을 위해 '복합용도 개발의 활성화', 그리고 '소매업 활성화'였다. 결국 쇠퇴공간인 도심에 사람이 모이고, 머무는 공간으로의 변화를 꾀한 것이다. 그것도 지역의 역사적 특성을 살리면서 진행한 것이다.

시설별로 본다면 먼저, 'Sheffield Peace Gardens'는 근린주구의 재개발, 도시 안에 어우러진 자연친화적 공간의 형성으로 관광객들에게 매력을 드러내고 있다. 다음으로 'Sheffield Park House'는 역사적 의미가 있는 건물을 활용하였고, 도시의 외관을 대표하는 'Sheffield skyline'은 본래 공업도시였던 쉐필드의 특색을 그대로 나타내는 스카이라인을 유지하고 있다. 그리고 'Sheffield train station'은 기차역 주변의 환경을 활용하여 기차를 이용하는 이용객들이 동시에 관광의 목적을 달성할 수 있는 공간을 마련하고 있다. 이처럼 영국의 「쉐필드시」는 도시재생을 이용하여 최종적으로는 재생을 벗어나 도시의 경쟁력으로서 도시관광 산업까지 이루어내 사례로서 국내의 도시들도 참조하기 좋은 요소들은 보유하고 있다.

「쉐필드시」에서 진행되는 도시관광의 특징은 먼저 도시가 가지고 있는 풍부한 역사 · 문화자원을 그대로 활용했다는 것이다. 이 점은 근래 들어 많은 도시들의 고민을 해결하는 중요한 고려사항이 된다. 기존의 역사 · 문화자원을 보존 및 확충하면서 다양한 이벤트를 마련, 시민중심 활동공간으로 활용하여 도심재생의 계획요소로 적극 활용하고 있으며, 지역의 특색을 살리는 방향으로 발전을 모색하고 있다. 또한, 「쉐필드시」의 도시관광 추진 원동력의 특징이 전략적인 파트너십, 근린추구 재개발, 도시 활성화 계획 등 다른 사업이나 조직들과의 통합이나 연계를 바탕으로 하고 있다는 것이다. 도시관광이 잘 이루어지고 있는 다른 도시들과 마찬가지로 어느 한 기관이 또는 정부가, 기업이, 개인이 나서는 것이 아닌

〈표 1-2〉 쉐필드시의 10대 관광명소 (©www.welcometosheffield.co.uk)

No 1 - Millennium Gallery

No 2 - Winter Garden

No 3 - The Kelham Island Museum

No 4 - Tropical Butterfly House

No 5 - Sheffield Botanical Gardens

No 6 - New Moor Market

No 7 - The Peak District

No 8 - Chatsworth House

No 9 - Sheffield Theatres

No 10 - Sheffield City Hall

구성원의 상호협력과 지원을 통한 발전방안을 모색하였다는 점이다. 한편으로 「쉐필드시」에서도 10대 관광지 Top 10 Things to See and Do in Sheffield를 선정하여 관리하고, 관광객들에게 홍보하고 있다.

「쉐필드시」의 사례에서 특히 눈여겨봐야 할 부분이 있다. 바로 "문화산업지구" 사업이다. 영국 맨체스터 동쪽으로 약 55km 떨어진 곳에 위치하고 있으며, 돈강 江과 시프강 江의 합류점이라는 교통의 요지에 위치한 「쉐필드시」는 일찍부터 철강산업이 발달하여 **철의 도시** Steel City로 불리우던 지역이었다. 그러나 1970년대 후반, 철강업 중심의 전통산업이 국제적인 경쟁력을 잃게 되면서 도시 역시 쇠퇴의 길로 빠져들었다. 이로 인해 일자리 감소[7], 도시인구의 유출, 건축물의 공실률 증가 등의 악순환이 반복되었다[8].

이에 최우선적으로 셰필드는 철강산업의 쇠퇴를 대체할 산업을 찾았다. 지자체에서는 당시 '문화예술 및 미디어 산업'이 빠르게 성장하는 지식산업으로서 경쟁력에 주목하였다. 대학의 교육 및 연구와 연계가 가능하고, 고용 창출 등 지역경제 성장에 기여할 수 있을 뿐만 아니라 문화적 삶을 위한 환경을 만들고 지역의 정체성과 매력을 창출할 수 있다는 점에서 지역발전의 중요한 전략으로 설정하게 되었다. 그 결과, 우선적으로 '문화산업지구 Cultural Industries Quarter, CIQ' 조성사업을 추진하게 된다. 처음에는 문화산업을 기반으로 한다는 점에서 회의적인 시각과 시정책에 대한 비판도 적지 않았지만, 계획 검토 및 공청회 등의 의견수렴과정을 거쳐 1994년에 문화산업지구 마스터플랜을 계획하고, 2000년에 구체적 실행에 옮기게 되었다. 지구조성과정에서는 신축건물을 짓기도 하였으나, 기존의 낙후된 건축물을 리모델링하여 문화산업을 위한 공간을 확보하였다. 'CIQ' 내의 핵심시

7) 철강 및 관련산업 종사자수가 1981년에 69,600명에서 1991년 36,100명으로 줄어 들었다.
8) 1997년 개봉한 영화 '풀 몬티(The Full Monty)'는 직장을 잃은 남자들이 생계를 위해 스트립쇼를 하게 된다는 줄거리로 당시 셰필드의 모습을 생생하게 그리고 있다.

설로는 문화산업 작업센터가 있는데, 70여개 문화기업들에게 생산 공간, 사무실, 전시실을 제공하는 등 문화·미디어산업의 집적에 큰 공을 들였다. 이러한 노력의 결과로 현재 'CIQ'에는 영상관련 기업체와 IT기업, 셰필드할람대학의 노던미디어스쿨, 엔터테인먼트 공간 등 문화산업관련 기업이 집적되어 상호간에 시너지효과를 내고 있다. 'CIQ' 조성사업에 있어 지역대학도 적극적으로 참여했다. 문화예술분야에 특화된 셰필드할람대학은 문화산업 관련 교육과 연구, 기술개발 등을 주도하고, 셰필드대학은 'CIQ' 내에서 필요로 하는 전문 인력양성에 힘을 쓰고 있으며, 양 대학 모두 창업보육센터를 운영하는 등 산·학 연계 시스템을 구축하여 지역혁신의 브레인 역할을 담당하고자 노력하고 있다.

한편으로는 「**쉐필드**」의 소매업이 주변도시들과의 경쟁력에서 뒤진다는 판단하에 노후건물들이 밀집되어 있는 도심부의 Peace Garden 주변지역을 새로운 소매지구로 지정, 3천여개의 신규일자리를 창출하고 양질의 소매업종을 집중적으로 육성하며, 소매상점가를 육성 The New Retail Quarter하여 도심부의 활성화를 시도하였다. 아울러 다양한 문화시설들이 집적된 셰필드시청 주변지역을 대상으로 도심부의 문화·역사기능을 강화해나가고 있다. 그 밖에도 복합용도개발의 활성화, 도심접근성 제고, 공공공간의 확충 등을 통해 도시재생 및 지역경쟁력을 확보해 나가고 있다.

그 결과, '쉐필드 문화산업지구 CIQ 조성사업'은 지방도시의 산업 재구조화의 대표적인 성공사례로 손꼽히고 있으며, 이러한 노력의 결실로 2000년대 이후 도시관광 활성화에 그치지 않고, 인구도 점차 증가하고 있는 추세를 보이고 있다. 이에 「쉐필드시」는 대학교육을 받은 많은 젊은이들이 런던으로 떠나지 않고 지역에 자리잡고 있음을 자랑스러워하고 있는 상황이다.

MICE산업을 중심으로 과거와 미래의 조화를 통한 스페인 발렌시아의 도시관광

「발렌시아 Valencia」는 스페인 동부 지중해안의 중간에 위치한 교통의 요충지로서 135㎢의 면적에 약 80만 명의 인구가 살고 있는 바르셀로나, 마드리드에 이은 스페인 제 3의 도시이다. 스페인은 널리 알려진 관광대국이다. 그러나 우리는 스페인 하면, 보통 '마드리드'와 '바르셀로나'를 떠올린다. 스페인의 수도이자 스페인 프로축구 프리메라리그의 레알 마드리드의 연고지인 '마드리드'와 하계올림픽을 치루고 명문축구팀 바르셀로나팀의 연고지인 '바르셀로나'에 비하면 '발렌시아'는 덜 알려진 편이다. 특히 같은 지중해에 위치하고 있는 이웃 도시 바르셀로나의 명성에 가려져 오랫동안 상대적 박탈감에 젖어있었다. 게다가 1992년 바르셀로나에서 올림픽이 개최되어 '바르셀로나'가 스페인을 대표하는 관광도시로 인정받고, 전 세계의 관광객이 몰려들게 되자 「발렌시아」는 새로운 관광전략의 필요성을 절실히 느끼게 된다.

「발렌시아」는 '마드리드'와 '바르셀로나'에 비해 상대적으로 국제관광무대에 덜 알려져 있을 뿐이지 실제는 온화한 지중해성 기후와 긴 해변은 '발렌시아'의 대표적인 관광자원으로 인접국민들이 즐겨찾는 곳이다. 그러나 「발렌시아」시 정부는 이러한 태양과 해변만으로는 방문하는 관광객들을 오랫동안 머무르게 할 수 없다는 것을 깨달았다. 고심하던 '발렌시아'는 이웃 도시 '바르셀로나'가 메가이벤트인 하계올림픽을 치르면서 국제적 인지도가 높아지는 것을 보고 "MICE Meeting, Incentive, Convention & Exhibition 산업"과 스포츠 이벤트를 통한 마케팅 전략에 관심을 가지게 된다.[9] 그리하여 각종 국제회의와 산업전시회, 컨벤션을 유치하는 데 노력한다. 이런 노력은 결실을 맺게 되어 스페인 국내와 유럽규모의 행사뿐 아니라 국제행사도 자주 개최된다.

---

9) 현장리포트: 국제관광도시로의 도약을 꿈꾸는 스페인 발렌시아, 관광정책 Vol. 32, 관광정책연구원.

▌그림 1-19 | 발렌시아의 예술과학도시 (ⓒ용현승)

또한, 「발렌시아」는 13세기에 지어진 '발렌시아 대성당 The Cathedral' 등의 전통과 함께 현대의 공존으로 자리매김한 도시이다. '발렌시아 대성당'은 보수 및 증축을 거치면서 로마네스크, 바로크, 고딕의 세 가지 건축양식을 보여주며, 내부에는 르네상스 양식의 채플까지 있는 발렌시아 고대 건축사의 증인이라 할 수 있다. 그리고 메르카도광장에 위치한 '비단 중개소'는 유네스코가 지정한 세계유산이다. 15세기말에서 16세기 초에 지어진 고딕식의 이 건물은 이름 그대로 중국에서 비단길 silk road을 거쳐 수입된 비단이 거래되던 장소로 당시 상업과 무역으로 번성하던 지중해 무역도시로서의 발렌시아의 영화 榮華를 보여주는 장소다.

한편 이러한 전통적인 고대건축물이 있는가 하면, 「발렌시아」에는 현대를 넘어선 미래의 도시의 외양을 갖춘 '예술과학도시 The Ciutat de les Arts i les Ciencies: City of Arts and Sciences'가 있다. 「발렌시아」 출신의 세계적 건축가 산티아고 칼라트라바 Santiago Calatrava에 의해 설계되고 투리아 강가의 하류에 지어진 이 콤플렉스 Complex 건축물은 오페라 하우스, 과학박물관, IMAX 영화관과 식물원, 해양 수족관 가든의 다섯

구역으로 나눠져 있는데 관광객들의 방문지일 뿐 아니라 발렌시아 시민들의 좋은 휴식처이기도 하다. 유럽 최대 규모의 과학예술종합단지로 건물들이 수면과 닿아 있어 마치 물 위에 떠 있는 섬과 같이 보인다.

이 건축물은 1957년 도시전체의 75%가 침수되는 대홍수이후 강의 물줄기가 약해지고 일부지역에 강바닥을 드러내어 이곳에 공원, 문화, 예술, 체육, 오락 시설들을 조성한 것이다. 이 곳은 그 외에 발렌시아 해변, 항만, 마리나 등이 하나의 관광 벨트로 연계되어 관광자원이 되었다. 「발렌시아」의 남북을 관통하는 투리아 Turia 강을 따라 공원과 식물원, 박물관 오페라하우스 등이 들어서면서 이 도시는 새로운 모습으로 거듭나고 미래 도시로 급부상 하게 된 것이다. 예술과 과학은 「발렌시아」에 '미래'라는 새로운 옷을 입혀 문화 복합공간으로 재탄생 하였고, 그 결과 엄청난 수의 관광객을 불러 모으고 있다고 한다.

그리고 3월에는 뒤에 소개할 유명한 불꽃축제 "라스파야스 Las Fallas"가 있다. 수백개의 인형들을 축제기간 동안 전시해 두었다가 축제 마지막 날 불에 태우면서 절정에 달하는 축제로 수많은 관광객을 불러 모으고 있다.

그림 1-20 | 발렌시아시내의 축제 인파 모습

「발렌시아」의 도시관광 특성으로 도시를 방문하는 관광객들의 여행을 돕기 위해서 여러 가지 편의성을 높이는 제도가 있다. 그 중의 하나가 '발렌시아 관광카드 Valencia Tourist Card'이다. 이 관광카드 1일권, 2일권, 3일권를 구입하면, 시내를 거미줄처럼 연결하는 버스 EMT 및 지하철 Metro Valencia, 전차 Tram를 무료로 이용할 수 있을 뿐만 아니라 박물관 문화유산 식당 등에서의 할인도 적용받을 수 있다. 주요 장소에 위치한 발렌시아 관광안내소에 들리면, 이 관광카드의 구입 이외에도 '워킹투어 Walking Tour'를 위해 MP3 오디오가이드를 대여해 주는데 이 가이드에는 주요관광장소들의 상세한 설명이 녹음되어 있어 관광객 혼자서도 여유롭게 여행을 즐길 수 있다. 이외에도 인터넷과 스마트폰을 이용한 교통 정보와 호텔예약기능 등의 제공으로 발렌시아를 찾는 관광객의 편의성을 높이고 있다.

MICE 산업을 발판으로 한 「발렌시아」의 노력과 다양한 관광자원에 힘입어 '발렌시아'를 방문하는 관광객의 숫자는 1999년 125만명 외국인 관광객 38만 명에서 2007년 무려 351만명 외국인 관광객 140만명으로 증가하였다. 특히 「발렌시아」를 찾는 외국인관광객의 증가는 유럽의 어느 도시보다도 그 증가속도가 빠른 것으로 평가받고 있어 관광산업의 한계[10)]속에서도 국제적 관광도시로서 「발렌시아」의 전망은 밝다고 할 수 있다.

도시관광 추진의 한계와 발전방안

국내에서도 도시관광의 중요성과 미래가치에 대해서는 충분히 인식하고 있어서 각 도시들이 도시관광자원의 개발에 나서고 있다. 도시관광 자원은 전통문화자원, 도시인접 자연환경, 어메니티, 공연 · 전시 · 축제 등 문화예술자원, 문화콘텐츠산업, 테마파크 등의 위락시설, 컨벤션시설, 음식 · 쇼핑 등으로 다양하다. 이

10) 지나치게 관광 개발만 의존하고 있어서 관광산업의 문제점인 계절성과 경기 흐름에 따라 관광산업이 안정성과 지속성이 떨어지는 특성과 국제적 스포츠 이벤트의 생각보다 적은 파급효과와 분배 문제, 관광객으로 교통체증과 환경오염, 물가상승 등의 부작용, 급속한 부동산 지가상승 등

같은 도시관광 자원은 그동안의 광범위한 투자 및 개발 지원 사업에 힘입어 많이 개선되었으나 아직까지는 갈 길이 멀다. 도시관광 자원이 양적으로는 확충되었으나 질적인 면에서 안정화단계에 들어섰다고 볼 수는 없다. 예를 들어, 각 도시마다 앞다퉈 문화예술회관 등 공연시설을 확충하여 내놓을만한 수준의 시설은 마련이 되었다. 그러나 공연프로그램의 특성화나 안정적 프로그램 개발은 아직 갈 길이 멀다. 시설의 가동율과 이용률이 중요하다는 차원에서 본다면, 지속적인 프로그램의 개발과 운영방안의 도입은 우선적인 과제일 것이다.

지역별로는 주로 수도권이나 광역 대도시에 도시관광자원이 한정되어 있어 지방 중소 도시는 도시관광 자원 자체가 빈약한 상황이라 저변화에 어려울 수밖에 없다. 도시관광 자원 개발이 빈약한 상황에서는 일부 관광자원의 개발이 성공하더라도 도시경제 전체를 위한 관광산업의 효과가 제한된다는 점에서 해당 도시에 적합화된 도시관광자원화 작업이 필요할 것이다.

도시관광에 대한 인식도 재정립해야 한다. 유럽과 북미에서는 자연관광, 리조트관광의 한계와 도시재생의 필요성을 배경으로 1970년대부터 「**도시관광**」에 나서서 산업으로서의 성장과 함께 그 중요성이 널리 인식된 것이 사실이다. 그러나 아직 국내에서는 「**도시관광**」에 대한 인식 부족으로 중요한 도시 관광관련 정책의 통합적 관리가 부족하다. 따라서 장기적으로는 현재 여러 형태로 진행 중인 도시관광 자원의 개발 차원을 넘어서 다양한 도시관광 자원들을 유기적으로 연결시키고 도시경제 성장 및 도시 주민의 삶의 질 제고에 대한 기여를 극대화 시킬 수 있는 관리체계 구축 및 운영이 필요하다. 이를 위하여 도시별로 특성을 반영한 사업을 추진하되, 도시에서 상대적으로 관광객이 많이 방문하는 장소를 중심으로 한 사업의 계획과 추진은 「**도시관광**」이 자리 잡는데 큰 도움이 될 수 있다. 여기에 더해 쇠퇴한 지역을 도시재생계획을 통해 도시관광지로 전환과 도시재생기간도 단축되는 결과를 얻을 수도 있다.

도시의 야간관광

도시에 있어 야간을 활용한다는 것은 또 하나의 기회로 작용하고 있다. 도시는 24시간 움직이는 유기체이다. 물론 베드타운으로 불리우는 신도시의 경우는 정도의 차이가 있을지언정 24시간 활동은 필요한 상황인 것이다.

또한, 현대인들의 야간 활동 증가라는 라이프스타일 변화는 도시의 가동이 야간에도 활발히 움직일 수 있는 도시를 요구한다. 물론 여러 도시에서 야간시간대의 중요성을 인식하여 민간차원의 영업시간 연장을 포함, 야간시간대의 즐길거리를 마련하고, 더 나아가 야간관광프로그램을 만들어 대처에 나서고 있다.

대표적인 사례가 세계적인 야간관광의 명소로 자리잡은 싱가포르의 야간동물원인 「나이트사파리 Night Safari」 사례이다.

그림 1-21 | 싱가포르의 나이트 사파리 (©http://www.yoursingapore.com)

이처럼 야간활동의 증가에 따라 「**야간관광**」이라는 관광형태에 대한 관심이 증대하고, 새로운 야간관광자원 개발 및 활성화방안에 대한 고민들도 늘어나는 추세이다. 이에 따라 야경을 감상하거나, 심야쇼핑 등의 야간활동의 증가에 따라

「야간관광」에 대한 관심과 이를 활성화하고자 하는 방안들이 국내외에서 늘어나고 있는 것이다. 한편으로는 관광수입에서 야간관광 소비 패턴의 중요성이 부각됨에 따라 각 지자체에서 야간관광 활성화를 위한 연구가 늘어나는 추세이다. 그에 따라 체류관광의 중요한 타깃인 외래 방문객의 국내 야간관광에 대한 인식과 선호도에 대한 조사도 늘어나며, 방한 외국인 중 특히 중화권 방문객에 높은 관심이 모아지고 있는 상황인 것이다.

국내에서의 야간활동은 70년대 말 경제의 발전과정에서 3교대 근무가 시작되면서 늘어났으며, 1982년 야간통행금지가 해제되면서 더욱더 본격적으로 활성화되었다. 야간 관광을 이해하기 위해서는 국내의 야간시간 이용의 변천사를 살펴볼 필요가 있을 것이다. 1970년대의 음주문화, 1980년대 통금해제로 인한 야간문화 즐김의 기회 증가, 1990년대 24시 편의점의 등장, 2000년대 24시 사우나 및 대형마트 운영, 2010년대 라이프사이클의 변화로 인한 심야시간 활동 급증 등의 변화가 있었다. 그 전까지는 실질적으로 야간시간대의 활용이란 이슈자체가 될 수가 없는 상황이었다.

세계적으로 홍콩이나, 뉴욕 등 다양한 도시에서 야간관광이 유행하고 있고, 국내에서도 야간 활동이 활성화되는 라이프사이클의 변화에 따라 야간관광[11]에 대한 관심과 개발이 한창이다. 서울시에서는 야간관광의 확대를 위해 전략지역을 조성하고, 이에 필요한 상품 개발 및 인프라를 꾸준히 구축하고 있다. 고궁, 박물관, 미술관 등 다양한 문화시설의 야간 개장을 도입하여 큰 인기를 얻기도 하였으며, 2014년에는 한국어와 영어로 된 서울야간관광 가이드 The City that never sleeps: Seoul를 e-book으로 제작 배포하기도 하였다. 한편, 부산시는 부산대교, 광안대교 등에 야간 조명을 설치하고, 부산의 야경을 조망할 수 있는 다양한 야간관광명소

11) 학술적으로 개념정립은 아직 부족하나 대체로 "지역주민, 관광객 및 야간관광종사자들에게 야간에 볼 수 있는 각종 매력물, 관광편의시설, 조명, 경관이미지 등을 관광대상으로서 야간에 관광활동이나 관광행위를 통해서 관광소비를 즐기려는 관광객과 관광대상, 관광기업 등과의 상호작용과 그 현상"으로 본다.

를 개발하였다. 멀티미디어 불꽃축제 등의 야간관광 이벤트를 시행하며 야간프로그램의 다양화에 노력하였고, 야시장 개설을 통해 관광객을 위한 야간체험·활동 기회 제공에 주력하고 있는 중이다. 구체적으로는 야경관광을 위한 시티투어버스, 야간관광유람선, 1박 크루즈를 운행하였으며, 2011년에는 관광객들이 부산의 대표 택시 '등대콜'을 이용하여 택시를 타고 부산의 야경을 즐긴 후 코레일과 연계하여 열차로 돌아갈 수 있는 특별 관광프로그램도 시범운행 한 바 있다.

전 세계의 여러 도시에서 진행되는 야간 관광프로그램은 다양한 방식으로 진행되고 있다. 야간 관광을 형식별로 크게 분류하면, '야시장 형태의 운영', '축제나 야간행사 형태', 그리고 '문화시설의 야간 개방', '야간경관조명 방식'으로 분류해 볼 수 있다.

먼저, **'야간 쇼핑 - 야시장 형태'**는 야시장의 이색 체험을 통해 살거리·먹거리·볼거리·즐길거리를 제공하는 형태이다. 대표적인 야시장 형태의 도시야간관광은 '태국의 파타야 워킹 스트리트 Walking Street'나 최근 국내 여행객들이 즐겨찾는 '대만 타이페이의 스린야시장'을 들 수 있다.

태국의 파타야 워킹 스트리트 (Walking Street)

태국 「**파타야** Pattaya」의 화려한 밤문화를 볼 수 있는 거리로 레스토랑과 노천카페·바 등이 밀집되어 있으며, 바다를 바라보며 해산물 요리를 즐길 수 있도록 조성된 레스토랑이 인기이다. 또한, 태국 「**파타야의 워킹스트리트**」는 야시장형태를 띠고는 있지만 여기에 더해 무에타이경기 등 야간문화를 즐길 수 있는 콘텐츠가 다양하게 진행되어 '파타야'의 야간 컨텐츠를 풍부하게 하고 있다. 그리고 행정당국에서도 거리의 안전을 위해 저녁부터 다음날 아침까지 차량운행을 통제하고 있어서 관광객들에게는 더욱 특별한 장소가 되고 있다.

대만 스린야시장 (士林夜市)

타이베이에서 가장 규모가 큰 야시장의 하나인 「스린야시장 Shilin Market」은 특히 포장마차 등 다양한 전통먹거리가 많은 대표적인 야간 관광지이다. 타이완 하면 야시장을 떠올릴 정도로 야시장 문화가 잘 발달되어 있어서 타이베이시를 중심으로 각 지역마다 대표적인 야시장이 자리 잡고 있다. 지역적으로 연간 평균기온이 20도가 넘고 유독 여름이 긴 타이완은 더위를 피하고자 해가 진후인 저녁에 활동이 활발해진다. 1909년에 시작되어 100년이 넘는 역사를 자랑하는 「스린야시장」은 타이베이 시에서 가장 큰 규모로써 주말에는 평균 50만명이 넘는 인파가 모이는 타이베이를 찾는 관광객이라면 반드시 들린다는 인기 장소이다. 많은 사람들로 붐비는 「스린야시장」은 온갖 먹거리, 볼거리, 즐길 거리 등이 가득하다. 시장 안에는 온갖 게임을 즐길 수 있고, 다양한 푸드코트가 마련되어 있어 관광객들로 가득 차 있는 곳이다.

그림 1-22 | 대만 스린야시장 (©대만관광청)

서울 동대문 쇼핑타운

국내에서도 동대문의 두타, 밀리오레, 헬로 APM, 굿모닝시티 등 패션쇼핑몰을 중심으로 다양한 문화행사 등 즐길거리와 먹거리의 제공으로 외국인들이 꼭 찾는 주·야간투어 관광명소로 자리 잡았다. 여기에 2015년 「동대문디자인프라자 DDP」의 오픈으로 관광객의 발걸음이 늘어나고 있다. 또한 이 지역에 지정·운영 중인 '동대문 패션타운 관광특구'는 동대문역사문화공원 주변 신흥 및 재래시장 일대 약 585,709m^2 면적에 2002년 5월 23일 지정된 곳이다. '동대문 패션타운 특구'는 한국은 물론 세계적인 의류패션산업의 메카로 불야성을 이룬 야간시장이 특히 유명하다. 전통적인 재래시장을 중심으로 한 도매 상권과 함께 빌딩 형태의 현대식 복합 쇼핑몰이 공존하고 있어 24시간 도매와 소매 쇼핑이 모두 가능하다. 서울을 방문하는 외국인 관광객의 45%가 즐겨 찾는 대단위 쇼핑단지다. 동대문 패션타운은 단순히 의류를 판매하는 상가를 넘어 기획에서 생산과 판매에 이르는 전 과정이 원스톱으로 이루어지는 데다 젊은 디자이너들의 도전장이기도 해서 독특하고 신선한 패션 스타일을 많이 만날 수 있다. 그 결과, 서울을 방문하는 관광객들에게 꼭 들려야 할 야간관광지의 하나로 자리잡고 있는 것이다.

다음 형태는 '**축제 및 행사 형태**'로 이는 야간이벤트와 도시관광자산의 결합형태로 자리잡고 있다. 대표적인 것으로는 불꽃축제와 분수쇼, 야간공연 등을 둘 수 있다.

스페인 라 메르세 축제와 발렌시아 불꽃축제

스페인 바르셀로나 「메르세 축제」는 매년 9월 도시를 수호하는 성인 성모 마리아의 영광을 기리는 종교 축제다. 「**메르세** Mercè **축제**」라는 명칭은 '성모 마리아의 축제'를 의미하는데, 카탈루냐에서는 성모 마리아를 '자비로운 신의 어머니 La Mare de Déu de la Mercè'라고 부른다고 한다. 축제는 바르셀로나의 공식 휴일로 지정된 '자비의 성모 마리아' 축일인 9월 24일 이전에 5~7일 동안 이어지며, 1902년에 공식적으로 시작됐다. 「**메르세 축제**」는 성모 마리아에게 바치는 종교 축제이면서 동시에 화려하고 떠들썩하게 무더운 여름의 끝을 알리고 서늘한 가을을 맞이하는 축제이기도 하다. 바르셀로나에서 가장 규모가 크고 가장 화려한 축제로서 축제기간에는 수백 가지 행사가 바르셀로나 시 전역에서 펼쳐진다. 축제 행사들은 카탈루냐의 전통을 반영하는 것에서부터 바르셀로나의 현대 문화 예술을 망

그림 1-23 | 메르세축제 중 거인들의 행렬 (ⓒ용현승)

그림 1-24 | 발렌시아 불꽃축제 (ⓒ발렌시아 관광청)

라하는 것까지 그 범위가 매우 다양하다. 대표적인 행사로는 '코레폭스Correfocs'라는 불꽃 달리기, 인간 탑 쌓기, 거인들의 행렬, 프로젝션 쇼가 있으며, 그 밖에 음악, 연극 공연, 10킬로미터 레이스, 와인 페스티벌, 불꽃 뮤지컬, 에어쇼 등 남녀노소, 바르셀로나 시민과 관광객이 모두 함께 즐길 수 있는 행사로 진행된다.

한편, 「**발렌시아 불꽃축제**Las Fallas de Valencia」는 매년 3월 15일 발렌시아 전역에서 개최되며, 목수의 성인인 산호세 성요셉의 날인 3월 19일을 기념하는 축제로 지난해 묵은 것을 태우며 새로운 봄을 맞이한다는 의미로 진행된다. 「발렌시아 불꽃 축제」는 발렌시아Valencia의 수호성인인 성모 마리아에게 꽃을 바쳐 감사를 표하고 불꽃과 더불어 묵은 일상을 날리며 새로운 봄을 활기차게 시작하는 발렌시아인들의 전통 축제다. 매년 3월 15일부터 19일까지, 에스파냐 동부 발렌시아에서 열리는 불꽃 축제가 정확히 언제부터 시작됐는지는 알려져 있지 않지만 18세기에 이미 민속 축제로 자리 잡은 것으로 보인다. 축제는 에스파냐 동부 발렌시아 자치주의 주도 州都 '발렌시아'를 비롯해 발렌시아 주의 여러 도시에서 동시에 개최된다. 불꽃 축제는 알록달록 화려한 색깔의 집채만 한 인형들과 함께한다. 축제가 시작되기 전 판지와 나무로 만든 거대한 인형 700여 개가 발렌시아 시 곳곳에 설치된다. 이 인형들은 정치 상황과 유명 인물을 풍자하는 것에서부터 대중 가수, 애니메이션 캐릭터 등 다양한 주제를 표현하며, 축제 기간 동안 인형들 주위에서 매일 불꽃놀이가 벌어진다. 그리고 축제 마지막 날인 3월 19일 성 요셉 축일에 커다란 인형들을 모두 불태움으로써 축제는 화려하게 막을 내린다.

발렌시아인들은 발렌시아 불꽃 축제 Las Fallas de Valencia를 '파예스 Fallas'라고 부른다. '파예스'는 '불꽃'을 의미하는 '파예 Falla'의 복수형이며, '파예'는 라틴어에서 '불꽃'을 뜻하는 '팍스 Fax'에서 유래한 단어다. 발렌시아에서는 불꽃 축제뿐 아니라 불꽃 축제의 주인공이라고 할 수 있는 커다란 인형들도 '파예'라고 한다. 인형들은 '파예' 또는 '니노트 Ninot라고 불린다.

1990년대부터 발렌시아인들은 불꽃 축제를 발렌시아의 전통과 문화를 알리는 관광산업으로 인식해 해외에 적극 소개하기 시작했다. 오늘날 「**발렌시아 불꽃축제**」는 전 세계인들과 함께하는 국제적인 행사로 발전해가고 있다. 1990년대 이후 발렌시아를 대표하는 관광 상품으로서 널리 알려지게 된 「**발렌시아 불꽃축제**」는 오늘날 연일 펼쳐지는 화려한 불꽃놀이를 즐기러 몰려온 전 세계인들과 함께하는 국제적인 행사로 성장해가고 있다.

프랑스 앙브와즈 야간 스펙터클

프랑스의 「앙브와즈 고성 Amboise」은 1월 1일과 12월 25일을 제외하고 연중 무휴로 개장한다. 유네스코 세계 문화 유산으로 등재된 이 기념비적인 유적지는 루와르 계곡의 파노라마적인 경치중에서도 가장 최상의 절경을 제공한다. 여기에는 유네스코 세계문화유산으로 지정된 르네상스 양식의 고성인 앙브와즈성에서 펼쳐지는 야간 스펙터클이 있다. 앙브와즈 지역의 특징으로 지역 주민들이 자발적으로 '앙브와즈 르네상스 공연협회 L'Association Renaissance Amboise'와 '강과 역사문화유산 국제 연구원'을 결성하여 「앙브와즈 고성」에 대한 스토리를 뮤지컬로 제작, 스펙터클화하여 지역의 문화유산관광을 활성화했다. 야간 스펙터클이 중요한 문화관광상품으로 자리 잡으며 숙박관광을 하는 관광객들을 유도하고, 이에 따라 각종 경제적 가치(입장료, 요식업, 숙박업, 관광산업수입 등)를 창출하고 있다 자료: 앙브와즈 성 홈페이지www.chateau-amboise.com.

그림 1-25 | 프랑스 앙브와즈성과 야간 스펙타클 (ⓒ앙브와즈성)

스페인 바로셀로나 몬주익 분수쇼

스페인 바르셀로나에는 언덕에 올라 시내 전경과 함께 감상할 수 있는 화려한 「몬주익 레이져분수쇼」가 음악과 어우러져 운치를 더해 '마법 분수'라 불리우며 반드시 보아야 할 야간명소로 유명하다. 「몬주익분수」는 1929년 만국박람회를 위해 설치된 것으로 초당 2,600리터의 물이 54m의 높이까지 뿜어져 나오는 미국 라스베이거스, 두바이의 분수쇼와 함께 세계 3대 분수쇼로 꼽힌다. 화려한 조명 속에 다양한 물줄기가 음악에 맞춰 춤추며 치솟는 광경을 보기 위해 수많은 사람이 모여든다. 분수쇼로 인해 몬주익은 바르셀로나 관광의 필수 방문지로 자리잡고 있다. 그런데 우리에게 몬주익언덕은 남다른 의미가 있는 장소이다. 많은 국민들이 몬주익은 바로 1992년 바르셀로나올림픽의 대미를 장식한 황영조선수의 마라톤금메달을 땄던 장소로 알고 있는 곳이다. 그리고 이 곳에는 황영조선수의 우승을 기리는 기념비가 있다.

이 같은 '분수쇼'는 라스베가스의 대표적 관광상품인 호텔앞 분수쇼에 이어 아랍에미레이트의 두바이에 높이 150m까지 솟는 세계 최대의 분수쇼가 행해지는 등, 관광객을 끌어모으는 대표적인 도시관광 상품으로 자리잡고 있다.

그림 1-26 | 몬주익분수쇼(©Turisme de Barcelona: www.barcelonaturisme.com)

그림 1-27 | 관광상품으로 자리잡은 라스베가스 부수쇼(위: 좌우)와 두바이의 분수쇼(아래: 좌우) (ⓒJune)

다음으로는 '**문화시설들의 야간개방**'으로 기존시설의 새로운 가치를 창출하는 형태를 들 수 있다. 사례로는 싱가포르의 '나이트사파리'와 '에스플레네이드', 그리고 '사격장 야간개장'을 들 수 있다.

싱가포르 야간 문화시설

싱가포르에는 세계 최초로 밤에만 문을 여는 야간동물원인 「**나이트 사파리**」가 있다. 1994년에 개원한 야행성 동물을 위한 사파리로 35 헥타르에 걸쳐 130여 종의 2,500마리 이상의 동물이 모여 있다. 그 중 38%가 말레이 호랑이, 아시아 사자, 아시아 코끼리, 고기잡이 살쾡이 등 멸종 위기 동물들이다.

싱가포르 관광청이 선정한 최고의 관광상품상을 수차례 수상한 곳으로, 해마다 100만 명 이상의 관람객이 다녀가는 싱가포르의 관광 명소로 자리 잡았다. 「**나이트 사파리**」는 동남아시아의 열대우림, 아프리카의 사바나, 네팔의 강 협곡, 남미의 팜파스, 미얀마의 정글을 재현한 8개 구역으로 나뉘며 사파리 전체가 싱가포르 야생동물 보호구역의 일부로 지정되어 멸종 위기의 야생 동물 구호 센터

▌그림 1-28 | 싱가포르 야간 관광과 나이트 사파리 (ⓒ싱가포르관광청 www.yoursingapore.com, 나이트사파리 www.wrs.com.sg)

의 역할도 겸하고 있다.

「**나이트 사파리**」의 매력은 일반 동물원과 달리 단순히 동물들을 구경하는 데 그치지 않는다는 점이다. 세 갈래 산책로를 따라 걷거나 트램을 타고 이동하면서 마치 자연 다큐멘터리의 한 장면을 탐험하듯 생생한 야생 체험을 즐길 수 있다. 큰 눈을 가진 안경 원숭이와 사향고양이를 만날 수 있는 '레오파드 트레일', 잽싸게 물속으로 들어가 먹잇감을 낚는 고기잡이 살쾡이를 볼 수 있는 '피싱 캣 트레일', 싱가포르 자연 원시림으로 이어지는 '포레스트 자이언트 트레일' 등이 있다. 여기에서 더 나아가 저녁식사를 할 수 있는 '고메 사파리'가 마련되어 있다. 트램을 타고 각기 다른 테마로 조성된 8개 구역을 통과하면서 저녁 식사까지 즐길 수 있어 관광객들에게 가장 인기 있는 프로그램이다. 밤에는 동물들의 야생성이 깨어나기 때문에 낮에 보는 것과 전혀 다른 느낌이 든다. '이스트 로지 트레일'에서는 깊은 정글에서 야생의 밤을 경험할 수 있다. 날렵한 아프리카 살쾡이, 점박이 하이에나, 붉은 털과 흰 줄무늬가 인상적인 봉고영양, 말레이시아 호랑이 등을 찾아 떠

■ 그림 1-29 | 에스플러네이드의 야간 모습 (ⓒwww.esplanade.com)

나는 코스다. 곳곳에 안전요원이 있기 때문에 길을 잃을 염려 없이 둘러볼 수 있다는 장점도 있다. 여기에 볼거리를 추가하여 야외극장에서는 하이에나, 늑대 등 야행성 동물들이 펼치는 나이트 쇼를 관람할 수 있다. 나이트사파리 외 원주민쇼의 불쇼도 관람객이 직접 체험할 수 있는 이벤트로 인기를 끌고 있다.

「나이트 사파리」가 생기게 된 계기는 낮 시간대에는 직장인들이 오기가 어렵다는 점에서 방문고객의 폭을 넓히기 위한 시도였다고 한다. 결국 「나이트 사파리」는 이색체험을 통해 독특한 야간관광코스로 자리잡게 되었다. 싱가포르 나이트사파리의 성공 이후 중국 '광저우 나이트 사파리'가 생겼으며, 3번째로 태국의 '치앙마이 나이트 사파리'가 오픈하는 등 야간 관광거리로서 자리잡고 있다.

싱가포르에 있는 「에스플러네이드 Esplanade」도 싱가포르의 랜드마크로 자리잡은 공연예술관련 복합문화시설이다. 독특한 외관과 함께 환상적인 야경 · 레이저쇼가 인기인 장소로 싱가포르의 야간관광을 더욱 풍성하게 하고 있다. 지역의 특성을 반영하여 열대과일 두리안을 닮은 독특한 외관이 눈길을 끄는 「에스플러네이드」는 싱가포르 대표 예술 종합단지다. 이 건물은 영국의 건축가 '데이비브 스탬플'이 디자인한 후 600만 달러를 들여 완성하였다. 건물의 뾰쪽한 가시는 최첨단 금속으로 만든 햇빛 가리개로 무려 7,000여 개가 타원형 돔을 덮고 있다. 2,000명을 수용할 수 있는 대형 콘서트홀과 극장, 미술관이 있어 싱가포르 문화생활을 대표하는 공간이다. 굳이 공연을 보지 않더라도 수변공간과 독특한 건물, 야경과 어우러진 곳으로 많은 관광객이 찾고 있어 문화시설을 활용한 야간관광 아이템으로 자리잡고 있다.

대구 사격장의 야간 개장

눈을 국내로 돌려보면, 국내에서도 몇몇 지자체에서 시설의 야간 개장을 통해 관광수요를 충족시키는 시도가 이루어지고 있다. 그런점에서 대구광역시 북구 금호동에 위치한 「대구사격장」의 야간 개장을 의미있게 바라볼 필요가 있다. 5만여 평의 부지에 수려한 경관과 최첨단 시설을 갖춘 사격장으로 올림픽 종목의 훈련장으로서의 역할과 시민들의 스트레스 해소와 통쾌함을 만끽할 수 있는 레저 스포츠로서의 기능, 그리고 시민 누구나가 쉬어 갈 수 있는 휴식공간으로 자리잡고 있다. 관광권총, 클레이 및 공기소총 등 사격시설 이 외에도 부대시설을 활용 각종 행사와 창의적 체험활동에 적합한 시설을 구비하고 있으며, 사격장을 찾는 시민 누구나 이용 가능하다.

대구시설관리공단에서 운영 중인 「대구사격장」은 한시적이지만, 연일 이어지는 무더위와 열대야로 지친 시민들을 위하여 여름기간 동안 전투체험사격장, 권총, 공기소총, 스크린 사격장 운영시간을 밤 22:00까지 연장 운영한 바 있다. 야간개장은 도시의 야간즐길거리로 자리잡아 남녀노소 누구나 즐길 수 있는 최고의 체험레포츠로서 전투체험사격장, 권총, 공기소총, 스크린 사격장을 통해 시민들은 가족·친구들과 함께 더위를 잊고, 자녀들에게는 잊지 못할 추억을 선물하게 되었다고 한다.

▌그림 1-30 | 대구사격장의 야간 모습과 이용자 모습 (© 대구사격장)

또한, 어린이, 청소년들은 전투체험장에서 B.B탄이 아닌 물총경기를 할 수 있도록 물총과 우의 등이 준비되어 전국 최초 물총 전투체험장을 운영하였고, 특히, 야간 무료 사격강습회 및 가족 사격대회를 개최하였다. 여기에서는 사격이론 강습 및 가족사격체험을 실시하고 시상도 하는 등 도시의 관광거리로서 또 하나의 잊을 수 없는 추억의 명소로 자리잡게 된 것이다.

이처럼 박물관 · 미술관 같은 국·공립 문화시설의 야간 개장은 도시의 밤 문화를 한결 다채롭게 하고 있다. 과거에는 운영 인력의 문제와 시설 휴식 문제 등으로 실시에 어려움을 겪었으나 이제는 주말 자정까지 문을 여는 곳도 등장했다. 전시 안내, 관람료 할인 등 야간 관람객을 위한 서비스도 다양하다. 물론, 야간 운영시설 상당수가 상설화의 문제와 내용적인 보강이 필요하는 등 아직 갈 길이 멀다. 그러나 야간 개장으로 인한 얻을 수 있는 효과가 훨씬 크다는 점에서 문화시설의 야간개장은 더욱 늘어날 것이며, 인구의 정체 등 사회 환경의 변화와 도시간의 경쟁 환경이래 혁신적인 도시운영마인드를 가진 곳에서는 과감히 공공문화시설의 야간개장을 하여 하나의 기회로 활용될 수 있을 것이다.

다음은 도시의 특색을 반영한 '**야간경관 조명형태**'로 주간과는 또 다른 볼거리를 선사할 수 있다는 점에서 활용이 가능한 형태이다.

뉴욕의 엠파이어스테이트빌딩(Empire State Building) 조명쇼

그림 1-31 | 엠파이어스테이트빌딩의 조명쇼 모습 (©엠파이어스테이트빌딩)

40년 이상 세계에서 가장 높은 건물의 자리를 지켜 왔던 「엠파이어 스테이트 빌딩」은 미국의 국보급 건물이다. 저명 건축가인 슈리브, 램, 하먼이 속한 유명 건축회사가 설계를 맡았는데, 설계도는 단 2주일이라는 시간 내에 제작되었다고 전해진다. 그리고도 놀라운 것은 설계에서 완공까지 불과 20개월[12]만에 해냈다는 사실이다.

이 무렵 뉴욕에서는 세계 최고 높이의 건물을 세우려는 경쟁이 치열했으며, 1931년 「엠파이어 스테이트 빌딩」이 완공되기 전까지는 61m가 낮은 '크라이슬러 빌딩'이 이 영예를 차지하고 있었다. 「엠파이어 스테이트 빌딩」은 102층의 전망대까지 높이가 381.6m로서 1972년 세계무역센터의 북쪽 탑 건물에 '가장 높은 건물'이라는 왕관을 빼앗기기까지 이 자리를 유지했다. 여전히 미국에서 가장 독특하고 유명한 건물 중 하나로 남아 있으며, 모더니스트 아르데코 디자인의 건물로서 대표적인 건물로 꼽힌다. 낮에도 유명 관광지로 관광객이 넘치는 건물로 밤이 되면 색깔 있는 투광 조명이 건물 꼭대기를 환히 밝힌다. 건물이 주는 시각적인 효과는 밤에도 낮과 마찬가지로 휘황찬란하다. 미국 독립기념일이나 계절에 따라 흰색, 노란색, 초록색, 빨간색 등 다양한 색으로 조명이 바뀌곤 한다.

조명쇼는 365일 오전 8시부터 새벽 2시까지 관람 가능하며 항상 관광객들로 북적댄다. '「엠파이어 스테이트 빌딩」 홈페이지 www.esbnyc.com'에서는 'Empire State Building Tower Lights Calendar'를 통해서 그 날의 테마와 색깔 등을 제공하고 있다. 그래미상에 노미네이트된 아카펠라 그룹 펜타토닉스가 부른 "댄스 오브 더 슈가 플럼 페어리"에 맞춰 타워의 조명을 밝히는 쇼로 라디오의 FM 생방송으로 진행되기까지 한다.

한편, 이 유명한 랜드마크 빌딩은 '추가 콘텐츠'로 스페셜 게스트들을 독점 출연시켜 라이브로 한 달 내내 공연함으로써 연말 시즌을 빛내왔다. 이 '음악과 빛의 쇼'는 연말 분위기에 맞는 격조 높은 음악에 다채로운 색을 익사이팅하게 섞

12) 예정된 일정도 앞당겼고, 예산도 토지가격 포함 4,100만 달러밖에 들지 않았다.

어 한 해 마감의 정점을 찍어준다. 그리고 전체 쇼의 동영상은 「**엠파이어 스테이트 빌딩**」의 유튜브 채널 bit.ly/ESBUnwrappedVid에서 본 행사 종료 직후 전세계인들이 볼 수 있도록 방영되고 있어 고객과의 소통을 확대해 건물가치를 더욱 높이고 있다.

홍콩 심포니 오브 라이츠

빅토리아 하버에서 바라보는 홍콩의 스카이라인은 그 자체로도 환상적이지만 매일 밤 펼쳐지는 「**심포니 오브 라이츠**」에 의해 더욱 의미를 갖게된 곳이다. 「**심포니 오브 라이츠** 중국어: 幻彩詠香江, A Symphony of Lights」는 매일 밤 8시에 13분간 벌어지는 홍콩 빅토리아 항 고층 건물들 사이로 펼쳐지는 음악 & 레이저 쇼 공연이다. 2004년 홍콩 관광 진흥청이 이 쇼를 개발하면서 총 4천 4백만 HK$가 소모되었다. 이 쇼는 4백만 명 이상의 관광객과 주민들을 끌어 모으고 있다. 13분 34초 동안 빅토리아 항 양안 37여 개의 빌딩에서 펼쳐지는 공연은 교향악, 조명, 레이저 투사 등을 포함한다. 2007년 5월 1일에는 스탠다드 차터드 은행 빌딩과 뱅크 오브 아메리카 타워가 '심포니 오브 라이트'에 추가로 합류하였다. '세계 최대 규모의 상설 라이트 & 사운드 쇼'로 기네스북에 올라 있는 「**심포니 오브 라이츠**」[13]는 컬러풀한 조명과 레이저 빔, 서치라이트 등이 화려한 볼거리를 만들어내는 가운데 홍콩의 다양성과 정신, 에너지 등을 칭송하는 내레이션과 음악이 곁들어지면서 관광객을 맞이한다. 5개의 메인 테마로 진행되는데, 어웨이크닝, 에너지, 헤리티지, 파트너십, 그리고 셀러브레션의 순서로 장식된다. 더욱이 이 쇼는 무료로서 관람시 별도 입장권이 필요하지 않는 관광상품이다. 홍콩문화센터 주변 침사추이 해변과 완차이의 골든 보히니아 광장 밖 산책로를 따라 음악과 라이브 내레이션까지 제공되어 관광객과의 접점을 늘리고 있다.

---

13) 자료: 홍콩관광청 홈페이지

▌그림 1-32 | 홍콩 심포니 오브 라이트(Sympony of Lights) (ⓒ홍콩관광청)

여기에 더하여 홍콩당국은 야간 볼거리를 하나 더 추가하였다. 침사추이의 상징적인 건축물인 홍콩문화센터와 시계탑에서 화려한 빛의 쇼 「3D 라이트쇼」가 진행되기 시작한 것이다. 「3D 라이트쇼」는 홍콩여름축제, 홍콩겨울축제, 설축제 등 메가 이벤트와 축제 테마에 맞춰 다르게 연출되고 있어서 한층 업데이트된 야간 장면을 연출하고 있다.

▌그림 1-33 | 홍콩의 3D Pulse Light show (ⓒ홍콩관광청)

그림 1-34 | 런던의 런던아이 야경과 파리의 에펠탑과 세느강 바토무슈

영국 런던아이와 파리의 바토무슈

대관람차인 「런던아이London eye」는 1999년에 새천년을 기념하여 지은 135m 높이의 관람용 건축물로 'Millennium Wheel'이라고도 불리운다. 2012년 런던 올림픽 개막식에서 성화주자 한 명이 「**런던아이**」를 이용해 성화봉송에 나섬으로서 장소성을 더했다. 런던 템즈강에 위치하여, 타워브리지, 빅벤 등과 함께 런던의 랜드마크로 자리잡았다. 특히 야간에는 런던 시내를 내려다 보는 야경조망 포인트와 데이트코스로 유명하여, 주말이나 밤에는 예약이 필수이며, 결혼식이나 특별한 행사 등을 위한 대여도 가능하며, 색다른 경험을 위한 샴페인 패키지 등의 다양한 상품이 개발되어 있고, 인근 유명 레스토랑이나 크루즈와 연계한 패키지도 인기인 상품이다.

그런데 「**런던아이**」도 다른 새로 생긴 독특한 건축물이 그랬던 것처럼 처음 탄생시에는 많은 영국인들의 반감을 샀다. 규모나 위치면에서 거대한 존재감으로 특히 과거의 도시 풍경을 사랑하고 지켜왔던 시민들에게 거부감을 불러 일으켰다. 그러나 일반시민들이 높은 곳에서 자유롭게 내려다볼 수 있다는 점에서 런던의 아이콘이 되어 방문객들은 단순한 탑승의 기억 이상을 얻어가는 대표적인 랜드마크가 되었다.

야경으로 유명한 파리도 밤이 되면, 에펠탑, 개선문, 노틀담 성당 등의 랜드마크들이 불을 밝히고 새로운 즐길 거리로 자리잡는다. 관광객들은 전망대, 야경관광투어버스, 유람선 바토무슈 등을 이용하여 야경조망을 즐긴다. 「바토무슈」는 전등들이 설치된 아치 아래로 센강을 따라 파리 중요 랜드마크를 지나고, 탑승객들은 야경을 구경 하며 프링스 유명 클래식 음악연주와 함께 식사를 하는 다양한 크루즈 프로그램 등에 참여하게 된다.

비비드 시드니

시드니는 빼어난 자연환경과 함께 1년 내내 볼거리가 펼쳐지는 도시다. 오페라하우스, 하버브리지와 같은 유명한 건축물과 바다와 산을 넘나들며 즐길 수 있는 다양한 관광 요소가 곳곳에 포진한 관광 도시다. 최근 추가된 볼거리로 뉴사

그림 1-35 | 시드니 오페라 하우스의 조명 (©www.vividsydney.com)

우스웨일스 주 관광청(前 Tourism NSW, 現在 Destination NSW)에서 개발한 독특하고 생동감 넘치는 시드니의 겨울 축제 「**비비드 시드니** Vivid Sydney」가 있다.

호주와 같은 남반구는 북반구와 계절이 반대다. 북반구가 겨울로 접어드는 11월의 호주는 관광객으로 북적이지만, 반면, 북반구의 여름휴가 시즌에 겨울인 호주는 매력적인 관광지가 아니다. 이 행사의 시작점은 여기이다. 2000년 시드니 올림픽 이래로 겨울철 시드니 관광에 관한 관심이 식는 것을 방지하기 위해 시드니의 뉴사우스 웨일스주 관광청에서 네 가지 대형이벤트를 하나로 모아 겨울을 대표하는 축제로 만든 것이다. 물론, 출발 당시에는 참가하는 예술가들 모두 이 축제의 성공여부에 대해 확신할 수는 없었지만, 시드니의 겨울축제의 필요성 만큼은 확실했기 때문에 시작할 수 있었다고 한다.

2009년 축제 첫 해 20만 명이 몰리며, 시드니의 야경을 즐겼다. 전위적 예술가들이 창조한 불빛은 익숙한 관광명소를 전혀 다른 모습으로 변모시켜 매해 축제를 즐기려는 관광객을 끌어 모았다. 2014년에는 전년 대비 79% 증가한 143만명이 시드니를 찾아 호주의 예술도시인 아들레이드의 시민 숫자보다도 많은 방문객 수를 기록하면서 명실상부한 시드니의 예술축제로 자리 매김하게 되었다. 이처럼 2009년 소규모의 조명축제로 시작한 「**비비드 시드니**」는 이제는 현지인과 여행객 모두가 기다리는 세계 최대의 빛축제가 되었다. 매년 5월말부터 6월 중순까지 열리는 행사로 개최 8년이라는 짧은 기간에 180만명을 유치하여 전 세계 최대 빛축제로 성장한 것이다.

축제의 내용은 매년 음악과 기술이 더해져서, 이제는 「**비비드 라이트** Vivid Light, **비비드 뮤직** Vivid Music, **비비드 아이디어** Vivid Ideas」라는 세 개의 테마로 나뉘어 다양한 행사를 벌이고 있다. 축제 기간 동안에는 시드니 전역에서 전 세계 아티스트들이 작업한 아트조각상과 조명 설치 작업을 무료로 감상할 수 있고, 각종 라이브 공연과 연극공연을 즐기거나 혁신적 아이디어를 공유하는 컨퍼런스에도 참여할 수 있다.

먼저, '**라이트**'의 경우 특히 밤에 빛을 발하는데, 세계 최고의 아티스트와 디자이너의 도움으로 예상치 못한 장소에 조명 미술 조각, 거대 규모의 프로젝션, 설치 작품 등이 배치되어 시내 전역이 신비로운 장소로 변신한다. 핵심 이벤트로 자리 잡은 '**시드니 오페라 하우스**'의 돛 조명은 프로젝션의 캔버스가 되어 뱀피와 나비 날개, 우주에서 영감을 받은 패턴이 그려지고, 여기에 뮤지션들이 상상력을 더해준다. 밤 시간에는 춤추는 물줄기, 조각 분수, 컬러 레이저, 비디오 프로젝션, 바다 불꽃놀이가 펼쳐지는 달링 하버를 넘어 시내 전 지역으로 펼쳐진다. 시드니 하버에서는 1천640개의 조명장치 튜브로 빛나는 시드니 하버 브릿지를 선보인다. 한편, 여러 조명에는 반응형 기능까지 있어 오랜 시간 즐거움을 더해준다. 2014년에 전시된 56개의 설치물은 15개 국가에서 온 140명의 아티스트가 만든 것으로, 축제 참가자들이 자신의 얼굴을 3D 이미지로 거대 두상에 투사하는 작품도 있다. 그리고 여기에는 시드니 하버의 선박들도 비비드의 즐거움에 동참한다. 축제 중에는 페리와 크루즈, 수상 택시도 밝은 빛으로 장식된다.

달링 하버에 위치한 'Laser-Dragon Water-Theatre'는 65개의 분수 위로 떠 있는 13m의 로봇 팔에 장착된 세계 최초의 워터 스크린을 선보인다. 'Laser-Dragon Water-Theatre'가 설치한 네 개의 영상 투사 워터 스크린에서는 무용수들이 등장해 The Presets 음악에 맞춰 춤을 춘다. 관광객들은 40개의 20m 수직 분수 16개의 25m 움직이는 분수, 20개의 15m 화염 제트, 10개의 강력한 레이저 등을 보며 입을 다물지 못할 수준에 이른다.

'**뮤직: 음악 공연**'은 지하 공간부터 대형 시드니 오페라 하우스 콘서트 홀까지 다양한 장소에서 펼쳐지는데, 비비드의 최신 음악 프로그램은 인디부터 팝, 락 콘서트와 클래식 오케스트라를 망라하며 진행된다.

그리고 의외의 행사로 시민들의 인기를 얻고 있는 '**비비드 아이디어** Vivid Ideas'는 아시아 태평양의 창조 산업을 기념하는 연례 행사로, 패션과 디자인, 영화, 애니

메이션, 건축, 게임, 디지털 미디어, 비즈니스 등을 주제로 한 전문가들의 이야기를 들어볼 수 있는 간담회 및 포럼이 펼쳐진다. 혁신과 창의성을 주제로 한 축제로서 '**비비드 아이디어**'는 단순히 기술력을 나누는 콘퍼런스나 예술마켓이 아닌 세계 최대의 조명기술 페어를 표방하면서 실제로 큰 규모와 거래량을 자랑한다. 조명디자이너들과 건축가들이 가장 큰 캔버스에서 자신들의 기술과 상상력을 재현하면서 상상으로 그칠 수밖에 없었던 가능성을 구현하고 세계적으로 자신들의 기술을 수출할 기회도 얻게 된다는 것이다.

「**비비드 시드니**」는 뉴사우스웨일즈의 관광 및 주요 행사기관인 뉴사우스웨일즈주 관광청(Destination NSW)이 소유, 관리 및 제작하며, 2016년의 경우, 170만 명의 관광객을 유치했으며, 관광객 지출액이 6천300만 달러가 넘는 축제로 타 지역과 해외에서 찾는 인원이 10만명을 넘는, 빛과 음악과 아이디어가 어우러지는 축제로서 세계 최대 규모로 자리잡았다.

지금은 매년 200만 가까운 관객이 참여할 만큼 인기 있는 행사인 「**비비드 시드니**」의 출발은 그야말로 미약하였다는 점에서 많은 행사를 기획하고 있는, 도시의 경쟁력을 위해서 노력 중인 많은 도시들은 그 과정을 주목해야 할 것이다. 시드니 도심에 대해 겨울이라는 계절적 비수기를 타개하기 위해 제안되었던 작은 아이디어가 이제는 도시 최대의 성공 사례가 되어 매년 겨울, 세계 최고의 디자이너와 아티스트가 도시를 완전히 변화시키는 행사로 유명한 시드니 오페라 하우스에 투사되는 멋진 이미지를 감상하고, 하버 브릿지의 조명을 조절해 보고, 도심 전체에 설치된 조각의 반응형 조명을 체험하고, 멋진 음악이라는 컨텐츠를 가지게 된 것이다.

NSW주 관광청 발표로는 그 아이디어는 중국인의 불꽃놀이에서 나왔다고 한다. 급증하는 아시아 관광객을 타깃으로 불빛을 소재로 한 축제가 적합하다고 판단했다는 것이다. 일단은 타겟을 명확히 한 것이다. 그렇지만, '빛'을 소재로 한 축제는 이미 전 세계적으로 다양하다는 점에서 차별화를 생각하여 '빛이라는 익숙한 소재를 활용하되 이전에 없던 방식을 찾아야 한다는 점에서 기존 타 지역에서 많이 벌어지는 불꽃놀이의 약점인 화약이 터지고 불과 몇 초간만 감상할 수 있다는 불빛의 단발성에 집중했다 한다. 그리하여 오랜 시간 빛의 향연을 감상할 수 있는 조명쇼를 구상하게 됐다. 불빛의 배경은 이미 관광객들에게 충분히 친숙한 시드니의 명소들을 활용하기로 했다. 그리고 '역사와 전통'이 없는 새로운 축제를 성공시키기 위해선 창조성으로 승부해야 했다. 관광청은 15개국에서 실험적인 공연예술가와 유명 래퍼 등 분야를 망라한 140여명의 예술가를 초청했다. 축제 기간 독일, 프랑스, 폴란드, 홍콩, 미국, 싱가포르 등에서 작가들이 보내온 조명 예술품들이 시드니 중심가에 설치됐다. 빛과 음악, 그리고 아이디어를

그림 1-36 | 비비드 시드니의 조명축제를 즐기고 있는 시민과 관광객 (ⓒvividsydney.com)

접목했다. 그 결과, 많은 도시들의 축제에서 주요 소재인 빛을 시드니만의 '독창성'을 가미한 것이다.

물론, 많은 행사가 그렇듯이 「비비드 시드니」도 2009년 첫 축제가 열리기 전만 해도 각각 개성 강한 예술가들이 모여 관객에게 뭘 보여주려는 것인지 혼란스럽다는 등 호주의 여론은 부정적이었다고 한다.

이제는 늘어나는 관광객에 자신감을 얻은 관광청은 해외 언론 · 여행사 관계자를 초청해 미디어 행사를 열었고, 시드니 오페라하우스 지붕 전체가 다양한 조명에 물드는 장면을 전 세계로 중계했다. 축제를 찾은 관광객은 2010년 30만명에서 2014년 80만명을 넘어섰다. 2015년에는 전년 대비 79% 증가한 143만명이 시드니를 찾았다. 비비드 축제를 주제로 한 관광 패키지 상품으로 시드니를 찾은 중국인만 1만명에 달한다. 관광청은 축제로 인한 직접적인 경제 효과만 200억원에 이르는 것으로 추정했다. 이에 대해 호주 유력 언론은 "무모한 도박을 했던 주정부가 대박을 터트렸다"고 까지 평한 바 있다.

평소 볼 수 있는 익숙한 오페라 하우스를 넘어서서 「비비드 시드니」의 빛은 건축물을 캔버스 삼아 유려하게 수놓는 화가의 붓과 같아서 이를 통해 도심속 장소는 시드니 시민들에게 일상의 아늑함을 주는 정도에 그치지 않고 추운 겨울 일상을 활기차게 보낼 수 있다는 기대감까지 심어 주었다. 거기에 조명기술 교류의 장을 넘어 환경을 생각하고 빛과 전기 기술에 대해서도 아이디어를 공유하는 성과를 내며 새로운 융복합적 정체성을 확고히 하였던 것이다. 도시의 랜드마크를 새롭게 활용하는 데 주저 없이 도전한 뉴사우스 웨일스주 관광청의 결단은 축제를 만들고 기획하는 지자체라면 주목할 점이라고 생각한다. 얼마든지 규모와 기술력만이 아닌, 있는 것을 활용해 새로운 그림을 그리고 수없이 많은 창조적 가능성을 위한 도전과 창의적 발상으로 가능함을 보여준 사례이다. 그야말로 지자체가 주도하여 특성화된 도시가치 올리기의 대표적 사례로 우리의 지자체들이 벤치마킹할 내용이라 할 수 있다.

▌그림 1-37 | 다낭의 용교 주야간 모습 (ⓒJune)

베트남 다낭 용다리: 용교

대도시가 아니라도 야간관광차원에서 참고할 수 있는 사례가 「베트남 다낭의 용다리」다. 베트남 다낭에서는 시내를 흐르는 한강을 중심으로 하여 다리와 주변 건물들의 조명을 이용한 다낭 야간 시티투어를 진행하고 있다. 다낭이 최근 들어 더욱 주목을 받는 이유는 베트남 정부의 관광·휴양지 개발에 발맞춘 도시 경관 정비 덕이다.

특히 2009년에 착공하여 2013년에 개통한 「용교 Dragon Bridge」는 다낭을 대표하는 랜드마크다. 해가 지고 주위가 어두워지면 LED조명이 불을 밝혀 황금색 용이 구름 사이를 날아가는 듯한 형상을 연출하는데, 이를 보기 위해 관광객들은 한강의 다리 주변으로 모인다. 매주 토요일마다 진행되는 「용교」의 불쇼는 이미 대표적인 관광상품이 되어서 쇼를 하는 시간이 되면 주변은 관광객으로 만원사례를 이루고 있다.

「용교」는 조명을 상상한 대로 사용하여, 아름답고 상징적인 구조물이 훨씬 매력적으로 바뀌고 그 결과 지역 사회 전체를 변화시켰다. 이 「용교」는 관광객의 발길을 이끄는 새로운 명소로, 다리 주변의 경제를 활성화시키고 있는 사례이다. 항구를 가로질러 강을 건너는 형상을 한 용龍은 금속 몸체를 구부려 다리를 지나는 차량 위로 거대한 아치형 구조물을 만들어 내고 있는데, 이 다리는 이 지역의 성장에 중추적인 역할을 하고 있다. 한 해 3백만 명의 관광객을 끌어 모으고 있다고 '다낭시'에서 발표하고 있다.

낮에도 충분히 멋진 볼거리이지만, 밤이 되면 「용교」의 야경은 절대 놓쳐서는 안 되는 명물이 된다. 이 다리는 '다낭'을 베트남의 관광 지도에 올린 주역이기도 한다. 설치된 900개의 LED 조명은 해가 지고 주위가 어두워지면, 불을 밝혀 황금색 용이 구름 사이로 날아가는 것 같은 형상을 보여준다. 가장 흥미진진한 볼거리는 이 거대한 철골 구조물이 집어 삼킬 듯한 입으로 진짜 불을 뿜어낸다는 것이다. 주말 저녁이면 많은 사람들이 밤 하늘을 가르는 용교의 화염을 보러 시간에 맞춰 이곳으로 모여든다.

용다리의 야경은 결국 도시에 활기를 불어넣은 LED 조명이 공간을 밝히는 것에 그치지 않고, 더 나아가 주변 지역의 관광 산업을 활성화시키고, 경제적인 성장에까지 이르는 과정을 완벽하게 보여주는 사례이다. 즉, 이로 인해 다리 주변에 상권이 형성되며, 관광산업이 활성화 된 것이다. 도시경관이 지역발전을 도모한 대표적인 사례다.

이처럼 조명을 이용한 야경의 아름다움은 지역경제의 발전에도 영향을 주고 있다. 즉, 조명으로 꾸며진 랜드마크가 내려다 보이는 지점이나 마을은 랜드마크와 더불어 관광객들이 선호하는 장소 중 하나가 될 수 있고, 서울 '난지도'처럼 민박과 캠핑을 즐길 수 있는 야영장 등도 하나의 기회가 될 수 있다. 이는 '다낭'과 마찬가지로 지자체의 도심경관 사업과 야간 경관조명으로 지역 경제에 활기를 불어넣는 사례가 될 것이다. 이를 위해서 지자체를 포함한 설치주체는 그 목적을 확실히 해야 하며, 각 지역의 개성과 특색을 고려하는 것 또한 필수적이다. 여기에 시민들의 의견이 반영된다면, 최근 각 지역에서 벌어지고 있는 '경관사업과 LED경관조명사업'은 단순히 어둠을 밝히는 빛을 뛰어 넘어 도시와 시민들의 삶에 영감을 주고, 도시의 경쟁력을 드높이는 활력제가 될 것이다.

위에서 보듯이 도시의 「야간관광」은 또 다른 차원에서 도시를 살리는 훌륭한 역할을 하고 있다. 즉, 도시를 방문하는 목적이 단순 관광이나 친지방문, 비즈니스, 국제회의 참여 등 다양하다는 측면에서 어떤 목적으로 도시를 방문하게 되든지 간에 방문객은 도시에서 숙박을 하게 되면 야간에 할 수 있는 활동에 대하여 기대를 하게 된다는 점이 「야간관광」의 기회요소인 것이다. 예를 들어, 먹고 마시는 활동, 산책, 엔터테인먼트, 유흥 및 오락 등을 들 수 있다.

한편으로 야간관광 활동프로그램으로는 앞의 사례에서 보듯이 공연관람, 전시회 등의 관람, 엔터테인먼트 활동과 같은 실내외 문화 활동이 있으며, 야간의 스포츠경기관람, 자전거타기 등의 레저 · 스포츠 활동, 야간의 먹거리 및 야간 쇼핑 활동, 도시야간축제 등의 참여, 야간시티투어 참여 등의 활동을 들 수 있다.

결국, 「야간관광」은 실시를 통한 체류기간 연장과 지역경제 활성화 효과로서 도시에서 활용할 수 있는 좋은 아이템인 것이다. 물론, 야간관광상품은 주간관광상품보다 관광대상자를 선정할 때 대상이 제한되어 있다고 할 수 있고, 교통시설 역시 제한이 따를 수밖에 없다. 그러나 지자체차원에서 이에 대해 적극적으로 대처한다면, 또 하나의 도시를 살리는 훌륭한 산업으로 자리잡을 수 있을 것이다.

산업관광

최근 「산업관광」이 심심찮게 언론을 오르내리고, 정부에서도 관심을 가지고 접근하고 있다. 「산업관광」은 농업 · 임업 · 수산업 · 공업 · 상업 등 각종 산업시설을 대상으로 하며, 내 · 외국인들에게 자국의 산업시설과 생산 공정을 견학 · 시찰하도록 하여 교양 및 지식확대의 욕구를 충족시켜준다. 특히 외국 관광객들에게는 기술적, 경제적 교류를 통하여 자기나라의 자랑할 수 있는 산업 시설을 보여줌으로써 국가를 홍보하거나 외국의 관광객 유치차원에서 주목 받을 수 있는 새로운 관광 상품이다.

한편으로 우리가 관광지에 가서 하게 되는 단순한 감상이나 관람 등 일반적 관광활동은 산업사회에서 지식정보사회로 접어들면서 일회성 활동에서 벗어나

그림 1-38 | 밀레니엄다리와 테이트 모던 미술관의 야경(좌)과 미술관내의 모습(우) (ⓒ테이트 모던 미술관, 정희기)

직접 체험하고 경험하는 활동으로 전환하게 되었다. 이처럼 관광활동이 변화됨에 따라 기존 산업사회의 상징이 되었던 근대 산업유산 및 시설은 관광객들로 하여금 과거에 대한 향수를 자극하는 새로운 관광자원으로서 활용가치를 가지게 된다. 이에 따라 산업전통이 오래된 구미 선진국이나 일본 등은 산업자원을 관광자원화 함으로써 성공적으로 관광객을 유치하고 있다.

예를 들어, 21세기 대표적인 현대미술관인 영국 런던의 "**테이트 모던** Tate modern"은 폐쇄된 화력발전소를 시설 대부분을 남겨둔 채 리모델링하여 연간 400만 명 이상의 관광객이 방문하는 관광명소로 재탄생시켰다. 독일 폭스바겐 자동차 회사의 '아우토슈타트 Autostadt'는 차량 구매자의 신차 인수장소를 기존의 단순한 출고장개념에서 테마파크 시설로 변경하여 연간 200만 명 이상의 관광객이 방문하는 관광지로 자리 잡고 있다. 우리나라에서도 과거 1970년대부터 대형공장을 위주로 공장 방문 등 현장 시찰 위주로 진행되는 방식으로 산업관광이 이어져 오고 있었다. 그리고 최근 여기에 더해 「**산업관광**」에 대한 관광객과 기업이 추구하는 가치가 변화하여 좀 더 부가가치가 창출되는 새로운 「**산업관광**」이 대두되고 있다.

과거 단순한 '산업시찰형 공장견학형'에서 탈피하여 산업현장에서 체험 및 교육을 중시하는 관광으로 변모하고 있으며, 이 때, 기업방문을 사회적 봉사로 생각하기보다는 방문객을 고객으로 전환하기 위한 홍보마케팅으로 생각하여 적극적으로 전략화하려는 기업의 변화가 시도되고 있는 것이다. 여기에 사회적 가치와 경제적 가치를 동시에 추구하는 공유가치 창출 기회로서도 「산업관광」이 대두되고 있다.

오래된 산업역사와 다양한 시설들이 구축된 유럽지역 국가들과 아시아에서 가장 오래된 산업역사와 활동을 가진 일본 등에 비하면, 기존의 「산업관광」의 기반이 너무도 미약하다. 그러나 빠른 시간에 이루어낸 산업 활동과 최근 한국을 이끌고 있는 IT산업은 분명 우리에게, 산업관광자원이 확보된 도시에게 기회라고 할 수 있다. 즉, 「산업관광」의 개념이 변화되는 상황에서 우리의 자원도 좋은 동기부여가 될 수 있을 것이다.

우리는 자원도 없고, 안 된다는 생각부터 할 필요는 없다. 「산업관광」에 대한 개념만 확대하면 될 것이다. 도시로는 산업 활동이 왕성한 서울과 수도권, 지방의 대도시와 중소 산업도시는 충분한 산업유적과 시설, 현대 산업의 집합지로 산업관광을 육성하기 위한 우수한 여건을 이미 충분히 갖추고 있다. 이같이 풍부한 산업관광자원을 토대로 산업관광도시로 도약하기 위해서는 최근 산업관광 트렌드에 부합되며, 현실성을 고려한 산업관광 활성화 방안 및 특히 지역과 지역산업에 특화된 산업관광 프로그램 개발이 대안이 될 수 있다[14).

산업관광의 범위와 유형

「산업관광」의 추진을 위해서는 먼저, 「산업관광」의 범위와 유형을 살펴볼 필요가 있다. 물론, 「산업관광」은 관광자원화라는 차원에서 현대사회의 모든 기업과 산업이 그 대상이 될 수 있다. 따라서 경제적 이익을 창출할 수 있는 재화와

14) 정부에서도 산업관광의 중요성을 인식하고 산업관광 육성계획을 수립하고, 2012년부터는 지자체 공모사업에 국비를 지원하는 등 다양한 사업을 펼치고 있으나 결과적으로 아직까지는 미진한 상태이다.

서비스를 생산하는 모든 산업 분야를 포함한다고 볼 수 있어 대상 및 범위가 매우 광범위하고 관광상품화를 위한 소재 또한 다양하게 된다. 어렵다는 차원에서 보면, 너무 다양해서 추진이 어렵다고 볼 수 있지만, 반대로 보면, 「**산업관광**」이 산업종사자들의 삶과 생활 및 그들의 문화까지 포함되는 등 특정 산업과 관련된 모든 것들이 포함될 수 있다는 점이 오히려 기회라 볼 수 있다.

먼저, 산업의 유형에 따라서 1차 산업 활용형, 2차 산업 활용형, 3차 산업 활용형 산업관광으로 구분할 수 있다. "1차 산업 활용형"은 농림축산업, 어업 현장에 대한 견학 및 체험 활동 형태의 관광과 이들 산업의 생산물의 구입 등이 주요 활동이 되는 형태이다. "2차 산업 활용형"은 직물, 도예, 칠기 등 전통공예를 비롯한 간장, 술 등의 전통적인 지역의 소규모 제조업 등을 활용한 관광 형태와 자동차, 가전, 철강 등 대규모 제조업 공장에 대한 견학과 관련 산업의 전시관 등에 대한 관광활동 형태이다. 다음으로 최근에 와서 중요성이 더해지고, 특히 한국의 경우에 접근할 필요가 있는 "3차 산업 활용형"에는 영화, 컴퓨터소프트웨어, 게임, 음악 등 서비스 및 소프트 산업의 생산물이나 생산과정을 견학 · 체험하는 형태의 「**산업관광**」을 들 수 있다.

다음, 시간에 따른 분류는 시대별로 과거, 현재, 미래의 관점에서 산업관광활동을 유형화하여, 각각 산업유산활용형, 현재산업활용형, 미래산업활용형 산업관광으로 구분할 수 있다. "산업유산활용형" 산업관광은 현재는 사용하고 있지 않거나 용도가 변형된 산업시설 또는 설비를 관광자원으로 활용하는 관광활동으로 교육적 효과와 과거의 향수 등 관광객에 따라 느끼는 감흥이 달라지는 형태이다. "현재산업활용형"은 현재 타 지역 또는 기업과 차별화되는 특색을 가지고 있는 산업 또는 기업을 견학하는 관광활동과 현재 기업이 홍보, 마케팅 등의 목적으로 기업의 전시관 등을 조성하여 관광대상으로 활용하는 산업관광 형태로서 1차 산업을 대상으로 하는 농어촌 관광과 2차 산업을 활용한 공장견학, 기업전시관 방문 등이 대표적이다. "미래산업활용형"은 IT, 생명과학 등 첨단기술의 연구개발

거점과 연구소 집적지역 등의 견학이나 관련 기술을 집적시켜 놓은 전시관 등을 관람하는 형태이다.

셋째, 관광객이나 기업의 산업관광 참여 목적에 따라 시설견학형, 산업진흥형, 일반관광형, 인재 육성 및 연수형, 인재구인형 등으로 분류할 수 있다. "시설견학형"은 기업의 거래처, 기존고객 및 잠재고객 등에게 공장 또는 시설을 공개하는 형태이거나 기업 홍보 등의 목적으로 불특정 일반인들에게 기업을 공개하는 형태로 이루어지는 산업관광 유형이다. 다음, "산업진흥형"은 주로 지방자치단체들이 지역의 전통산업을 홍보하고 생산물 판매를 촉진할 목적으로 활용하는 산업관광 유형을 말한다. "일반관광형" 산업관광은 일반적인 관광객들을 대상으로 기업이나 지역산업의 전시관, 홍보관 등을 관람하게 하고, 각종 체험활동 등에 참여할 수 있게 하는 형태이며, "인재육성 및 연수형"은 초중고생들을 대상으로 하는 교육목적의 프로그램 운영이나 직원의 교육 목적으로 활용되는 산업관광 형태이다. 마지막으로 "인재구인형" 산업관광은 구직을 목적으로 하는 사람들을 수용하는 기업 홍보 목적과 인재 확보의 목적을 동시에 달성하고자 하는 유형이다.

산업관광 사례

독일의 아우토슈타트(Autostadt)

자동차산업으로 유명한 독일의 볼프스부르크는 "폭스바겐 Volkswagen" 공장이 들어서 있는 대표적인 산업관광 사례지이다. 폭스바겐 브랜드의 자동차산업을 소재로 하는 「**아우토슈타트** Autostadt」는 자동차 소재의 실내외형 테마파크를 지향하며, 2000년에 부지 약 25ha에 축구장 25개를 합쳐놓은 크기로 건물 12개 동으로 개관하였다. 이 곳은 자동차에 관련된 다양한 주제의 전시관들과 호수, 연못, 다리와 울타리 등이 어우러진 공원으로 물과 도로, 광장, 뮤지엄, 호텔, 레스토랑 등이 연출되어 있는 장소이다. 2010년 기준으로 연간 약 200만 명의 방문객이 방문할 정도로 인기를 끌고 있어, 개관 이후 2010년 2월에는 누적방문객 수만 약 2,000만 명을 넘겼다. 「아우토슈타트」를 방문하기 위해 구입하는 차를 본사에서 수령하는 고객 비중이 무려 30%에 달한다고 한다. 그 결과, 「아우토슈타트」 안에 위치한 '리츠칼튼 호텔'은 객실 구하기가 가장 어려운 호텔 중 하나가 됐다고 한다. 연계하여 지역의 가치는 지속적 증대가 이어진다.

폭스바겐이 건설한 「**아우토슈타트**」는 차량구매자가 자신의 차를 직접 출고하면서 관광을 즐기는 자동차박물관이자 체험장이다. 이제는 차량구매자만이 아닌 일반 관광객이 많아지면서 독일에서 두 번째로 인기가 좋은 테마파크일 뿐 아니라 독일관광청으로부터 10대 관광명소로 꼽힌 곳이기도 하다. 자동차와 건축·예술·문화의 창조적 디자인이 특징으로 테마관별로 건축가와 예술가의 적극적인 참여와 지자체에서는 공간 부지를 제공하여 기업 유치에 적극적이었다는 점도 참고할 부분이다 .

그림 1-39 | 독일의 아우토슈타트 (ⓒAutostadt.de)

독일의 비트라 가구단지

「**비트라** Vitra」는 1950년 설립된 가구 디자인 전문브랜드이다. 스위스의 회사이지만, 공장은 프랑스, 독일과 국경을 맞대고 있는 바젤에서 가까운 독일의 작은 도시 "바일 암 라인 Weil am Rhein"에 위치하고 있다. 비트라의 공장은 「**비트라 캠퍼스** Vitra Campus」로 불리운다. 내용을 들여다보면, 「**비트라 캠퍼스**」는 공장이라기보다는 세계 최고의 건축물들을 진열한 건축 갤러리에 가깝다. 1981년에 있었던 큰 화재로 인해 비트라의 공장들이 거의 소실되는 사건이 있었다. 건물을 잃은 그 자리에 세계적인 건축가들의 작품으로 채우기 시작했다. 이를 통해 공장이 단

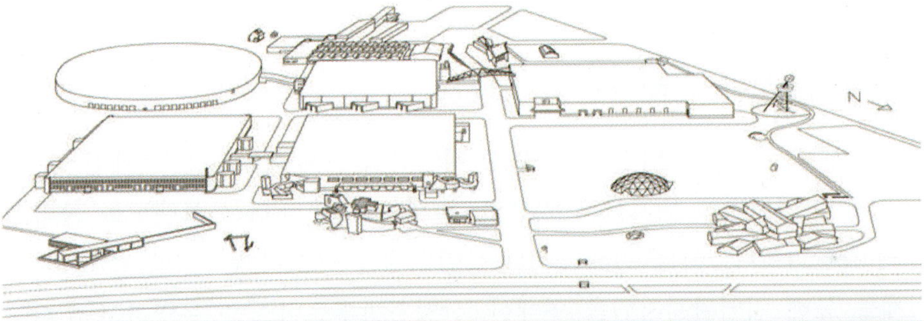

그림 1-40 | 비트라캠퍼스 지도와 전경 (©www.vitra.com)

순한 생산기지가 아니라 세계에서 여행객들이 몰려오는 관광명소가 되었다. 공장단지에 디자인 박물관과 쇼룸을 배치했다는 점, 그 건물이 유명건축가의 작품이라는 점에서 공장에 "문화"를 반영한 또 하나의 문화개발이라 할 수 있다.

24만m^2에 이르는 「비트라 캠퍼스」는 인구 3만 명이 채 안 되는 이 중소 도시의 랜드마크이자 비트라의 디자인 경영을 체험할 수 있는 복합 단지로 자리 잡고 있다.

기능과 미학의 결합이라는 회사의 철학을 반영한 「비트라 캠퍼스」는 제품관련 관광객만이 아닌 세계적인 건축순례지로서 연간 수만 명의 관광객을 끌어 모으고 있어서 가구제조 판매라는 본업을 넘어 산업관광으로도 많은 관광 수익을 만들어내고 있는 사례이다.

일본의 기업도시 도요타시

일본 「**도요타시** Toyata」의 산업관광은 지역산업과 문화관광을 연계한 것이 특징[15]이다. 아이치현에 위치하고 있으며, 소재는 '도요타'라는 브랜드로 불리고 있는 자동차산업이다. 이를 위해 산업관광협의체를 구성하여 운영하고 있으며, 이 협의체를 통해 지역관광자원을 연계한 '산업관광루트버스'를 운영하고 있다.

아울러 역사적 산업시설을 산업유산으로 등록하여 보존과 활용을 병행하고 있다. 그 규모는 부지 약 4.1만m^2에 전시장 면적은 약 1.4만m^2이다. 2009년 기준으로 연간 약 23만 명이 방문하여, 1994년 개관 이후 누적방문객 수는 205만 명 이상이다. 주요시설로는 섬유기계관, 금속가공기술 재현관, 자동차관, 재료시험실, 시험제작공장, 증기기관 전시, 테크노랜드, 도요타그룹관, 도요타상회 사무소 등이 있다. 편의시설로는 도서실, 비디오라이브러리, 특별전시실, 강당, 레스토랑과 카페 등을 구비하고 있으며, 각종 전시 및 제조 체험 및 여러 교육프로그램 등이

---

15) 울산지역 산업관광 활성화전략(유영준), 해협권연구 제12호, 제주연구원, 2012.

운영되고 있다.

'도요타'는 도시녹화사업도 함께 하면서, 산업관광의 거점으로 이용되기도 하고, 주말에는 지역워크숍을 개최한다거나, 지역민에게 시설을 개방함으로써 지역행사가 가능하게 하는 등 지역 활성화에도 기여하고 있다.

중국의 산업관광 네트워크

유명한 세계 관광도시들은 모두 산업관광 프로그램을 보유하고 있다는 점에서 「**산업관광**」은 선진국에서는 아주 성숙된 관광분야이다. 최근 중국의 많은 도시들에서도 「**산업관광**」이 도입되어 관광업의 새로운 하이라이트 영역으로 자리잡고 있다. 2005년에 중국 국가여유국은 최초로 "중국 공농업 관광시범구역" 103개를 선정, 발표했는데 상해의 '보산철강 宝鋼, Baogang 그룹'이 유일한 산업관광명소로 선정된 바 있다.

먼저, 중국의 대표적인 산업도시인 상해를 보면, 중국 근대 산업의 주요 발원지의 하나로서 산업자원이 아주 풍부해 다양한 산업관광명소를 보유하고 있다. 하지만 적지 않은 산업명소들은 세상에 널리 알려지지 않았고 가고 싶어도 어떻게 찾아가야 하는지 모르는 경우가 많다. 이에 2007년 상해산업관광진흥센터 上海工業旅遊促進中心에서는 상해의 산업관광진흥을 위해 "상해 산업관광 연 정기권"을 발행했다. 200여페지의 이 연 정기권에는 상해시 94개 산업관광명소가 열거되어 상해의 제조업, 컨텐츠 산업, 공단을 비롯한 상해 산업의 역사를 잘 보여준다. 연 정기권에는 또한 모든 명소에 대한 간략한 소개와 개방시간, 요금, 주차장, 교통정보 등 관련 정보들도 상세하게 기록되어 있다. '상해 上海, Shanghai 산업관광 연 정기권'을 구입하면, 1년동안 약 100개에 달하는 상해시 산업관광명소를 볼 수 있다. 추천 코스를 정기권을 통해 이용할 수 있으며, 구입의 편의를 위해 일 년 정기권을 지하철 역사나 편의점 등에서 구매할 수 있게 하였다. 상해시는 이를 통해 백년의 산업발전사와 풍부한 산업관광자원을 토대로 상해라는 도시의 이미지를 더욱 굳혀가고 있다.

한편, 중국의 '라이우시 莱芜市'는 산둥성 최대 철강기업인 '라이우철강'이 있는 우리나라의 포항과 유사한 철강산업도시이다. '라이우시'에서는 대표산업인 '철강'을 테마로 한 전시시설인 강철박물관과 이벤트인 강철박람회를 개최함으로써 산업을 관광자원으로 활용하고 있다. 특히 '라이우강철박물관'은 라이우 제련 · 제강의 역사를 보여주는 문헌자료부터 전시시설, 체험시설 등으로 구성되어 있으며, '철강'과 함께해 온 라이우시의 역사를 재현하고 있다. '강철박람회'는 중국내 관련 기업 및 세계의 철강기업들과의 교류를 통해 철강산업 및 도시의 선진화를 위해 진행되고 있다. 라이우시의 사례는 지역산업을 활용하여 도시 이미지를 제고한 것으로 볼 수 있다.

한편으로 중국의 「**산업관광**」[16]에서 다음과 같은 특성을 발견할 수 있다.

먼저 전문운영기관을 통해 전문성을 확보했다는 점이다. 상해의 「**산업관광**」은 '상해공업여행 上海工業旅遊'이라는 네트워크를 구축하여 이 기관을 통해 산업관광 기업 투어를 운영하고, 또한 테마상품 및 추천상품 등을 기획하여 관광객에게 홍보하고 있다. 라이우시의 사례에서도 강철박물관 및 강철박람회를 라이우시의 외사판공실의 전시 담당부서에서 직접 관리 · 운영하여, 박물관의 관리와 방문예약 등의 양질의 서비스를 제공하며, 예약 및 정보제공의 서비스도 외사판공실에서 수행하고 있다. 전문 운영 기관으로 산업시찰 및 투어에 전문성을 확보하여 신뢰감을 형성한 것이다.

다음으로는 「**산업관광**」 전문여행사 운영으로 효율적 관리가 가능하다는 점이다. '상해공업여행'은 기업투어 및 산업관광 상품 개발을 전문적으로 담당하는 여행사 및 산업관광투어팀을 운영하며, 상품기획에서 기업투어 예약 및 가이드까

16) 한국문화관광연구원(2012), 철강테마도시 기본구상에 관한 연구 - 국외 사례조사 결과보고서.

지 모든 영역에 있어 전문적인 시스템으로 운영되어 투어의 품질을 높이는데 기여하고 있다.

다음은 많은 업체의 참여로 다양한 「**산업관광**」 체험기회를 제공하고 있다는 점이다. 라이우시는 철산업과 밀접한 신흥공업도시로서 철을 테마로 한 철강박물관과 2003년부터 진행된 강철박람회 개최로 기업 참여를 확대하고 있다. "상해산업관광네트워크 상해공업여행: 上海工業旅遊"는 상해 소재 130여개 업체가 기업투어에 참여하고 있어 관광객들은 관련산업별로 다양한 기업투어 경험이 가능하다. 그리고 장강 등 주변지역의 기업까지 소개하고 있으며, 세계의 관련 산업 정보 및 기사를 제공하여 관련 산업에 대한 정보 제공과 교류의 기회까지 제공하고 있는 것이다. 참여업체들은 연계하여 "산업관광네트워크"가 구축되었다는 특징도 있다. 중국의 상해는 산업관광 네트워크를 구축한 대표적인 사례로서 상해의 건국중로에 소재한 공업기업 및 박물관을 연계하는 네트워크가 구축되어 있다. 참여한 업종으로는 화학, 철강, 항공 등이 있으며, 네트워크를 통해서는 상해 공업관광 발전계획 제정, 여행사품 기획, 여행서비스 품질 표준 제정 등을 이루어냈다는 점에는 국내의 산업관광을 추진하고자 하는 지자체가 특히 고려해야 할 사항이다.

국내의 산업관광 사례

해외에서는 산업선진지역을 중심으로 「**산업관광**」이 활발하게 자리 잡았다면, 국내에서는 몇몇 지자체를 중심으로 지역 산업체의 공장 등 제조시설 견학을 통해 관광객 방문 증가를 목표로 진행되고 있다.

강원도 홍천에 있는 하이트진로 맥주공장의 경우에는 통유리창을 통해 가공 전 호프 열매의 모습부터 제맥, 담금, 발효 및 저장, 여과, 출하 과정까지 맥주 제조의 전 과정을 살펴볼 수 있도록 구성, 연간 15만 명이 방문[17]하고 있다. 울

17) 한국경제매거진, 제26호, 2012.6.

▌그림 1-41 | 여수 국가산단 야경 (ⓒ여수시 관광문화)

산의 경우도 『Fortune』지 선정 2011년 500대 기업에 포함된 현대자동차, 현대중공업, SK에너지 등 세계적 규모의 생산공장이 위치한 국내 대표적인 산업도시답게 이들 업체를 중심으로 「**산업관광**」이 진행되고 있다. 문화관광부의 관광지방문객 보고통계에 따르면, 2011년 기준 연인원 37만여 명의 「**산업관광**」 방문객을 유치하고 있다. 이 외에도 전라남도 광양시의 광양제철소, 경상북도 포항시의 포스코, 경상남도 거제시의 대우조선해양 등 대규모 제조시설에 방문하는 관광수요는 꾸준히 유지되고 있는 상황이다.

전남 여수시에서는 2012여수세계박람회를 앞두고 공단의 야경을 관광상품으로 만들기 위해 산업단지 전경을 한눈에 볼 수 있는 전망대를 설치하여 관광객 유치에 나선바 있다. 공장의 크고 작은 불빛은 굴뚝에서 나오는 연기와 함께 어우러져 평소에 볼 수 없는 독특한 전경으로 자리잡고 있다. 국내 대표적인 '야경뷰포인트'로 손꼽히는 여수국가산업단지는 웅장하고 화려한 야경으로 사람들을 사로잡고 있다. 공장의 시설물 안전과 조업을 위해 켜둔 불빛이 관광자원으로 활용되고 있는 특별한 사례이다.

해질 무렵에 이순신대교와 여수대교를 지나 산단에 이르는 야경은 노을과 잘 어우러져 탄성이 절로 나올 정도다. 1967년 건설돼 대한민국 경제부흥의 상징이 되고 있는 여수산단은 현재는 총 3만1,304㎢ 규모로 GS칼텍스, LG화학, 한화케미칼, 여천NCC 등 200여개 업체가 입주한 국가산업단지이다. 우리나라 석유화학단지의 전경은 낮과 밤이 너무 다르다. 낮에는 회색빛 건물에서 진한 연기를 내뿜는 모습이 흉물스러운 느낌마저 들지만, 밤에는 정반대로 환상적인 매력을 발산한다. 공장을 24시간 가동하기 위해 밤에는 조명이 필요하게 된다. 이때의 조명은 아름다운 야경을 연출하게 된다. 높은 압력과 뜨거운 온도로 제품을 만들기 때문에 공장 가동을 잠시 중단 하게 되면, 원료들이 굳어버려 공장에 큰 손실을 초래하므로 공장은 낮과 밤 상관없이 계속 가동을 해야한다는 점이 오히려 산업단지 야경을 관광의 상품으로 만들게 된 것이다. 특히 'GS칼텍스 여수공상'은 반짝이는 모습으로 야경의 최고 출사지 중 하나로 꼽힌다.

이에 지자체에서도 적극적으로 나서고 있다. 여수시에서는 시티투어 야경코스를 운행하고, 여수의 랜드마크인 이순신광장에는 상징조형물 야간조명시설과 친수시설, 바다로 향하는 용의 모습을 형상화한 육교형 전망대도 들어서 있다. 또한 이순신광장 전망대에서 바라보는 돌산공원, 돌산대교, 장군도의 야경은 여수의 찬란한 밤바다를 새삼 가깝게 느낄 수 있다. 특히 돌산대교는 밤마다 50여 색상으로 꾸며져서 화려함을 더한다.

산업관광의 접근과 가능성

「**산업관광**」은 선진국에서는 아주 성숙된 관광분야이고 유명한 세계 관광도시들 모두가 산업관광 프로그램을 보유한다. 프랑스의 '시트로엥' 공장, 독일의 '폭스바겐' 공장, 일본의 '도시바' 등 산업관광명소를 관광하는 인원은 오늘도 넘쳐난다. 「**산업관광**」은 품격이 높은 관광방식으로 비전을 가지고 있고 따라서 거대한 사회적 효과와 경제적 효과를 창출하게 된다.

그렇다면 우리는 어떤 모습인가. 「**산업관광**」도 도시살리기에 너무도 좋은 소재이나 안타깝게도 우리나라 「**산업관광**」 시설은 아직 걸음마 단계에 놓여 있다. 우수한 경쟁력을 가졌음에도 불구하고 단지 산업 '시찰'과 같은 1차적인 서비스에 머물러 있다.

현재의 고민은 전국에 산재돼 있는 노후화된 산업단지와 공장들을 어떻게 처리할 지의 문제이다. 그나마 다행스러운 것은 최근에 와서 개발보다는 옛 정취를 복원시키는 쪽으로 바뀌고 있다는 점이다. 근대화 과정에서 사라져간 많은 건물과 공장을 재활용해 새로운 도시공간으로 변신시키려는 노력이 활발해진 것이다. 산업시설의 재생과정은 산업트렌드를 살펴볼 수 있는 좋은 학습공간이라는 점에서 산업단지 구조고도화사업, 재정비사업, 서울형 도시 재생사업 등이 벌어지는 것은 그 의미가 크다할 수 있다. 물론 여러 이유로 속도는 더디기는 하다.

한편으로 산업시설의 관광자원화는 다음과 같이 접근할 수 있다. 먼저, '근대산업유산의 관광자원화'이다. 이는 체험을 중요시하는 산업흐름과 탈산업사회라는 점에서 과거의 스토리가 전해질 수 있는 근대의 다양한 산업유산이 관광용으로 활용될 수 있음을 보여준다. 또한 이미 인천, 군산 등에서 근대의 창고나 공장, 회사 등 건축물을 활용하여 박물관과 갤러리 등으로 활용하는 사례가 증가하고 있어 향수를 자극하는 매력적인 관광지로서 근대산업유산이 활용될 수 있다는 것이다.

다음, 기본적으로 '제조시설 견학 형태의 산업관광 프로그램'을 활용할 수 있다. 다양한 일상용품 생산공장은 개인의 삶이 담겨있다는 점에서, 그리고 평소에 보기 어려운 중공업형 제조공장들은 독특함에 견학만으로도 관광자원이 가능하다. 이에 대해 일본 「아이치현 산업관광내비게이션 나고야 상공회의소」에서는 "「**산업관광**」의 목적은 다양한 분야에서 '제품 생산'에 임하는 마음가짐을 직접 느껴보는 거"라 하여 시설만이 「**산업관광**」이 전부가 아님을 보여준다.

더하여 '산업기술과 관광시설의 복합화'를 살펴볼 수 있다. 제품 생산과정 관람과 체험을 통한 참여형 산업관광이 가능하다는 차원이다. 과거 사업관계자들을 주 대상으로 삼았던 공장견학형 형태의 산업관광이 아닌 일반 소비자 대상의 체험형 산업관광 시도로서 기업의 역사관 관람 및 제품생산과정을 살펴보고, 제조시설 내에서 판매, 식음을 제공하는 등 일반관광형태의 산업관광 전개라는 차원의 접근이다. 대구의 '섬유산업관광' 상품은 천연염색과정을 직접 체험하는 프로그램이 도입되었고, 일본 나고야의 도자기업체 노리타케사社는 '노리다케의 숲ノリタケの森'에서 도자기 생산 공정을 관람하고 생산된 노리다케 식기를 구입할 수 있도록 할 뿐만 아니라 도자기를 사용한 레스토랑 운영과 도자기 만들기 체험, 예술작품 전시 등을 통해 산업관광의 새로운 형태를 제시[18]하였다.

그렇다면, 국내의 산업관광은 가능성이 있을까하는 고민을 해본다. 먼저, 국내에는 세계적 역량을 가진 기업이 다수[19] 존재하고 있고, 최근 IT산업을 기반으로 한국만의 독특한 산업환경이 구축되어 있다. 또한 산업적 역사가 50여년밖에 되지 않은 신생국으로 세계 13위의 교역국가가 되었다는 점에서 많은 개발도상국들이 벤치마킹으로 삼을 수 있는 여건이다. 이 같은 여건은 내수시장 뿐만 아니라 외래객의 산업관광 수요 창출도 가능하다는 여지를 보여준다. 따라서 단순한 시찰과 견학의 형태를 벗어나 기업에 대한 긍정적 이미지를 형성하고 수입을 극대화 할 수 있는 형태의 산업관광 프로그램 개발이 따른다면, 충분한 경쟁이 가능한 분야라 할 수 있다.

다음, 「**산업관광**」에 대한 만족은 지방자치단체 브랜드에도 긍정적 영향을 주고 있음이 입증되었으며[20], 특히 「**산업관광**」이 지역의 산업과 결합했을 때 지역

18) 한국관광정책, 2009년 가을호
19) 「포춘지(紙)」 선정 2011년 매출액 상위 글로벌 500대 기업에 국내 기업은 5개가 포함
20) 김효경 · 한범수, 2010. 산업관광과 지역브랜드 자산의 관계, 관광학연구, 제34권, 제6호.

경제 발전에 긍정적 영향을 미치는 것으로 알려져 「산업관광」의 성공은 곧 지자체의 성공으로 연계된다. 실제로도 특정 지역의 「산업관광」에 대한 만족은 특정 지역에 대한 만족으로도 이어져 「산업관광」을 통해 지역브랜드 자산을 구축할 수 있는 매력적인 소재인 것이다. 지자체 입장에서 뛰어들지 않을 이유가 없는 것이다.

다음은 개별 관광객들에게 「산업관광」은 독특하고도 신선한 접근이라는 점이다. 일반 관광과는 다르게 물건을 만드는 과정과 평소 보기 힘든 생산활동을 본다는 점에서, 더 나아가 같이 참여할 수 있다는 점에서 신선한 상품일 수밖에 없다. 반면, 기업체에게도 기회로 다가온다. 기업체 입장에서는 단순한 시찰과 견학의 형태를 벗어나 기업에 대한 긍정적 이미지를 형성하고 수입도 창출할 수 있는 영역이다.

이 외에도 산업간 융복합 트렌드의 정착에 따라 예전 단순 「산업관광」을 넘어선 의료관광과 산업시설 연계 등 다양한 상품 개발이 가능해지고 있는 점과 서구 사례에서 보듯이, 여행문화가 성숙될수록 「산업관광」의 본래 취지를 인식할 수 있는 수요층이 확대되고 있는 점, 그리고 고용창출 기회와 함께 기업과 지역의 협력으로 시너지 효과가 높은 분야로 이해될 수 있다는 점에서 그 가능성에 집중할 필요가 있는 분야이다.

한편, 「산업관광」의 성공적 도입을 위해서는 일단 해당 지역의 산업자원에 대한 재해석이 필요하다. 이를 통해 산업자원에 대한 새로운 가치를 부여함으로써 지역주민과 기업인에게 홍보효과와 자긍심을 고양시킬 수 있는 방안이 제시될 수 있다.

3. 도시의 재생

그림 1-42 | 뒤스부르크 노르드파크의 시민활동들 (©www.landschaftspark.de)

독일의 뒤스부르크에 있는 한때, 독일의 번성을 이끌었던 제철공장 자리에서 벌어지는 하루 일과다. "시민들은 높이 70m의 공장건물 꼭대기에 올라가 주변경치를 전망하고, 아빠와 아이들은 자전거를 타고, 직장동료들은 모여서 스쿠버다이빙을 하고, 엄마는 줄타기를 하면서 공장굴뚝사이를 걸어간다. 스포츠동호회에서는 공장굴뚝에서 암벽타기를 한다. 그리고는 모여서 식사를 하고 집으로 돌아간다."

공장창고는 클래식공연장, 건축전시회장이 되고, 굴뚝은 암벽타기장소가 되고, 가스탱크는 스쿠버다이빙장으로, 그리고 주변에는 산책로가 조성되어 있고, 공장근무자들이 걷던 길은 24시간 산악자전거루트가 되어, 전체 공장외관은 야간 라이트쇼가 벌어진다. 저녁에는 공장내 교차로에서 상영되는 영화에, 공연에 주민들은 열광하고, 관광객들은 오래된 건물이 탈바꿈한 유스호스텔에서 새로운 산업문화를 즐긴다.

도시는 경제적인 이유로 사람들이 모여들면서 점차 불이 켜지기 시작하였다. 도시의 성장으로 점차 불빛은 늘어가고 항상 불을 밝히게 된다. 그러나 시간이 흐를수록 경쟁력이 떨어진 일부 지역들은 사람들이 떠나가고, 그 불은 점차 꺼지게 된다. 특히 도시내 산업시설들은 부침이 더욱 심하다. 과거에는 도시 외곽에서 시골에서 올라 온 우리의 누나, 오빠, 형, 엄마, 아빠, 딸, 아들들이 산업역군으로서 철야작업을 하던 공장들! 산업재해와 환경오염의 주범으로 불리워 오다가, 산업구조가 바뀌고, 도시가 확장되자 어느 덧 도심 속으로 들어온 우리 주변의 산업단지와 대규모의 공장들! 거기에서 일하던 사람들은 썰물처럼 사라지고 남게 된 높은 굴뚝과 거대한 공장건물은 아무런 흔적도 없이 완전히 없어지고, 그 자리에는 공장이었던 시절보다 훨씬 촘촘하게 들어선 아파트군단들! 흔한 우리 주변의 도시 재건축 모습이다.

여기에 사는 우리의 삶은 어떠한 가? 2014년 문화체육관광부가 발표한 '2014년 국민여가활동조사'에 따르면, 지난 1년간 우리 국민들이 가장 많이 한 여가활동은 TV시청(51.4%)이었고, 이어 인터넷 · 소셜네트워크 서비스(SNS · 11.5%), 산책(4.5%), 게임(4.0%) 순으로, 소극적 휴식 활동이 대부분으로 여유와는 거리가 먼, 그저 쉬고 싶은 '피곤한 한국인'인 것이다.

여유있는 삶을 찾기 위해 무엇을 해야 할까? 그냥 우리도 독일 「노르드파크」에서와 같은 생활을 누릴 수 없을까? 어려운 여건이나 경제적인 문제는? 하고나서 생기는 또 다른 문제는 제쳐두고 이 같은 "재생"을 할 수는 없을까?

안타깝게도 우리나라는 지금까지 신도시를 건설하고 기존 건물을 재건축하는 개발의 측면에서만 도시 문제를 접근해왔다. 낡은 건물은 모두 없어지고, 허물어지는 자리에는 번쩍거리는 고층건물만이 들어서고 있다.

우리나라의 1세대 도시정비는 '재개발 재건축사업'으로, 이때는 물리적 환경정비가 주가 되었고, 2세대는 '재정비촉진사업'으로 기존의 물리적 환경에 사회적 재활성화를 타겟으로 진행하였으며, 3세대는 '도시재생사업'으로 물리적 환경과 함께 사회적 재활성화에 추가하여 경제적 재활성화까지 추진하고 있다. 최근에는 물리적 환경 개선 중심의 폐해로 인해 사회적으로 공감대 형성이 필요하다는 움직임도 있다. 그러나 아직까지 우리가 갖는 「**도시재생**」이라 하면, 물리적으로는 "아파트 중심의 고층단지", 정신적으로는 "주변 재정비되지 않은 지역과 다르다는 생각", 그리고 최종적으로는 "재산가치의 상승"을 기대하게 된다. 거기에는 약간의 부러움까지 갖게 되는 것도 사실이다. 심하게 표현하면, 「**도시재생=아파트값 상승**」이라는 등식이 아직은 유효하여 아직까지는 해법을 찾지 못하고 있다.

인기를 끌었던 드라마 '미생'에는 거꾸로 걸린 지도가 등장해 화제를 모았다. "거꾸로 보기"를 해보자. 우리가 항상 보는 일반지도에서는 제주도가 우리나라의 맨 아래쪽에 위치하여 위치상 불리한 것처럼 보일 수 있다. 그러나 지도를 거꾸로 해서 제주가 위로 오는 모습으로 바라보면, 제주도가 세상의 중심이 되어 주변을 이끌어갈 수 있는 중요한 위치가 된다. 즉, 국토의 맨 아래쪽 섬으로 보면, 입지적이나 여러 면에서 불리하게 보이나 맨 위쪽의 모습으로 바꿔보니 너무나 매력적인 장소가 되는 것이다. 지도의 위, 아래라는 의미는 일종의 관습일 것이다. 예를 들어 우리나라에서 만들어진 지도에서도 아메리카 대륙이 유라시아 대륙의 오른쪽에 놓여 지지만, 서양 쪽에서는 아메리카 대륙을 왼쪽에, 유라시아 대륙은 오른쪽에 놓여 진 것처럼 그려있는 것과 같을 것이다.

관점에 따라서 우리가 보고 싶은 것만 보고, 중요하지만, 우리 눈에 벗어난 것은 정작 놓치고 있지는 않을까? 하는 의문을 가져본다. 이를 「**도시재생**」에 대입해보자. 우리는 이미 「**도시재생**」이 중요할 수밖에 없다는 사실을 모두 알고 있다. 그리고 어떤 문제점이 있는지도 알아냈다. 그러나 이처럼 사회적인 이슈가 되고, 충분히 거론되고 있음에도 돌파구를 찾지 못하고 있다. 이 때, '지도 거꾸로 보기'라는 새로운 눈을 떠보면 어떨까.

국토교통부의 "도시재생사업단"에 따르면, 「**도시재생**」은 "쇠퇴하고 낙후된 구도시를 대상으로, 삶의 질을 향상시키고 도시경쟁력을 확보하기 위하여 물리적

그림 1-43 | 용산국제업무지구조감도(좌)와 롯폰기힐즈 전경(우)

정비와 함께 사회적, 경제적 재활성화를 통합적으로 추진하는 일"로 정의하고 있다. 이 같은 정의는 우리가 잊던 사실을 깨닫게 한다. 즉, 「도시재생」의 대상은 "사업이 진행되는, 재활성화의 대상으로서, 결과를 받아들여야 할 지역의 '거주민'이라는 점"을 놓치고 있다는 것이다. 결국 「도시재생」은 "사는 사람들을 더 잘 살게 해 주는 것" 이다. 물론 최근 정부나 학계에서 '지역주민의 의견 수렴 부족에 대한 대응방안' 등을 내세우고 있다. 그러나 이는 단순하게 주민의 의견을 더 하여, 주민이 참여하는 수준의 접근문제가 아니다. 이제라도 생각을 바꿔 철저히 '거주주민 중심'이 되어야 하고, 이를 위해 다른 참여자들이 제각기 역할을 하여야 하는 것이다. 사회의 모든 영역에서 수요자 중심의, 수요자 관점의 중요성을 강조하고 있고, 이미 수요자의 감성을 중시하는 상황까지 와 있음에도 「도시재생」에서는 사업으로만 관심을 가졌지, 정작 중요한 주민중심의 재생이 안 되고 있는 것이다.

주민중심의 재생이 안 되고 있다는 증거는 재생사업의 사업기간에서 쉽게 알 수 있다. 즉, 진행되는 상당수의 사업들이 '사업으로서의 기간' 만으로 진행하고 있다는 것이다. 흔히 알고 있는 대표적인 일본의 재생사례인 '롯폰기 힐즈'는 주민들과 토지소유권자들과의 협의기간만 14년이, 그리고 사업기간은 17년이 소요된 것으로 알려졌다. 반면, 면적은 5배, 사업비용은 9배나 되는 '용산국제업무지구'는 계획해서 입주까지 최대 9년 내 끝내는 계획이다. 용산국제업무지구가 끝까지 가지 못한 이유, 그 것은 재생사업으로서 살고 있는 사람들, 그 곳에서 살아야 할 사람들에 대한 관점에서가 아닌, 단지 "개발사업"만으로 접근한 것 때문이기도 하다.

「도시재생」을 "사업"으로 보는 것이 아닌, 주민중심의 재생이 된다면, 우리도 '노르드파크'같은 재생사례에서 볼 수 있는 여유를 가질 수 있지 않을까? '노르드파크' 역시 철저히 주민들의 의견이 반영된 사례이기 때문이다.

재개발, 재건축의 미명아래 모두 없어지는 오래전 급할 때, 문을 두드리던 약국선물이녀, 우리의 아픔을 간직한 일제시대 적산가옥이며, 이러한 삶속의 골목길까지도 다시 보고 싶다.

온 도시가 입만 열면 하나같이 재개발, 재건축, 아파트 하는 세태다. 어디에 도시민들의 진정한 행복과 삶의 가치가 있는지 곰곰이 헤아려 보아야 한다. 우리를 행복하게 하고, 삶의 여유를 주는 것은 깔끔하게 정돈된, 높은 건물과 치솟는 집값만이 아니다. 행복의 소재는 여기저기에 무수히 널려있다. 이제 행복해질 수 있는 가슴을 열자. 염원의 발걸음을 내딛자. 진짜 주인인 "주민들"이 중심이 되는 「도시재생」을 찾아야 하는 이유이다.

광산, 채석장 재생사례

미국 서부의 광산 유령도시 캘리코 (Calico)

「캘리코」는 미국 캘리포니아주의 바스토우에서 북쪽으로 160km 떨어진 광산도시로서 1881년도부터 생성된 은銀과 붕사硼砂가 채광되던 폐광촌廢鉱村이다. 유명한 도박도시인 라스베가스에 가는 길에 있는 캘리포니아 샌버나디노 카운티에 있는 인적이 드문 작은 마을이다. 1880년대에 개척자에 의해 은 광산이 발견되어 많은 사람들이 몰렸지만, 광산이 폐광된 1907년이후 사람들이 모두 떠나고 난 후 유령도시 Calico Ghost Town란 닉네임으로 불리운다.

초기에는 이름 없는 작은 마을에 불과했던 이 곳은 서부 개척시대인 1881년을 기점으로 연간 1,200만 달러(134억 원) 규모의 은이 발굴되면서 급속도로 인구가 늘어나 마을이 형성되었다. 전성기에는 500개 이상의 은광이 있었으며, 주점, 집창촌, 도박장이 많은 전형적인 탄광촌이었다. 그러나 1896년부터 은값이 떨어지자 1900년대 초에 대부분 주민이 마을을 떠나 '유령 마을'이라는 별명이 붙게 됐다. 한편에서는 은을 캐던 많은 중국인이 당시의 열악한 환경 탓에 목숨을 잃고 그들의 공동묘지가 마을 입구에 지어져 밤마다 통곡소리가 끊이지 않아 '유령 마을'로 불린다는 얘기도 전해진다.

이후 40년 넘게 사람 손길을 타지 못하다 1951년 LA의 테마공원 '넛츠베리팜 Knott's Berry Farm'을 설립한 '월터 넛츠 Walter Knott'가 사들여서 당시 모습을 고스란히 복원하면서 관광 명소로 새롭게 떠올랐다. '월터 넛츠'가 이 지역을 구입할 당시 인구는 약10명으로 거의 사람이 살지 않는 그야말로 '고스트 타운'이었다.

복구과정을 보면, 1951년에 '월터 넛츠'가 일대를 사들여 재개발을 시작되었으며, 19세기 당시의 서부 탄광촌을 재현하여 1966년에 샌 버나디노 카운티에 기증되었다는 점이 특징이다. 이후 캘리포니아 주요 사적으로 지정되었으며, 카운티 공원으로 이용되고 있다.

현재의 상황을 보면, 모하비 사막 지역의 인기 관광지로 연중 많은 관광객이 방문한다. 오전 9시부터 오후 5시까지만 일반에 개방되며 입장료가 있다. 폐광투어가 운영되고 있으며, 서부 영화에 많이 나오는 모의 권총 결투를 관람할 수 있다. 은광촌 열차를 이용해 전체를 돌아볼 수도 있으며, 마을 뒤편의 캘리코 산 Calico Mountains에 「**캘리코** CALICO」라는 거대한 간판이 있어 방문객에게 분위기를 전달하고 있다. 마을 안으로 들어서면, 광산의 풍경과 현장을 고스란히 간직한 채 식당과 기념품가게 등 쇼핑스트리트가 형성되어 주변의 대형관광지와 연계되어 관광지로 운영되고 있다. 주말에는 캠프파이어와 거리에서 유흥이 일어나고, 이 곳의 캠프그라운드는 24시간 오픈되어 운영된다고 한다. 5월에 열리는 칼리코 봄 축제를 비롯, 미술전시회 등 다양한 축제를 개최하여 관광객을 모으고 있다.

마을의 구성을 보면, 우선 가죽가게, 병가게, 향신료가게, 사진관이 1890년대 가게방식으로 운영되고 있으며, 음식과 음료수를 판매하는 칼리코하우스 레스토랑과 술집이 있다. 어트렉션으로는 매기광산투어, 트램라이드, 칼리코 오데사 철도, 박물관, 미스테리 판자집, 극장과 당시의 시대상을 반영한 사격장 등이 운영되고 있다. 그리고 마을 곳곳에는 아직 광산의 흔적이 남아있다. 그때의 현장을 재현하늣 관광열자가 직직쏙쏙 소리를 내며 이동한다.

캘리코 광산의 재생 과정과 실제 모습을 좀더 자세히 들여다 보자. 「캘리코」는 유령마을을 전면에 내세워 성공한 사례이다. 캘리코광산사례도 우리 주변의 산업쇠퇴 과정과 다르지 않다. 은이 귀하던 시절 은을 파내던 광산으로 캘리포니

그림 1-44 | 캘리코광산의 전경과 마을 모습 (ⓒJUNE)

그림 1-45 | 캘리코 광산의 시설 모습 (ⓒ캘리코광산)

아 부자마을의 하나였다가 얼마안가 은값 폭락으로 유령마을까지 된 것이다. 그 이후 버려진 땅이었지만 새로운 관광명소로 다시 태어나 세계인들의 발길이 이어지고 있는 모습을 보면, 우리 주변도 활용할 수 있는 자원이 무궁무진하다는 것을 깨달을 수 있다.

내용적으로는 민속촌과 흡사하다. 재생의 기조를 옛것 재현에 맞추었고, 그 속에 현대적인 『**컨텐츠**』를 배치하였다. 판자집들은 기념품점과 음식점으로 개조됐다. 주변이 사막이라는 점도 활용해 미국 서부 개척시대 옛 모습과 폐광 모습을 보여주고 있다. 수십 채 옛집에서 각종 관광 상품을 팔고, 식당이 운영되며, 옛 광산을 도는 관광기차가 운행 중이다. 세계 각처에서 연간 50만명의 관광객이 이곳을 방문하고 있다. 부서진 마차 한 대, 옛 화장실도 관광자원으로 활용하고 있으며, 집집마다 옛날에 쓰던 물건들을 진열해 놓고 있고 또 의미 있는 상품으로 판매되고 있다. 식당 종업원도 옛 복장을 하고 권총을 찬 모습으로 일을 하면서 사람들 눈길을 끌고 있다. 사진촬영에도 기꺼이 응해준다. 1880년대 내외부 모습을 그대로 간직하고 있는 유일한 건물인 대장간은 그대로 보존되어 관광객을 맞이한다.

「**캘리코**」 유령광산의 변화를 분석하면, 다음과 같은 특성이 있다. 개인이 매입하여 기증되었다는 점, 그리고 지자체에 의해서 관리되고 있으며, 정책적 뒷받침으로 모하비사막을 관광하는 외국인은 반드시 들리도록 캘리포니아주 법에 명시되어 있어 단체관광 외국인은 반드시 거치도록 하고 있다는 점이다.

내용적으로는 지역성을 철저히 살렸다는 점을 살펴볼 수 있다. 은광으로 운영되던 당시의 모습이 그대로 재현되었고, 광산의 특성을 살린 어트랙션과 상점으로 구성되었다. 서부영화 당시의 대결장면도 재현되고 있고, 전설적인 1883년 우편배달 개 도오시의 캐릭터를 만들어 마을을 상징하고 있다는 특징을 발견할 수 있다. 경쟁력 향상을 위해 각종 축제와 주변의 대형관광지와 연계된 프로그램을 운영하고, 해당 지역에서만 구입이 가능한 상품을 중심으로 지역성을 전면으로 내세워서 운영된다는 점에서 우리나라에서도 적용시 고려될 수 있는 내용으로 볼 수 있겠다.

영국 에덴프로젝트

같은 폐쇄된 광산이지만, 「캘리코」와는 전혀 다른 모습으로 재생된 「Eden Project」라는 세상에서 가장 큰 온실이 있다. 전체 모양은 거품모양으로 이루어져 있는데, 마치 영화에서 볼 수 있는 미래의 장면 같다.

영국 런던에서 400㎞떨어진 남서부 '콘월 Cornwall'에 있는 「**에덴프로젝트**」는 폐광의 폐기물로 가득한 오염된 땅을 6년간 공사를 거쳐 수 만 가지의 꽃과 나무들이 사는 식물원으로 개발한 친환경 프로젝트다. 2001년 오픈한 이래 영국의 대표 명물로 자리잡아 매년 100만명의 관광객이 이곳을 방문한다. 이 프로젝트는 런던의 밀레니엄 돔 Millennium Dome, 런던 아이 London Eye와 함께 가장 큰 영국의 밀레니엄 프로젝트들 중의 하나로서 다른 프로젝트에 비해 상당히 성공적으로 평가되고 있다. 이 현대식 에덴동산은 15ha에 달하는 야외부지와 두 개의 거대한 식물원을 갖추고, 그들의 대표적인 생육작물을 통해 세계의 여러 가지 기후대를 보여주고 있다.

한편, 「**에덴프로젝트** Eden Project」는 2015년 영국을 대표하는 랜드마크 21곳 중 1위에 선정된 바 있다. 영국항공은 영국을 대표하는 미디어인 '인디펜던트 The Independent'와 독자들을 대상으로 21세기 영국을 대표하는 랜드마크를 선정한 결과, 영국의 하늘을 아름답게 채우는 콘월지역의 관광명소인 「**에덴프로젝트**」가 1위로 선정됐다고 밝힌 바 있다. 2위와 3위는 각각 영국 잉글랜드 게이츠헤드에 있는 철제 조각 작품 「엔젤 오브 더 노스」와 「코벤트리 대성당」이 차지했다.

「**에덴프로젝트**」는 교육적 차원에서도 활용된다는 점에서도 의미가 있다. 각 식물의 종과 자연의 중요성을 가르치는 장으로서, 그리고 친환경을 배울 수 있는 대표적 장소이다. 프로젝트의 특성상 돔을 지을 때부터 친환경적인 방법으로 공

그림 1-46 | 에덴프로젝트의 전경 (ⓒedenproject.com)

▌그림 1-47 | 에덴프로젝트의 전경과 상징물·활동모습 (ⓒedenproject.com)

사를 했고, 공사자재도 주변 자연에서 가져왔거나 광산에서 버려진 폐기물을 재활용하기도 했다. 돔에 쓰인 플라스틱 또한 재활용에 의한 것이다.

반면, 이 프로젝트의 가장 큰 단점은 너무도 많은 물이 필요하다는 것인데, 비용이 꽤 많이 들어간다고 한다. 하지만 빗물 수집 장치를 통해 식물과 생활용수로 사용하여 전체의 40% 정도를 감당할 수 있게 되었고, 지속적으로 좀 더 효과적이고 좋은 방법들을 고안해 자급수준을 늘리고 있다고 한다. 돔 안에 있는 식물들조차 직접 씨를 뿌려 키우고 연구소 같은 다른 곳에서 기증받은 것이 대부분이다. 그리고 이 프로젝트의 놀라운 점은 자급자족이 가능하다는 것이다. 콘월

지역에서 생산되는 제품을 사용하고, 모든 물품을 재활용하기 때문에 쓰레기 또한 없고, 직접 친환경제품을 개발해 판매하기 때문이다.

이 온실 프로젝트는 '팀 스미트 Tim Smit'가 고안하고, 건축가 '니콜라스 그림쇼 Nicholas Grimshaw'[21]가 건설하였다. 2년 6개월의 건설기간을 거쳐 2001년 3월 17일에 개장하였다. 모든 환경은 컴퓨터 시스템으로 제어 · 관리한다. 세계에서 가장 큰 온실로 세계 각국의 식물 약 5,000여 종이 서식한다. 투명한 플라스틱으로 만들어진 여러 개의 돔으로 구성되었다. 각 돔 안에는 열대 · 온대 · 지중해 · 사막 등의 자연환경을 조성하였다.

「**에덴프로젝트**」가 주는 메시지는 '교육을 통해 환경을 생각하고 미래를 준비하는 것' 이다. 가장 큰 '열대우림 돔'은 높이 55m, 너비 100m, 길이 200m, 면적 3.9에이커이다. 이곳에는 바나나, 커피, 고무, 자이언트 대나무 등의 열대 식물들이 있다. 지중해 돔은 높이 35m, 너비65m, 길이 135m, 면적 1.6에이커이다. 올리브, 포도 등의 온난 건조 지역의 식물들이 있다. 야외에는 차, 라벤더, 홉, 해바라기 등의 식물이 있다. 2005년 9월에 개장한 '코어 The Core관'은 학생들을 위한 교육관으로 사용한다. 재정적인 측면도 살펴볼 필요가 있다. 1993년 영국 정부는 복권사업단을 설립하였다. 이 기관의 역할 중 하나는 사회적으로 좋은 영향을 미칠 수 있는 건축 프로젝트에 재정 지원을 하는 것이었다. 「**에덴프로젝트**」도 바로 이러한 혜택의 수혜자로, 콘월의 더 이상 사용되지 않는 고령토 웅덩이를 생물권 실험실로 만들고자 한 계획에 8천5백만 달러를 지원받은 것이다.

구성 콘텐츠를 보면, 23헥타르에 펼쳐진 환경 복합물은 여러 가지 기후 조건에 따라 만들어진 돔인 '바이옴'으로 구성되어 있다. 각 바이옴은 다양한 기후에 따라 항상 최고의 상태를 유지할 수 있도록 첨단 기술을 접목해 디자인되었다.

바이옴은 다양한 크기의 육각형들로 이뤄졌는데, 그중 가장 큰 바이옴은 대각

21) 런던의 워털루 스테이션의 유로 스타 터미널로 유명한 하이테크 건축가.

선 길이가 9미터에 이른다. 이는 아연철관으로 만들어진 프레임 위에, 세 겹의 ETFE 포일을 덮은 구조물이다. 포일은 자외선을 투과시키며, 자동 세척 작용을 하며, 재활용이 가능한 재료로, 그 수명은 최소한 30년 이상이다. 습한 열대 바이옴은 15,590평방미터에 이르는 면적을 차지하며, 그 바이옴이 차지하는 공간은 55미터 높이와 100미터 폭에 200미터의 길이 규모이다. 이것은 세상에서 가장 큰 온실로, 런던타워 또는 이층버스 열두 대를 쌓아 올린 높이까지도 덮을 수 있을 정도의 구조물이다. 놀라운 규모와 기술적 업적을 감상할 수 있는 동시에 이전에 채석장이었던 전원의 풍경이 어떻게 지구의 모든 식물이 모여 있는 신성한 장소로 바뀔 수 있는지에 대한 경이로움을 느껴 볼 수 있는 기회를 제공한다.

「**에덴프로젝트**」에서 우리가 얻을 수 있는 것은 다음과 같은 내용이다.

첫째는 과거 버려진 고령토 채석장을 온실이라는 상품으로 재생시켜 영국내 관광지 1위를 차지했다는 점이다. 둘째는 온실에 그치지 않고, 다양한 어트랙션을 도입 운영하고 있다는 것이다. 이 곳에는 영국에서 가장 긴 660m 길이의 '집와이어 ZIP WIRE'가 설치되어 운영되고 있고, 마라톤대회도 개최되고 있다. 셋째는 교육적 활용으로 다양한 환경관련 교육컨텐츠와 공룡전시회 등 어린이들이 같이 참여할 수 있는 행사들의 개최로 항상 교육현장으로 이용되고 있다는 점이다.

이에 대한 영향으로 중국의 칭다오 青島에도 영국의 친환경 사업 '에덴프로젝트'가 계획되고 있다. 2015년 9월 「칭다오 에덴프로젝트」에는 팡싱부동산이 칭다오 첨단기술구와 칭다오청터우그룹, 영국 에덴 프로젝트 사업단이 칭다오 첨단기술구에서 추진된다. 영국에 이은 세계 두 번째 에덴 프로젝트로 '식물'과 '물'을 핵심으로 시민들이 여가생활을 즐길 수 있는 레저공간과 거대한 온실이 조성되고 각종 환경보호 · 과학기술 · 문화엔터테인먼트 사업이 추진돼 매년 100만 명 이상의 관광객이 방문할 것으로 기대를 모으고 있다.

포천아트밸리

위의 사례들과 유사한 광산이나 채석장의 재생 사례는 국내의 경기도 포천에도 있다.

'포천' 하면 떠오르는 것은 단연 '갈비', '막걸리' 등 여러 먹거리와 명성산과 산정호수 등 관광지이다. 하지만 또 하나 유명한 것이 있는데, 우리나라의 대표적 건축자재인 포천석이다. 아직까지도 포천석은 명맥은 유지되고 있으나 중국산 등의 등장과 신재료들의 등장으로 채석장들은 점차 문을 닫고 있다. 그렇게 문을 닫은 채석장을 활용해 새롭게 「포천아트밸리」가 조성되었다. 높은 언덕을 올라가면 거대한 화강암 절벽과 어우러지는 푸른 빛이 감도는 천주호가 시야에 들어와서 마치 그림에서나 볼 듯한 신비로운 모습이다. 바로 이 곳이 과거 우리나라를 대표하던 포천석을 생산하다 2002년, 채석작업이 만료되면서 이곳은 과거의 명성을 뒤로하고 중단된 후 오랜 기간 폐채석장으로 변해 아무도 찾는 사람이 없던 공간이었다.

「포천아트밸리」는 60년대부터 화강암 채석장으로 사용되다 90년대 중반 이후 환경이 파괴된 채 폐석장으로 방치되어 있던 것을 국내 최초로 문화 예술로 치유하여 재탄생시킨 곳이다. 오랜 세월동안 지표층이 풍화와 침식을 겪으며 깎여 노출된 화강암을 외화획득과 국내 주요 건축물의 자재로 공급 하기 위하여 1960~90년대에 채석이 이루어졌다. 90년대 중반부터는 양질의 화강암이 더 이상 생산되지 않자 환경이 파괴된 채, 흉물스러운 모습의 폐채석산으로 남아 있게 되었다.

내용을 살펴보면, 2005년부터 아트밸리 조성사업이 시작되어 환경이 파괴된 흉물스러운 모습의 버려진 폐채석산을 국내 최초로 친환경 문화 예술 공간으로 조성하였다. 산업유산을 활용한 콘텐츠 중심의 예술 창작 공간이 조성된 곳이다. 포천시 신북면 기지리 282번지 일원으로 부지면적은 약 150,000m^2, 진입로 길이는

1.32㎞이다. 주요시설로는 주차장(8,167m^2-200면), 조각공원(6,710m^2), 소공연장(1,165m^2), 이벤트광장(1,400m^2), 야외공연장(1,510m^2), 맨발체험장(450m^2), 호수(7,040m^2), 관람데크(240m^2), 산책로(200m^2), 전망대가 4개 설치되어 있다. 또한 이동수단으로 모노레일이 포천아트밸리 주 진입로로 활용되는 경사로 구간에 노약자들을 위하여 민간자본으로 설치되어 운영되고 있다.

「**포천아트밸리**」의 대표적인 장소는 단연 푸른 빛을 띈 호수인 '천주호'이다. 화강암을 채석하며 파 들어갔던 웅덩이에 샘물과 우수雨水가 유입되어 형성되었으며, 호수의 최대 수심은 20m로 가재, 도룡뇽, 피라미가 살고 있는 1급수의 호수로 수질 보호와 안전을 위하여 호수 출입은 금지되어 있다. '야외공연장'은 화

그림 1-48 | 포천아트밸리의 모습 (ⓒ포천아트밸리)

강암채석으로 절단되었던 약 40m의 화강암 직벽을 배경으로 한 공연장으로 파고라 6개, 조각작품1점, 비가림 시설이 설치된 무대가 있으며, 관람객은 2,000명 이상을 수용할 수 있다. 또한 '소공연장'은 화강암 채석으로 절단되었던 약 50m의 화강암 직벽과 천주호의 사이에 설치된 무대(220m^2)와 약 400명의 관람객을 수용할 수 있는 곳으로 화강암 직벽을 활용한 영화상영과 소리울림 현상을 이용한 독특한 공연이 가능하다. 「**포천아트밸리**」는 5만 평의 넓은 부지를 다양한 방식으로 활용하고 있는데, 대표적으로 가지각색의 조형물이 전시된 조각공원이 조성되어 있다. 이곳에는 포천에서 생산되는 화강암을 주 소재로 한 6점의 돌조각을 포함하여 총 10여 점의 조각 작품이 탐방로 부근과 조각공원에 설치되어 있다. 또한, 공원 내에는 '돌 문화전시관'이 마련되어 화강암 등 돌의 특성을 문화

그림 1-49 | 포천아트밸리의 배치도 (ⓒ포천아트밸리)

적으로 알아보고, 아트밸리의 조성 과정을 살필 수 있는 시간을 마련하여 관광객들의 이해를 돕는다. 또한, 「**포천아트밸리**」에는 '포천아트밸리 천문과학관'도 조성되어 있다. 과학관은 놀이와 체험이 있는 우주 천체과학 전시관 및 4D 영상관 등으로 이루어져 있다. 이 밖에도 주민들과 관람객들을 위해 그동안 공연 특설무대와 야외공연장 등에서 주간공연을 비롯하여 다양한 공연을 시행하고 있으며, 포천아트밸리 교육전시센터에서는 관람객들이 예술과 과학을 체험할 수 있도록 다양한 전시와 체험창작 프로그램을 기획하고 있다.

살리는 과정을 재정리해 본다. '채석장'은 특성상 채석과정에서 발생하는 소음과 먼지 등으로 주거환경이 나빠지고 자연환경이 오염되는 등 다양한 문제점이 일어나게 되어 채석산업이 점차 사양산입이 되게 된다. 또한, 채석신업의 특징상 채석개발이 끝난 후 개발 전의 상태로 완전히 복구하는 것이 불가능하므로 자연경관훼손이라는 큰 문제점도 일으키게 된다. 그 결과, 채석장은 곳곳에 채석의 앙상한 흔적만을 남기면서 보기 싫은 흉물이 된다. 또한, 미관상의 문제뿐만 아니라 안전상의 문제도 낳을 수밖에 없어서 결국은 지역의 골칫거리가 될 수밖에 없는 것이다. 이는 대부분의 채석장의 운명이다.

이러한 상황에서 어느 지역이나 폐채석장의 처리방안을 놓고 고민에 빠지게 된다. 이 때, 「**포천아트밸리**」의 사례는 다른 지역의 폐채석장들에게 타산지석으로 활용할 수 있다. 돌을 깎은 자국들로 가득한 폐석장의 모습이 하나의 볼거리가 될 수 있고, 깍아지른 화강암 절벽과 물이 찬 채석장 터가 어우러지는 비경이 새로운 느낌을 줄 수 있다는 발상의 전환을 기반으로 한다. 이같은 시도는 2003년 경기도 북부특화사업에 선정되었고, 이어서 2008년 문화체육관광부의 '지역근대산업유산을 활용한 예술창작 벨트 조성사업'에 선정되면서 충분한 지원을 받으며 국내 최초의 친환경 복합 문화예술공간으로서 새롭게 탄생하게 된 것이다. 지역의 발상 전환과, 국가의 지원으로 채석장과 문화의 예상치 못한 만남이 성공적으로 이루어진 것이다.

이러한 결과는 천혜의 자연환경과 인위적인 채석장의 조화를 통해 자연과 인간이 공존할 가능성을 증명한 것이다. 또한, 한때는 지역의 골칫거리이자 흉물로서 방치되었던 폐채석장이 지역의 대표적인 명소로 자리 잡게 되면서 지역경제를 활성화 시키고, 포천에 '문화예술도시'라는 새로운 이미지를 심어줬다. 이러한 「포천아트밸리」의 변신은 국내에서는 처음 있는 것이기에 그 성공이 더욱 의미가 있다.

「포천아트밸리」는 산업화시대의 유물이 되어버린 도심속 폐공간의 활용과 무분별한 개발로 인해 훼손된 자연의 예술적 재생이 도시재생 이념을 구현하고, 지역의 브랜드화에 기여하는 새로운 창작공간으로서 의미를 갖는다. 이러한 새로운 창작공간은 예술가만의 전유공간이 아니라 예술가와 주민들, 관광객들이 함께하는 '지역사회 참여형 문화시설'로 확대되는 과정으로서 의미가 있다. 운영프로그램과 공간 배치 등 여러 분야에서 개선해야할 과제가 산적해있음에도 불구하고, 방치되어있던 공간이 예술적 재생을 통해 지역의 새로운 활력의 장치로서 일반적인 문화예술공간과는 차별화된 전략과 목표를 가지고 있는 것이다.

도시재생사례

독일 함부르크 하펜시티 재생사업

독일 함부르크시 '함부르크-미테지구'에 위치한 행정구역에 대해 벌어진 약 2.2㎢의 규모의 재생사례이다. 이 지역은 19세기까지만 하더라도 최첨단을 걷는 항구도시였으나, 2차 세계대전 이후 물류창고 및 저장고가 70%, 선박 창고 등이 약 90% 이상 파괴되었으며, 이후 1960년대 현대화된 항구로 재건을 실시하여, 1990년대까지 그 명맥을 이어왔던 지역이다. 그러나 주민이 거주하기에는 열악한 환경으로, 과거 홍수피해에 대한 적극적인 대책이 마련되지 못해 주로 선박용

창고나 물류저장창고 위주의 장소로 이용된 지역이었다. 이후에도 새롭게 변모하고 있는 교통 및 물류시스템에 적극적으로 대응하지 못한다는 지적이 잇따랐고 산업적으로 낙후된 지역으로 자리잡았다. 이에 1980년대 최초로 「하펜시티 Hafen City」에 대한 재개발 논의가 시작되었다.

「하펜시티」 재생사업의 특징으로는 관할 지자체인 함부르크시가 "재생사업"을 시행함에 앞서 대상지 자체만의 개발사업에 치중하던 기존의 정책에서 벗어나 지역연계성을 갖춘 지속가능성을 목표로 구상안을 수립했다는 것이다. 이는 사실상 대부분의 다른 도시재생과는 다른 접근이었다. 「하펜시티」 재생사업은 2025년까지 단계적 완공을 목표로 하고 있으며 공사구역은 총 18개 구역으로 구획하여 각 구역별로 5~7년의 공기를 두고 진행되고 있다.

재생사업의 내용적 특성을 살펴보면, 우선 항구라는 지역특성을 살려 수자원 환경을 적극 활용하였다. 이로써 문화와 교육으로서의 지식기반산업과 함께하는 친환경도시로서의 이미지를 구축하였던 것이다. 시정부와 계획가들은 사업구역 내에 문화 관광시설물로서 '엘베 필하모닉'과 '국제 유람선 선착장', '국제 해양 박물관' 및 '하펜시티 함부르크 대학교'에 이르기까지 다양한 문화와 교육시설물을 조성하여 약 6,000개의 주거와 45,000개 이상의 일자리 창출을 목표로 하고 있다. 총 사업비는 약 10.4억 유로로 민간자금 8억 유로, 공공자금 2.4유로가 투입되었으나 「하펜시티」 재생사업에 따른 효과로 함부르크시의 경우, 중심가 인구의 40%가 분산되는 효과를 가져왔으며, 약 10.5km의 친수공간 조성, 약 26ha의 공원, 광장, 보행자도로 확보로 지역 주민 및 시민들의 여가 및 문화공간 형성에 이바지한 사업이다. 재생사업으로서 가장 큰 특징은 역사적 건축물의 보존과 경관적 침해를 최대한 피하고, 대상지의 특성을 감안한 장방향 모양의 도시모습을 도모하였다는 점이다.

함부르크는 여러 이유로 인해 전 세계적으로 도시 재생의 모범적인 사례로 꼽힌다. 장기적인 도시 재생 계획을 통해 낡은 항구를 친환경적이며 문화적인 공간

▌그림 1-50 | 하펜시티에 들어선 "엘베 필 하모니 음악당"

으로 탈바꿈시켰기 때문[22]이다.

재생과정을 살펴보면, 함부르크는 거대한 항구도시 재생계획을 수립하며 도시가 품고 있는 역사적 · 지역적 가치를 유지한 채 나아가는 지속가능한 개발로 도시 개발 콘셉트를 차별화하였다. 따라서 「**하펜시티**」는 출발부터 여러 도시들의 재생과는 다른 방식을 채택하였다. 단순히 물리적 현황을 파악하려는 건축조사가 아니라, 기존 시설에 대한 세밀한 조사를 바탕으로 함부르크가 가진 역사성과 지역성을 살릴 수 있는 방법을 연구했던 것이다. 그 결과, 「**하펜시티**」는 고민 끝

22) 도시 안에 태어난 항구 도시, 독일 하펜시티(2016.4.5.), 신도리코 기업블로그.

에 오래된 건물을 수리하여 프로젝트를 상징하는 랜드마크로 재생하는 방안을 채택했다. 새로운 시대에 부합하는 항구를 조성하되 옛 건물에 새로운 기능을 부여함으로써 「하펜시티」가 추구하는 공존의 가치를 표방한 것으로 이해할 수 있다. 함부르크에서 가장 오래된 창고는 국제 해양박물관으로, 전기 보일러실은 정보센터로, 버려진 창고는 개조해 과학센터로 만들었다.

한편, 「하펜시티」의 재생가치를 그대로 보여주는, 그리고 미래를 함축하여 보여주는 건물이 10년 공사 끝에 2016년 11월 오픈하였다. 다름 아닌 등장과 동시에 함부르크의 문화적 랜드마크가 된 "엘베 필하모니 콘서트홀"이다.

재생이라는 차원에서 '기존 건물 위에 건물'을 짓는 콘셉트로 항구의 끝자락에 있던 기존의 대형 코코아 창고 위에 건축가 '자크 헤르조그'와 '피에르 드 뮤론'이 「하펜시티」의 문화예술을 상징하는 콘서트홀로 개조한 것이다. 서로 다른 두 개의 건축물이 상호작용해 함부르크 필하모니 홀의 독특함을 배가시켰다. 기존 코코아 창고의 외형은 유지한 채 건물 위에 크리스털과 철재를 사용해 새로운 건물을 짓는 형식으로서 파도치는 바다의 모습을 형상화한 콘서트홀의 지붕은 마치 화려한 왕관을 올려놓은 듯하다. 크리스털을 재료로 한 콘서트홀 외관은 시시각각 빛을 외부로 반사하여 「하펜시티」의 야경을 아름답게 수놓는 건물로 자리잡고 있다. 건물내 시설로 지상 37미터 높이에 새로 올려진 '플라자'는 음악당 유리 건물 중간층에 위치하고 있다. '플라자'는 360도 파노라마 유리벽으로 구성돼, 유리벽 바깥으로 나가면 아름다운 함부르크 항만과 시내 전경을 볼 수 있다. 내부는 콘서트 홀 입구와 호텔로비, 커피숍, 필하모니 숍으로 나누어져 있다.

2007년에 시작된 공사가 약 10년간 이어지며 한 때 함부르크 시의 애물단지로 여겨진 적도 있었다. 그러나 오랜 기다림 끝에 '건물 위에 건물'을 짓는 콘셉트로 근대와 현대, 보존과 계승, 땅과 강, 지각과 감각 등 모든 것이 만나는 접점에서 하모니를 이루는 진정한 "필하모니 음악당"이 탄생된 것이다. 옛 건물은 그대로 보존한 채 지붕 위로 약 70미터의 새 건물을 증축하였다. 기단부 건물 외형은 그대로 두고 실내는 500여 대의 차들이 주차할 수 있는 주차장으로 개조한 뒤 그 위에 음악당을 올렸다는 것이다. 엄청난 하중을 견뎌야 하기 때문에 구식 건물 내부와 물 속 기초 보강 등에 1,700 철근의 콘크리트의 파일을 보강하는 첨단 공법을 동원되었다고 한다. 이 건물에는 2,500여명을 수용할 수 있는 3개의 대·소형 음악당과 250객실의 호텔 The Westin Hamburg Hotel, 45세대의 주거시설도 입주하였다.

이같은 개발로 함부르크는 수 백 년 동안 산업화 중심도시였지만, 문화적 인프라가 약했던 곳에서 세계적인 현대 음악도시로의 부상을 위해 세계 최고 수준의 음악당을 갖게 된 것이다. 예산(7.7천만 유로)에 비해 10배나 더 지출된 총 공사비의 1/4 정도는 함부르크 시민들의 자발적 모금과 자선 수익금으로 채워져 의미를 더하고 있다. 그리고 이 장소를 모든 시민들을 위한 장소로, 특히 어린이들의 음악과 만나는 기회를 주는 장소로 활용한다는 점에서 도시재생을 단지 새로운 시설로 재생한 것만이 아닌 미래까지 아우르는 재생을 보여주고 있다.

빅딕 프로젝트 (The Central Artery/Tennel Project)

「**빅딕 프로젝트** Big Dig」는 교통기반형 도시재생사업의 대표적인 사례이다. 미국 보스턴시의 고가도로 철거 등 도심부 통과도로 12km를 지하화하고, 찰스강 통과 다리 2개를 공사, 약 82만m^2 공원을 조성한 재생사례이다. 이 지역의 재생은 1952년 건설된 고속도로의 환경오염, 경관훼손 문제발생이 발단이었다. 초기 일일 통행량이 7.5만대였던 차량이 80년대에 들어와서는 20만대로까지 증가되어 도로의 수용량이 따라가질 못했고, 또한, 시간의 흐름에 따라 도심과 대서양 연안지역을 단절하여 도시 내 공간을 왜곡한 결과였다.

이 같은 배경하에 1972～1985년 사이 약 10여 년간에 걸쳐 도심고가를 지하화하기 위한 개념화 작업이 시작되었다. 1982년 착수된 환경영향평가에 대해 1990년 환경부의 도심개발 승인이 진행되었고, 1991년 보스턴 재개발국 BRA과 주고속도로국의 '보스턴 2000계획'에 도심 회랑부 필지에 대한 개발과 오픈스페이스에 대한 계획을 착수하였다. 이후 공사과정으로는 1992년 도심회랑부 공사 시작, 1995년 테드윌리엄스 터널 개통, 1999년 찰스강을 가로지르는 찰스리버브리지가 개통되었고, 2005년 전체공사가 완료되었다.

개발의 내용으로는, 정책적 측면에서 약 30년 이상 계획기간을 두고 장기적 안목하의 미래에 발생할 도시 문제들을 사전에 예측하고 계획을 하는 정책을 수립하였다는 점과 지상고가도로의 철거를 대체하는 지하도로의 건설과 지상부의 오픈 스페이스화를 이루었다는 것이다. 다음으로 추진과정에서는, 전문가 집단, 시민, 공공기관과의 세 집단이 잘 어우러지는 추진기구를 진행하였으며, 불편함을 받아들일 수 있도록 공공기관 주도의 홍보와 시민의 협조를 바탕으로 한 시민의 지지를 도출하였다는 점이다. 또한, 재생의 내용적 측면에서는 접근이 용이한 지점에 많은 공원들을 조성하고 각 공원 등이 쉽게 연결될 수 있도록 연계성을 초점에 둔 친녹지계획을 수립하여 진행하였다. 그리고 보행루트들을 각종 구조물과 역사적 시설물 등과 연계하여 시민과 관광객들의 보행동선을 구상하였다.

재생의 결과, 보스턴 시내의 접근성 개선에 따라, 고가도로에 의해 단절된 그 주변은 다시 연결되었다. 9만대의 차량이 매일 6~8시간의 교통정체를 가진 상태에서 사업 완료 후 아침저녁의 러시아워에도 25만대 이상의 차량이 편리하게 이동할 수 있게 되었다. 아울러 보스턴 도심의 북쪽 경계선으로 작용하던 '그린몬스터 Green Monster'[23]가 사라지자 단절되었던 바다와 도심을 연결하여 보스턴 항구 인근지역의 개발이 촉진되었고, 'Central Artery/Tunnel CA/T'프로젝트가 만들어낸

23) 고가도로의 측면이 보기 흉한 녹색으로 칠해져서 "그린몬스터"라고 불리우며, 보스턴의 경관을 훼손하였다.

45개 이상의 공원과 큰 도시 광장은 시민들의 삶의 질을 개선하여 도시에 광범위한 공원 · 녹지 확보를 통한 어메니티 증진의 효과를 갖게 된 것이다.

이처럼 「CA/T 프로젝트」는 고가도로를 철거하고 고속도로를 지하화 함으로써 보스턴의 경관, 교통, 삶의 질에 크게 기여하였다. 또한 시민, 환경단체 및 관련 기관의 참여를 통하여 대형 프로젝트의 부작용을 줄여나갔다. 그러나 당초 예산의 다섯 배가 넘는 147억 달러(17조 원)의 막대한 예산이 투입되어 시 재정에 부담이 되고 있다. 따라서 국내에서도 사례가 늘어날 대규모의 교통기반형 도시재생 추진시에는 긍정적인 효과에도 불구하고 과도한 비용, 소음, 교통체증, 강제 이주 등의 부정적인 영향을 사업 초기부터 신중한 계획과 의견 수렴을 통하여 줄여나가는 것이 필수적이라 할 수 있겠다.

향후 국내 도시재생 방향

첫째, 철저히 환경친화적 도시의 재생이 되어야 할 것이다. 독일과 런던 등 유럽의 도시재생은 수변공간과 연계한 자연환경 친화적 계획으로 도시재생을 성공한 사례가 많다. 환경친화적 재생에는 많은 사례에서 입증되었듯이 수변공간의 재생이 도시 재생의 선도가 되는 요소가 될 수 있을 것이다. 단편적인 물리적 계획요소인 기반시설의 정비나 주거환경, 도심공간의 정비도 중요하지만, 도시의 자연환경, 혹은 주변의 환경을 도시재생으로 끌어들이는 작업이 필요하게 된다.

둘째, 광역적 재생사업의 접근이 필요하게 된다. '거점중심'에서 '광역중심'으로의 전환이 요구된다. 아직까지 우리나라의 재생사업은 단편적인 거점 지역 중심으로 진행되고 있다. 물론 한정된 재원으로 단기적인 효과를 위해서는 거점 중심의 정책 방향이 효율적일 수 있으나 대부분의 성공사례에서 볼 수 있듯이 광역적 접근을 통해 주변 지역까지 자연스럽게 재생이 이루어진다는 것이 지속가능한 재생으로 접근이 가능할 것이다.

셋째, 도시의 공간 재생을 넘어 도시의 기능을 재생해야 한다. 기반시설, 노후화된 건축물, 녹지 조성 등 물리적인 공간을 통한 도시 재생이 먼저 떠오르지만, 궁극적인 도시재생의 개념은 물리적인 공간과 함께 지역의 커뮤니티 활성화 사업, 지역 경제자립사업 등 다양한 컨텐츠를 포함해야 한다. 물론 여기에 물리적 지원 정책과 함께 도시의 기능이 회복될 수 있는 경제 · 문화정책도 수반한다.

넷째, 민간과 지역주민 참여는 필수적 요소이다. 물론 모든 연구에서, 보고에서 항상 나오는 식상한 얘기다. 당연히 민간과 지역주민이 우선시되어야 하지만, 도시재생은 국가나 지차체가 주체이자 재생사업비 역시 국가나 지자체의 예산으로 진행된다는 점에서, 그리고 우리나라뿐만 아니라 많은 국가에서 산하기관을 통해 도시재생사업을 진행하고 있다는 점에서, 결코 쉽지는 않다. 하지만 성공사례들을 보면, 도시재생 계획단계에서의 주민참여와 사업단계에서의 민간참여가 필수적으로 나타난다. 심지어 그런 과정이 생략되거나 미진한 사례들은 여지없이 실패함을 보여준다. 결국 도시의 재생은 주민이 살아가고 생활하는 터전의 재생이며, 결국은 민간 소유의 재산에 대한 재개발 · 재건축이다. 주민의 적극적인 참여와 개발 유도가 도시재생에서 반드시 필요한 것이다.

다섯째, 도시의 특색을 살리는 전통성과 역사성의 계승이 필요하다. 기존 방식대로 물리적 공간 중심의 도시재생과 그나마 최근 진행되는 재생인 재개발 · 재건축 업그레이드 버전에 그친다면, 결국 천편일률적인 모습으로 도시의 색체를 잃어 기능의 쇠퇴하는 기존의 양상을 반복할 것이다. 해외사례의 경우 도시의 기능 회복을 위해 도시의 새로운 물리적 공간을 조성뿐만 아니라 그 물리적 공간이 지역의 주민, 커뮤니티, 기업, 대학 등과 연계하여 도시를 활성화 하였고 결과적으로 도시의 전통성이나 역사성을 계승 발전한다는 점을 잊지 말아야 할 것이다.

4. 도시의 공공공간과 공공미술

도시의 공공공간

우리가 살아가는 도시의 공간에서 「공공공간 公共空間」이란 공공이 자유롭게 이용할 수 있는 공유지 또는 사유지를 말한다. 도시 내 삶의 질 향상이나 커뮤티니 재생이 사회적 이슈로 부각되는 가운데, 도심공간의 환경개선을 위한 물리적 거점으로서의 역할에 주목되고 있다. 현재, 도시 생활에서 가장 많이 이용하는 공간으로, 이동과 만남 등 다양한 활동이 일어나는 장소이며, 도시 기반시설로 설치가 필요한 것은 법에 의해 '도시계획시설'로 지정하여 계획 · 관리하고 있다. 그러나 많은 「공공공간」들은 공공에 의해 계획 · 설계 · 관리가 이루어지면서 다른 도시공간들에 비해 관심을 덜 받고 있으며, 버려진 공간이나 남겨진 공간으로 인식되고 있는 것도 사실이다. 다행히도 최근 공공공간의 긍정적 역할을 인식하여 지금까지와는 다른 모습으로 등장하고 있다.

우리는 해외의 대도시나 국내의 다른 도시를 방문했을 때, 다양한 놀라운 '공공공간'을 만나게 된다. 많은 사람이 즐기고 있거나 공간을 이용하는 것을 보거나, 또는 독특한 「공공공간」을 보면, 그 지역 거주민들에게 부러움을 느낄 수밖에 없다. 삶의 질 개선과 쾌적한 생활환경에 대한 사회적 관심이 증가하면서 도시환경의 질을 결정하는 주요 요인으로 「공공공간」의 중요성이 증대되고 있는 것이다. 도시공간의 접근성, 연속성, 통합성, 가독성을 확보에도 중요한 요인으로 작용하여 도시환경의 질을 좌우하는 요소로 역할을 하고 있다. 또한 「공공공간」은 도시환경의 질을 향상시키기 위한 정책수립에 있어 가장 효율적 수단으로 인식되어 최근 국내외 대부분 지자체에서 「공공공간」 개선을 위한 다양한 노력을 가하고 있는 것이다.

이렇게 「공공공간」이 주목을 받게 된 이유를 알아볼 필요가 있다. 우선은 최근 들어 국내외적으로 저출산, 고령화, 개인화 문제 등 인구 및 사회구조 전반에 걸쳐 변화가 발생하고 있는 점에 주목할 수 있다. 인구 및 사회구조가 변화하면서 현재의 「공공공간」에 대한 의미와 기능도 변화를 요구 받고 있는 것이다. 어린이 놀이공간이 설치된 지역에 노인층이 주로 거주하고 있거나 개인화 심화로 공적 영역도 개인의 영역을 침범 받지 않으면서 타인과 함께 존재하고자 하는 이중적인 요구가 나타나고 있다. 이로 인해 공익을 위한 공적공간에 개인의 요구를 충족시켜 주기 위한 프로그램들을 결합한 복합공간이 증가하고 있는 것이 가장 큰 변화이다. 이러한 점에서 최근의 도시 환경을 반영하여 그 기능과 기준들을 재조명할 필요가 있다. 먼저 법적으로 「공공공간」에 대한 정의를 살펴보자.

「건축기본법」 제 3조의 2항에 "「공공공간公共空間」이란 가로 · 공원 · 광장 등의 공간과 그 안에 부속되어 공중公衆이 이용하는 시설물을 말한다"라고 정의내리고 있다. 공간적 개념뿐만 아니라 공간 안에 부속된 시설물까지 포함하고 있음을 알 수 있다.

이 같은 '공공장소'를 이해하는데 있어 잘 정리된 자료가 있다. 바로 「공공공간」 조성의 대표적 단체인 미국의 "PPS Project for Public Space"가 있다. "PPS"는 도시에서 공공장소 Public Place의 중요한 역할을 네 가지로 정리하였다. 첫째, 도시에서 아이덴티티 identity를 부여한다. 중요한 도시들은 반드시 멋진 공공장소를 가지고 있다. 이러한 장소들은 그 도시의 정체성으로서 중요할 뿐만 아니라 그 곳에서 살고 일하는 사람들에게 중요한 커뮤니티 공간으로서 역할을 한다. 둘째, 도시에서 공공장소의 경제적인 측면이다. 예를 들어 공원은 도시의 지가에 많은 영향을 준다. 브라이언트 파크, 센트럴 파크, 프로스펙트 파크, 리버사이드 파크 주변의 부동산은 뉴욕에서 가장 최고의 가치를 갖는다. 또한 사람들이 걷고 모이고 쇼핑할 수 있는 가로를 조성하는 것은 도시나 마을에서 장소만들기가 얼마나 경제적으로 이익이 되는지 보여주는 가장 좋은 예가 된다. 셋째, 공공장소는 환경적으로도 이익을 준다. 공공장소는 자동차 이용을 줄일 뿐만 아니라 공원이나 수변공간, 어느 정도 야생성이 보전되고 있는 녹지는 자연환경에 대한 사람들의 인식을 높여주고 다양한 생물들에게 서식처를 제공한다. 마지막으로 공공장소는 문화적 활동의 배경을 제공한다. 공공장소는 종종 사람들에게 무료로 예술을 접하거나 색다른 문화적 체험의 기회를 제공한다. "PPS"의 자료에서처럼 「공공공간」은 특히 도시내에서 갈수록 그 역할이 증대된다고 볼 수 있고, 따라서 도시를 가꾸기 위해 우선적으로 시도해 볼 수 있는 영역이라 할 수 있다.

공공공간의 사례

배터리 파크 (Battery Park)

「배터리 파크 Battery Park」가 있는 '배터리 파크시티'는 뉴욕의 대표적 도시재생 복합건물군이다. 「배터리 파크」는 맨해튼 서남단에 위치한 25-acre의 공원으로 Castle Clinton, 분수, 메모리얼 조형물, 보스 강변 숲, 놀이터, 초지, New Amsterdam Plein & Pavillion, Waterfront Prominade 등으로 구성되었다. 공원의 동서 자전거도로가 서북쪽으로 허드슨 강변을 따라 그린웨이로 연결되었다. 공원지하로 브루클린과 배터리지구를 연결하는 터널이 위치하며, 참전용사, 탐험가, 발명가, 이민자들을 기념하는 다수의 기념물과 요새, 항구, 강변 산책로 등이 공원 내에 위치하여 약 450여년에 걸친 뉴욕의 역사를 보여주는 공원으로서 시대의 변화에 따라 공원도 리모델링 되었다.

「공공공간」으로 「배터리 파크」는 강변의 공원과 녹지가 도시공간에 쐐기형으로 불규칙하게 연결되어 있어 공원녹지의 접근성이나 한 눈에 들어오는 시각적 접촉성을 높이고 있다. 그 결과, 다른 공간과 분리되지 않고 하나의 도시요소를 융합하여 지역의 녹지공간으로써 인근지역 주민의 이용을 활성화하고 있다. 인공 도시공간에 대한 공원 녹지 공간의 공급뿐만 아니라 다양한 유형의 기념물과 공간을 조성하여 역사, 문화적 가치를 인식시키고 상징적 의미를 고취시키고 있는 사례이다.

그림 1-51 | 배터리 파크의 에스플러네이드 시민의 조깅모습 (©http://bpca.ny.gov)

「**배터리 파크**」의 '에스플러네이드'는 북쪽 끝의 고지대에서 남쪽으로 배터리 파크의 전체 길이를 달릴 수 있다. 여기에서는 허드슨 강이나 뉴욕 항구, 자유의 여신상, 엘리스 섬과 뉴저지 해안선이 바라 볼 수 있어서 보행자 천국으로 불리우며, 이 곳에 있는 공원과 정원은 다양한 조각들과 공공 미술 설치물로 시민들을 반긴다.

'**록펠러 공원**'은 BPC 공원의 넓은 잔디밭과 대형 놀이 시설, 재원 및 정원, 공공 예술품 및 파빌리온이 마련되어 있고, 'Teardrop Park'도 앤 해밀턴 Ann Hamilton과 마이클 머실 Michael Mercil의 작품, 어린이 슬라이드, 모래 상자, 물놀이, 암석 좌석이 있는 독서 공간, "바위 홉 rock hop" 장소, 자연주의 식재 작물 등의 장엄한 "얼음 장벽"을 갖추고 있는 곳이다. 앞에서 언급한 'PPS'에서 정리한 "도시의 아이덴티티, 경제성, 환경적 이익, 문화적 활동"이라는 역할을 충실히 이행하고 있다.

▌그림 1-52 | 록펠러 공원 (©배터리 파크시티 bpca.ny.gov)

덴마크 코펜하겐의 슈퍼킬른

친환경 도시로 유명한 덴마크의 '코펜하겐'에는 독특한 형태의 도시공원이자 가로인 「수퍼킬른 도시공원」이 있다. 덴마크에서 가장 다양한 인종이 모여사는 지역 중 하나인 구시가지인 수퍼킬른 Superkilen에 있는 이 도시공원은 지금까지의 공원 형태와는 다른 야외 뮤지엄 형태를 띄고 있다. 일반적으로 공원은 나무와 잔디광장이 있는 곳을 상상하기 쉽다. 하지만 이곳은 이런 일반적인 상식을 보기 좋게 뒤집어 놓았다. 60여개 이상의 나라에서 영감받은 소스들을 한데 묶어 일종의 문화 놀이터를 창조되었으며, 다양한 공원창조의 스팩트럼은 미국 서부 LA부터 이스라엘, 중국과 카타르, 러시아 등의 특징적인 문화요소를 담아낸다.

「수퍼킬른」은 60여 국가에서 온 이민자와 망명자가 몰려 사는 곳으로 원래는 복잡하면서도 어두컴컴한 분위기였다고 한다. 이에 건축가 'Bjake Ingels BIG, Bjarke Ingels Group'는 60여 국가에서 모인 이들의 다문화를 표현하는 장 場이자, 일부러 찾지 않아도 일상 속에 녹아든 도심의 활력소가 되는 놀이의 장으로써 공원이 되

▌그림 1-53 | 덴마크의 슈퍼킬른 공원 (ⓒ슈퍼킬른 공원)

도록 설계했다고 한다.

「수퍼킬른 공원」을 살펴보면, 우선 색깔로서 확실한 인식이 가능하다. 700여 미터가 넘게 길게 늘어진 공원은 '녹색', '검은', '붉은' 광장 이렇게 3곳의 공원으로 나뉜다. 이때, 색깔마다 각각의 기능이 다른데 '녹색 공원'은 가족을 중심으로 잔디 위에서 소풍 등이 이루어진다. '녹색 공원'을 단순히 확장하지 않고 좌우로 가로지르는 주도로와 만나기 전 부분에 검은 아스팔트 도로가 연장하는 듯하게 '검은색의 시장'을 삽입했다. 반면, '검은 시장'은 도심의 거실이라는 개념으로 사람들이 만나고 놀이가 벌어지도록 했고 주말마다 열리는 장터 및 행사가 도심으로 자연스레 확장된다. 마지막으로 '붉은 광장'은 스포츠 및 문화활동이 벌어지는 장소로써 계획되었다.

체육시설, 문화시설을 별도로 한정된 공간에 기능별로 나누지 않고 공원을 따라 길게 분산시켰다. 다양한 공간들은 세 광장의 공원에 긴밀하게 연계되어 설계되었는데, 예를 들어, '녹색 공원'의 농구장을 보면 장치적 특성을 엿볼 수 있다.

농구장은 별도의 공간에 격리하지 않고 공원의 한가운데 놓았다. 보통은 농구경기의 특성상 공이 골대 주변 경기장 밖으로 튕겨져 나가기 쉬어 농구장은 보행자들을 방해하지 않기 위해 격리되거나 농구장 주변에 안전망을 두른다. 하지만 여긴 전혀 그렇지 않다. 그들은 높게 솟은 인공언덕을 만들어 정면부는 잔디로 만들어 가족소풍을 위한 잔디 언덕을 만들고 맞은편은 파내어 농구장 골대를 감싸는 형태로 만들었다. 이를 통해 골대 주변으로 공이 굴러가도 다시 농구장 중심부로 굴러오게 되며 별도의 안전장치 없이도 보행자를 보호하게 된다.

더불어 관중석 역할도 하게 되어 사람들은 경사진 인공언덕에 앉아서 시야에 방해받지 않고 농구 경기를 관람할 수 있는 공원으로, 열린 흥미로운 공간을 만든 것이다. 또한 자전거도로를 공원 주변에 놓지 않고 공원을 유기적으로 가로지르게 해 놓았다. 공원을 가로지르는 자전거 도로를 통해 자전거를 타고가다가 혹은 공원을 걷다가 이 모든 행위를 볼 수 있다. 그 결과, 네트워크성격의 공원은 일회성이 아닌 지속적인 삶과 이웃들이 만나는 연계적 공간으로 조성되어 있다. 향후 계획되어지는 공원이나 공공공간에도 이와 같은 장치적 고민이 더해지면, 조금 더 사용자에게 다가가는 공간이 될 수 있을 것이다.

공개공지로서 분당 정자동 카페거리

경기도 성남시 분당에는 아주 근사한 명소로, 알려진 유명한 카페거리가 있다. 바로 「정자동 카페거리」이다. 「정자동 카페거리」는 서울의 '청담동'같은 고급스러움과 럭셔리한 분위기를 지닌 곳으로 정자동 늘푸른 고등학교 옆 골목에서 금곡동 일대까지 이어지는 거리로 즐비한 주상복합과 오피스텔 건물 아래층에 연이어 있는 4차선 도로 양면을 따라 설치된 레스토랑과 카페들이 밀집된 지역을 말한다. 고급카페들은 아름답고 멋진 테라스로 이루어져 있어 마치 외국의 명물거리에 온 듯한 착각이 들 정도로 이국적인 분위기를 물씬 느낄 수 있다. 골목

곳곳의 카페와 맛집식당들은 근사한 음식과 분위기를 만끽할 수 있는 공간들로 입소문이 나서 지역 주민은 물론 외지인, 외국인들에게도 즐겨 찾는 곳이다.

분당신도시 계획당시 중심상업용지, 업무용지, 쇼핑단지로 계획되었던 정자동 일대는, 신도시 입주 완료 시기가 끝난 후에도 3년간 공공업무시설의 경우 50%, 전체 면적의 20%만이 개발되는 등 대부분이 나대지 상태였다. 이로 인해 2000년 용도변경을 통해 주상복합을 허용하여, 개발은 활성화되었으나 저층부의 상가는 공실률이 높고 사람들의 이용이 저조하였다. 이러한 문제를 해결하기 위해 정자동 상가 번영회는 2004년부터 정자동 일대에 특색 있는 상권을 조성하기 위해 적극적인 대응책을 마련하였다. 즉, 상가의 고급화와 함께 상점에서 보도 쪽으로 1.5m 폭의 테라스를 만들어 유럽스타일의 노천카페 분위기를 연출하기로 합의한 것이다. 또한 차양과 간판, 테라스, 가로등과 같은 가로 시설물의 디자인을 통일하여 다른 지역과 차별성을 두었다. 300m에 이르는 정자동 안정길 양쪽 보도에는 현재 50여개의 상점이 테라스를 이용하여 유럽풍 노천카페를 조성하고 있다. 이렇게 카페거리를 조성한 이후 거리를 이용하는 사람들이 급증하였다. 2006년 9월 1일자 동아일보 기사에 따르면 2005년만 해도 미미했던 유동 인구가 2006년에는 평일 5천~1만 명, 주말 2만~3만 명으로 늘었다고 한다. 이러한 현상은 부동산 가격에도 영향을 미쳐 2004년과 비교하여 2005년 정자동 카페거리 일대의 임대료는 약 50% 상승하였고, 2007년에는 2004년과 비교하여 2.5배가량 상승한 것으로 추정된다. 정자동 카페거리가 상업적으로 성공을 거두면서 분당은 물론 다른 신도시에서도 테라스 설치 움직임이 본격적으로 확산되었다.

그러나 지구단위계획상 전면공지로 지정된 곳에 테라스를 설치했다는 이유로 불법논란의 대상이 되기도 하고, 보행자에게 불편을 준다는 민원이 잇따르기도 하였다. 또한 이곳에는 공공공간으로서 공개공지를 이용한다는 차원에서 공공벤치와 같은 공공시설물이 부족하다는 지적도 있다. 이처럼 여러 가지 문제점 속에서도 「정자동 카페거리」는 세 가지 측면에서 시사하는 바가 크다. 첫째, 물리적인 공간계획만으로는 진정한 의미의 「공공공간」이 조성되지 않는다는 것이다. 최종 수요자인 시민의 욕구를 반영하는 활동의 기획이 공간을 계획할 때 동시에 진행되고 반영되어야 한다. 둘째, 상권의 활성화라는 현실적인 문제에 대응하여 시민들이 자체적으로 상가 전면부의 도로 공간을 활용하여 거리를 활성화시켰다는 점이며, 셋째는 이러한 이용가치의 극대화를 통해 평범한 주상 복합 밀집지역을 특색 있는 새로운 장소로 만들었다는 점이다. 고민 속에서도 긍정적인 반영사항이 아닐까 한다.

일본의 오모테산도지구

일본 동경의 「오모테산도지구」의 경우는 역사적 가로로서의 기능과 경관을 보전하기 위해 대규모 재개발을 규제하고 디자인 가이드라인을 활용하고 있는 대표적 사례이다. 그 결과 민간영역인 건물 전면공간을 대상으로 가로정비를 위한 가이드라인이 수립되어 가로 보행환경의 질을 결정하였다.

건물 전면공간 구성방식을 차별화하여 가로의 정체성과 장소성을 형성, 유지하고자 한 관점도 건물 전면공간을 공공성이 높은 공공공간으로 인식하고 있으며, 접근성이 높고 가로의 특성을 형성할 수 있는 건물 전면 공간을 질 높은 외부공간으로 형성하도록 디자인을 규제하고 있다고 할 수 있다.

건축물 높이 제한의 경우, 오모테산도 버드나무 가로수가 연출하는 가로경관의 역사성을 보전하고 보행환경의 휴먼스케일을 유지하기 위해 가로변 건축물의 최고높이를 23.3m로 제한하였다. 건축선 규제의 경우 도로의 중심선으로부터 건축물 외벽까지 거리를 3m이상 확보하도록 건축선을 규제하여 보행공간을 확보하였다. 건축물 의장, 공공디자인의 경우, 가로경관과 조화되도록 건축물 형태, 디자인, 색채, 옥외 광고물, 가로시설물을 규제하였다.

물론 최근 국내의 많은 지역에서 가이드 라인 수립을 통해 가로의 무질서를 조정하려는 다양한 시도가 있다.

그러한 시도에 "지역의 특성"을 규정하고 유지하려는 노력과 이용자에 대한 고려가 더해진다면, 좀더 나은 도시공간이 될 것이다.

공공미술, 도시의 경쟁력을 높힌다.

요즘 도심을 다니다 보면, 눈이 호강하는 일이 많다. 도심 곳곳에, 그리고 건물앞에 있는 다양한 조각품과 조형물들이 과거와는 달리 화려해지고 다양해져서다. 기존의 동상이나 기념탑 위주에서 벗어나 하루 종일 망치질을 하거나, 소라모양의 울긋불긋한 모양의 조각품, 분수를 이용한 작품, 대형 고래의 모양 등 다양한 모양과 재질, LED를 이용한 조명장치, 이제는 미디어 아트까지 등장하여 우리의 눈을 즐겁게 해주고 있다. 이같이 다양한 「**공공미술**」을 직접 보는 재미를 벗어나 다른 곳에 있는 공공미술작품을 보고 싶다면, 서울문화재단에서 배포한 서울시 '공공미술산책' 어플리케이션을 다운받아서 이용할 수도 있다. 서울지역에 있는 2000여점의 공공미술작품이 소개되어 있어 다양한 공공미술작품을 접할 수 있다. 이같이 공공미술품은 최근에 와서 각 도시들이 도시의 브랜드로 내세우기 위해 경쟁적으로 공공미술품의 배치를 통해 선전에 나서고 있다. 문화예술분야가 도시경쟁력을 넘어 국가경쟁력의 원천이 된다는 점에서 「**공공미술**」은 그 중요성이 나날이 높아지고 있는 것이다.

공공의 장소에 놓이는 미술을 의미하는 「**공공미술** public art」은 1967년 영국 미술행정가 존 월렛의 책 〈도시 속의 미술 Art in City〉에서 처음 등장한 말[24]이라고 한다. 초기에는 미술관이나 갤러리에서 소수에 의해 감상되거나 유통되던 미술을 누구나 감상하고 일상생활에서 접할 수 있도록 하기 위한 노력에서 비롯됐다. 선

24) 시사상식사전(박문각 간행).

진국에서 대부분 시행하고 있는 제도적 '공공미술'을 퍼센트미술 percent for art이라 부르기도 하며, 우리나라에서는 1995년 문화예술진흥법에서 '건축물 미술장식제도'가 의무화되면서 본격화되었다.

이미 우리 사회에서 통용되는 「**공공미술**」이란 장르로서 광화문광장의 이순신 장군 동상 같은 조형물에서부터 서울의 청계천에 설치된 올덴버그의 〈스프링 Spring〉 등 도심의 거리에서 쉽게 마주치는 예술적 조형물 등도 하나의 유형이다.

이처럼 「**공공미술**」은 일반대중에게 공개된 장소에 설치, 전시되는 작품으로 대중이 향유하는 미술로 볼 수 있다. 그 내용으로는 조각품, 그림, 영상물, 설치물, 퍼포먼스 등을 포함한다. 법적인 제도로서 미술장식품에서 출발하여 건물 앞을 꾸미거나 내부에 설치하고, 공원으로 조성하는 형식에서 벗어나 최근의 흐름은 도시 전체의 이미지와 경쟁력 창출의 의미로 확대되고 있다.

이 같은 공공미술의 가치에 대해 'ULI Urban Land Institute: http://uli.org/'에서는 미국 도시들이 공공 문화예술 특히 공공 설치 예술 사업을 위한 자금을 어떻게 마련하고 어떤 유형으로 전개하며 지역경제에 얼마나 이바지 하는지를 언급[25]하고 있다. 여기에서는 "공공예술 설치물이 도시를 아름답게 하고 경제회복의 주요 핵심열쇠 역할을 담당한다는 점에서 미국에서는 NEA the National Endowment for the Arts를 설립하여 도시디자인 연구를 위한 시장들의 모임과 미국건축설계협회와 함께 도시예술 프로그램 정기모임을 주관하고 있고, 도시거리에 서있는 예술작품은 공공 안전성 개선, 그 장소만의 브랜드 정체성 창출, 일자리 우선은 저녁식사, 쇼핑 및 아기 봐주기 등 창출 등으로 지역경제에 기여 한다는 점"을 강조하고 있다.

---

25) Supporting Culture-Based Place Making with NEA Grants.

공공미술의 사례

미국 베틀레헴 "SteelStacks Arts and Culture Campus Program"

'ULI'에서는 공공미술의 대표적인 사례로 펜실베니아주의 「**베틀레헴시**」를 들고 있다. 「**베틀레헴**」에는 과거 철강도시였던 스토리를 살린 "SteelStacks Arts and Culture Campus Program"으로 시각적 상징물인 전체길이 21m인 강철조각품인 "The Bridge"를 설치하였다. 이 조각품 하부 콘크리트 구조물에는 이 도시에서 생산된 철강으로 세워진 유명한 구조물 다리, 선박, 고층 건물 등의 이름을 새긴 타일이 붙어있는 등의 스토리가 전개되고 있다. 그 결과, 과거 시의 경제엔진이자 시민의 자긍심이있던 버려진 196만평의 Bethlehem Steel 회사의 토지 베틀레헴시 면적의 1/5에 해당는 다시 부활하게 된 것이다.

베틀레헴시는 버려진 철강회사의 부지에 과거 도시를 대표하던 철강산업을 상징하는 거대 강철 예술 설치물을 완공하였고, 예술설치물 주변의 캠퍼스에 공연예술건물, 극장. 음악과 시를 위한 건물 등을 세워 관광객 유치와 도시의 산업을 다시 일으키는 계기로 활용하고 있는 것이다.

시카고 밀레니엄 파크

시카고의 대표적 명소가 된 앞에서 다루었던 시카고 「**밀레니엄 파크**」는 행정가, 건축가, 조경가, 예술가가 함께 참여한 작품으로 시카고 문화국에서 주관하는 융합형 문화공간이다. 2004년 6월에 개방된 「**밀레니엄 파크**」는 원래 1850년 일리노이 Illinois주의 중심을 지나는 그랜드파크 Grand Park의 일부로 1909년 다니엘 번함 Daniel Burnham에 의하여 개발되었다. 공원 조성 이후 철도부지 일대가 황폐한 지역으로 남았고, 1977년 시민들이 토지를 매입하여 새로운 음악 공간으로 건립하고자 하였으나 높은 부지 가격으로 인해 무산된다. 그 후 1997년 시카고 시장인

리차드 데일리 Richard Daley가 새로운 공원과 음악 공간을 건립한다는 구상을 가지고 프로젝트 추진을 위해 노력하였고 철도사업자와 법적 소송을 통해 지상의 사용이 가능하게 되어 사업을 추진할 수 있었다.

음악도시로서의 시카고의 도시이미지를 개선시키고자 한 이 프로젝트의 대표적인 작품으로는 앞에서도 다루었지만, 시카고의 대표적인 랜드마크인 '클라우드 게이트'와 '크라운 분수'를 꼽을 수 있다. '클라우드 게이트 Cloud Gate'는 시카고의 상징물로 불리는 작품으로 애니시 카푸어 Anish Kapoor에 의해 제작되었다. 스테인리스 스틸 구조물로 사방이 거울처럼 비치는데 지름 20m, 무게 125t에 달하며 생긴 모양이 콩을 닮았다하여 'Bean'이라 불리기도 한다. 이 작품의 특징은 둥근 모양의 거울 속에 도시건물과 하늘이 비쳐보인다는 것인데 게이트 안으로 들어가 보면 관람객이 왜곡된 느낌이 드는 본인의 모습을 보며 사진도 찍고 미술품 속에 빠져 들어가는 재미를 느낄 수 있다.

'크라운 분수 Crown Fountain'는 스페인의 개념 예술가인 하우메 플렌사 Jaume Plensa가 디자인하였다. 검정 화강암으로 된 광장 양쪽에 유리블록으로 만들어진 15m 높이의 기둥 두 개에는 LED 스크린이 설치되어 있는데, 스크린에는 1000명의 시카고 시민의 얼굴이 번갈아가며 나오고 화면 속 인물의 입에서 물이 나오도록 되어있다. 영상물을 광고매체가 아닌 공공미술품으로서 설치한 것이 새로운 시도라고 볼 수 있다. 이 작품은 거대한 규모의 크기와 시민들의 관심을 끌만한 재미있는 발상으로 공공미술이 시민들에게 어떻게 접근해야 할지를 보여주고 있다. 시민들의 참여를 유도하고 접근성이 좋다는 점에서 현대 공공미술의 취지에 적합한 사례라고 보여진다.

시카고라는 대도시에 걸맞게 도시공간 속에서 거대한 공공미술 조형물 구성을 통하여 지역의 랜드마크를 형성하고 「**밀레니엄 파크**」라는 공간을 통해 시민들과 소통할 수 있는 공공미술을 추구했다는 점에서 의의가 크다.

물론 시카고 「**밀레니엄 파크**」의 공공미술은 다른 장소에 비해 많은 비용이 소요되었다. 크라운 분수에 17만 달러, 클라우드 게이트에 23만 달러의 비용이, 밀레니엄파크는 총공사비가 475만 달러가 투입된 것이다. 그러나 많은 공공미술비용과 공사비가 소요되었지만, 시카고시가 「**밀레니엄 파크**」로 얻게 된 이득은 무시할 수 없다. 여름철에 이곳에서 무료로 열리는 200개 이상의 무료 야외공연 프로그램을 관람하러 많은 관광객들이 찾고 있는데 2005년에서 2015년의 기간 중 시카고의 총 방문객으로 인해 예상되는 경제효과는 1억 9천만 달러에서 2억 6천만 달러로 추정된다는 보도가 있다.

특히 시카고 「**밀레니엄 파크**」는 공공미술로 어떻게 도시의 상징을 계획해야 할지에 대한 답을 얻을 수 있다. 거대하기만 한 단순한 상징물이 아닌 시민에 참여를 유노하고 흥밋거리를 주며, 대도시의 이미지와 환경을 잘 고려한 공공미술 작품이라 할 수 있다. 최종적으로는 일반 시민들의 자유로운 참여로 인해 공간의 가치를 더하고 있다.

독일 뮌스터 조각 프로젝트

독일 '뮌스터 Münster'의 도시디자인차원에서 추진된 이 공공미술프로젝트는 1977년부터 10년이라는 기간을 주기로 개최된다. '뮌스터'는 인구 약 33 만 명의 중소도시로 도시 전체가 캠퍼스라 할 정도로 각 대학의 단과들이 도시 전체에 자리잡고 있고, 대학생의 수가 약 4만 8천명, 초 · 중 · 고등학생 수가 약 3만 명을 넘는 전체 인구의 3분의 1은 공부를 하는 사람이라 할 정도로 학생 비중이 높은 도시이다.

또한 '뮌스터'는 자전거의 도시로도 유명하다. 자전거의 수가 50만 대에 육박하고, 학생과 교수 등 시민의 대부분이 자전거로 출퇴근을 하고 있으며 자전거로 시내관광을 하기에도 용이하게 구성되어 있다. 뮌스터 시 중앙역에 설치되어 있는 자전거 주차장 Radstation은 약 3,000여대의 자전거를 주차할 수 있고, 자전거 세척시설과 잠금장치 등 각종 시설이 설치되어 있다.

10년 주기로 한 번씩 열리는 「뮌스터 조각프로젝트」는 1975년에 영국 모더니즘의 거장 조각가 '헨리 무어 Henry moore'의 작품을 공공장소에 설치하려 하자, 이를 거부하려는 지역 언론과 주민들의 캠페인이 벌어졌다. 이에 사태를 지켜보던 당시 베스트 팔리안 미술관 관장이던 '클라우스 부스만 Klaus Bussmann'이 현대미술의 실험정신을 지역주민들에게 널리 알리기 위하여 야외 조각 미술전의 형식을 제안하여, 공원과 강변 등 도시 공간 곳곳에 미술 작가들의 작품을 전시하도록 하였고, 전시회가 끝날 때에는 시에서 인기 있는 작품을 사들여서 관광자원으로 활용하는 계획에서 시작되었다.

현재 4회까지 행사를 거치면서 거리 곳곳에 설치된 작품의 일부는 정부나 후원자가 구입하여 행사 뒤에도 영구 보존하고 있는데 1977년 '도널드 저드 Donald Judd', '클래스 올덴버그 Claes Thure Oldenburg'의 작품 4점, 1987년 '댄 그래엄 Dan Graham', '제니 홀처 Jenny Holzer', '리처드 터틀 Richard Tuttle' 등의 작품 22점, 1997년의 '일리아 카바코프 Ilya Kabakov', '호르헤 파르도 Jorge Pardo', '로렌스 바이너 Lawrence Weiner' 등의 작품 13점과 2007년 출품된 작품 34점까지 합치면 총 73점의 작품이 시내 곳곳에서 전시 중에 있다.

「뮌스터 조각프로젝트」가 다른 공공미술프로젝트와 다른 점이라면, 주기가 가장 긴 10년 만에 열린다는 점인데, 이 것은 도시 환경 안에서의 미술품이 관리되고 자리 잡는데 있어서 긴 준비기간을 둠으로써 관람객들과의 호흡을 충분히 느낄 수 있고 수준 높은 작품들이 전시될 기회도 가질 수 있게 된다.

4회 내내 총감독을 맡아온 '카스퍼 쾨니히 Kasper Köig'는 첫 번째 조각프로젝트를 끝내고 다음 프로젝트를 계획하면서 자연스럽게 생기게 된 주기라는 것, 마침 10년이란 주기는 무엇인가를 망각하기에 좋은 시간이며, 아울러 잊혀진 자리에 새로운 기억을 저장할 수 있는 매우 흥미로운 시간의 단위라고 의미를 부여하였다.

또한 지역의 특성을 이해하고 반영한 「**공공미술 프로젝트**」라는 점이다. '뮌스터'라는 도시는 중소도시로서 타 도시에 비해 경쟁력이 크진 않았으나, 커다란 나무숲과 호수의 경관이 어울린 자전거도로가 잘 구축되어있다는 점을 충분히 활용하여 프로젝트를 전개하고 있다.

관람객들은 걷거나 또는 자전거 교통망이 독일에서 제일 잘 갖추어진 도시인 만큼 자전거를 타고, 혹은 일정이 급한 사람은 택시를 타고 '작품'들을 찾기 위해 지도를 들고 전시장인 도시를 둘러본다. 이를 통해 외지 관람객들도 처음에는 생각지 않았던 '뮌스터'라는 소도시의 소박하고 정겨운 모습에서부터 뒷골목의 쓰레기장까지 자연스럽게 구석구석 체험하게 된다. 가이드북을 들고 도시 속의 미술품을 직접 찾아 다니며 숨어있는 작품을 찾는 재미와 자연스레 도시의 환경, 역사, 문화와 작품과의 연관성을 탐색하며 '뮌스터'라는 도시를 더욱 매력 있게 느끼게 된다.

「**뮌스터 조각프로젝트**」는 독일 내 예술행사인 '카셀 도큐멘타'와 함께 세계적으로 유명한 예술행사로 자리 잡았으며 도시 마케팅에 끼치는 영향도 큰 것으로 나타나고 있다. 주최 측의 공식발표에 따르면, 1997년 제 3회 때의 방문객이 50만 명이었고, 2007년에는 57만 5천명으로 늘어났다. 또한 이 기간 동안 지역 내 숙박업소에서는 전년도 같은 기간에 비해 숙박객이 20%가 늘었으며, 특히 유럽 인근국가 뿐만이 아니라 기타 해외지역에서 온 방문자 숫자가 해마다 늘어나, 일본 관광객의 경우 그 전 기간에 비해 200%, 미국관광객의 경우 40%가 증가했다고 한다.

이러한 성공요인에는 주민과의 소통과 참여를 통해 적극적인 반응을 이끌어 내었다는 점이 크게 작용하였다고 볼 수 있다. 작품전시가 끝나면 시민들의 선택에 따라 보존될 수 있게 하였고, 작품 관리에 자발적으로 참여할 수 있게 하였다. 또한 교육 프로그램을 통해 현대미술의 공공미술 작품을 감상하는 방법을 알림으로서 작품을 대하는 관람객의 이해와 작가와 도시공간의 사회적 커뮤니케이션을 가능하도록 만들어 주고 있는 사례로서 우리 주변에서도 얼마든지 반영할 수 있는 분야라 생각된다.

사례를 통해 알 수 있는 것은 「**공공미술**」이 지역의 역사적 · 문화적 · 자연적 자원을 발견하고 지역에 대한 애착과 자부심을 함양시키는데 크게 공헌했다는 점[26)]이다. 그것은 특정장소가 갖는 정신적 본질을 표현할 수가 있고, 그 사회 속에 살고 있는 사람들로 하여금 자신이 속한 사회가 갖고 있는 공통적 이슈에 대해 생각할 수 있게 하기 때문이다. 결국 '공공장소'는 편리하고 쾌적하며 미적일 뿐만 아니라 궁극적으로 지역 주민들의 삶과 정서를 반영하는 공간이 되어야 한다.

한편, 「**공공미술**」은 일차적으로 공공에게 열린 공간에 설치되어 아름답게 꾸며주는 기능을 한다. 그 공간을 이용하는 사람들이 쾌적함을 느낄 수 있도록 하는 것이다. 이는 도시공간에서 예술과 문화에 대한 공공의 접촉을 높여줌으로써 공공예술의 기능을 유발한다. 도시공간에서 「**공공미술**」은 도시의 문화적 품격을 표현하고 공동체가 공유하는 커뮤니케이션의 장이 된다. 역사적으로 공공미술은 도시가 공유하고 향유하는 상징이 되기도 하고 집단적 정체성을 표현하기도 한다.

공공미술의 나아갈 길

도시의 특성을 반영한 공공미술

많은 해외사례에서 도시 계획 속의 미술 Art in Urban Design의 개념으로서 효과적 공공미술로 도시미관을 개선시켜왔다고 할 수 있다. 도시의 환경을 이해하고 그에 맞는 작품을 선정하는 것은 공공미술에 있어 매우 중요한 일이라 할 수 있는데 일본의 '롯폰기 힐즈'처럼 벤치, 가로등, 표지판, 환경시설물 등의 공공환경과 더불어 시민들에게 최적화된 편리함과 시각적인 즐거움도 줄 수 있는 것이야 말로

26) 김재경, 「도시외부공간 공공미술 설치개선 방안 연구」, 한양대학교 석사학위논문, 2002. pp.19-20.

도시환경에서의 공공미술이 추구해야 할 방향일 것이다.

시카고의 「밀레니엄 파크」 역시 대도시 환경에 어울리는 공공미술을 잘 도입한 사례로서 거대한 규모에 어울리는 대형공공미술을 도입하여 도시상징을 만들어낸 좋은 사례라고 할 수 있을 것이다. 이 밖에도 영국의 '퍼블릭 퍼니처'나 프랑스 '라데팡스' 의 공공 조형물 등은 도시라는 곳에서 공공미술이 도시민의 삶을 대변해주며 생기를 북돋아주는 도구라는 점을 보여주고 있다. 물론 이러한 환경이 조성되기까지는 가장 큰 전제가 "그 도시를 살고 있는 시민들의 성향과 도시의 역사가 녹아내려 있어야" 가능한 일일 것이다.

지속발전 가능한 공공미술

「공공미술」이 제대로 정착하기 위해선 단기적 이벤트로서 그치기보다는 지속적인 사후관리와 작가와 시민들과의 교감, 그리고 행정측과의 공조가 필요하다. 그러기 위해서는 눈에 보이는 빠른 성과를 추구하기 보다는 장기적인 안목에서 꾸준히 실천할 수 있는 정책이 우선시되어야 할 것이다. 그러기 위해 작가는 지역주민들의 참여를 유도하고 관심을 이끌어내야 하며 지역주민들은 작품의 주체가 되어 지속적인 관심을 가지고 관리해야 할 것이다.

또한 「공공미술」의 지속발전을 위하여 중요한 것은 지자체의 협조인데, 이점에서 특히 참여 작가들은 공통적으로 유지 보수를 위한 기금 마련과 지속적인 유지와 보수를 책임질 관리주체의 선정 등 지속적인 관심을 이끌어 낼 수 있는 방안 마련을 주장하고 있다.

국내의 공공미술프로젝트는 주로 1년의 주기로 진행되는 경우가 많다. 빠른 작품 선정, 제작, 설치가 이루어지다 보니 반대로 주민들과의 소통은 물론 아예 관심조차 갖지 않는 경우도 많다. 독일의 '카셀도큐멘타'가 5년 주기로, 「뮌스터 조각프로젝트」가 10년의 주기로 열린다는 점에서 국내의 사례와 많은 차이가 있다는 것을 고려해야 할 것이다. 또한 「뮌스터 조각프로젝트」에서는 작품의 수명을 결정하기도 하는데, 작품의 관리에 있어서 설치와 철거 문제는 공공미술 작업에서는 매우 중요한 일임에도 불구하고 국내에서는 충분히 관리되지 못하고 있는 실정에서 시사하는 바가 크다.

메시지를 보여주는 공공미술

「공공미술」이 가진 가장 큰 특징은 공공의 공간에서 예술이라는 장르를 도입하여 메시지를 가진 작품을 통해 작가와 시민이 소통할 수 있다는 점이다. 공공시설물은 목적에 따른 형태로서 존재하지만, 공공미술품은 메시지를 전달하고자 하기 때문에 존재한다고 할 수 있다. 미술적 가치를 통해 도시환경 속에서 희소성을 나타내고 그 가치는 더욱 평가받을 수 있다. 명쾌한 메시지와 상징성을 가진 공공미술은 대중들에게 있어서도 깊은 인상과 감동을 줄 수 있으며 도시에 있어서 위트와 해학을 통해 평범해 보이는 도시를 생기를 준다.

미술이란 사람이 살고 있는 도시라는 공간속에 아이덴티티를 나타나게 해주며 대중과의 소통과 참여를 통해 그 공간에 의미를 부여하게 한다. 「공공미술」 작품은 장소의 사회성을 반영하게 되며, 지역 특유의 분위기를 보여주고, 조형물을 통해 도심 속 여유를 되찾고자 하는 의도를 가져야 한다.

하지만 우리나라의 「공공미술」에 있어서는 장식품에 지나지 않는 듯 한 인상을 준다. 장소에 대한 고민이 충분한 상태에서 작품이 선정되었는지는 물론이고 공간에 대한 이해와 배려가 부족한 현실이다. 공공미술품이 성공적으로 설치되기 위해서는 그 도시에 성향을 파악하고 그 도시에 어울리는 작품의 선정이 이루어져야 할 것이며, 최종적으로는 공공공간인 만큼 시민들의 적극적인 참여를 유도하지 못한다면, 아무런 의미가 없게 된다.

미술 장식품

「건축물 미술장식 제도」는 문화예술의 진흥을 목적으로 「문화예술진흥법」 제9조 및 동법 시행령 제12-15조 건축물에 대한 미술장식 제도 시행에 근거하여 연면적 1만 제곱미터 이상 건축물은 건축비용의 일정 비율에 해당하는 금액을 회화 · 조각 · 공예 등 미술장식에 사용하도록 의무화하고 있는 제도이다. 그 결과 우리는 적어도 도심속에서 눈호강을 누릴 수 있게 된 것이다. 1972년부터는 권장사항이었다가 1984년부터는 의무사항으로 자리잡았다.

「미술 장식품」에 있어 서울 마포구 상암동은 의미가 있는 곳이다. 이 곳에서는 아래 사진과 같이 모여 있는 다양한 「미술 장식품」들을 대상으로 투어가 벌어지고 있다.

그림 1-54 | 상암 DMC의 미술장식품 (ⓒdmc.seoul.kr)

아래 그림의 왼쪽은 MBC사옥앞에 있는 "Square M - Communication"이라는 작품으로 미디어를 상징하는 사각의 틀을 통해 인간과 세계의 만남과 소통을 표현한 작품이라 한다. 그리고 오른 쪽은 "They"라는 작품으로 디지털 + 아날로그, 남자 + 여자 조화를 통해 과학기술 미래의 고민을 제시한 작품이다. 그리하여 많은 사람들이 모여있는 미술장식품을 볼어 다니는 행위를 하고 있는 것이다.

「공공공간」은 도시에서 가장 많이 이용하고 있는 필수공간이면서 기본적인 기능 조차 제대로 수행하지 못하고 있는 실정이다(이상민 등, 2007). 도심의 「공공공간」은 일상적 생활공간이자 동시에 사회, 문화, 경제적 자산으로서 다양한 가치를 지니고 있으나 획일적인 공급과 조성으로 일상생활과 밀착하지 못하고 이용률이 떨어지는 경우가 발생하고 있다. 즉, 「공공공간」이 본래의 조성목적과 제공하고자 하는 기능과는 달리 다른 용도로 전환되거나 타 시설에 의해 점용되는 경우가 있다. 또한, 이용자 수요를 고려해 적재적소에 설치해야 하나 법적 설치기준에 의해서만 배치하고 조성하여 이용률이 떨어지고 방치되는 공간이 다수 발생하고 있다.

그림 1-55 | 미술장식품 스퀘어 M(좌)과 They(우) (ⓒdmc.seoul.kr)

도시내 「공공공간」이 유기적으로 연결되지 못하고 공간과 시설들이 단절됨으로써 이용자들에게 이용 연계와 편의성을 제공하지 못하는 경우가 나타나고 있다. 또한, 「공공공간」의 공급량과 분포가 도시 규모별, 도시와 농촌간, 지역간에 차이가 발생하고 있어 공공공간과 시설 분포에서 격차와 불균형 문제가 나타나고 있다.

결국, '「공공공간」의 조성'은 물리적 공간 조성으로 그치는 것이 아니라 공간의 기능과 특성 커뮤니티 공간, 장소성 등을 종합적으로 고려한 접근이 필요하다. 「공공공간」은 도시내 삶의 질 개선과 여가기능의 확충을 도모하기 위해 이용자들의 생활과 밀착된 공간으로 조성하고 단순히 물리적 공간 조성으로만 끝나는 것이 아니라 공공성과 장소성이라는 가치가 어우러진 공간으로 조성하는 것이 요구되는 것이다.

공간의 변화

공항, 철도역, 문화시설, 도서관, 공원의 변화로 도시에 숨을 불어 넣는다.

네덜란드 로테르담의 마르크탈 천정 (왼쪽 위),
미국 뉴욕의 브라이언트파크 (오른쪽 위)
네덜란드의 스키폴공항 (왼쪽 아래),
스위스 취리히웨스트 비아둑트 (오른쪽 아래)

1. 공항은 도시의 관문을 넘어선 도시를 알리는 최고의 장소이다

도시의 교통시설은 가시성, 빈번도, 필수성 등 때문에 도시를 알리기에 가장 좋은 장소이다. 이 같은 교통시설에는 공항, 철도역, 버스터미널, 전철역, 버스정류장 등 다양한 시설이 있다. 교통시설 중 비행기를 이용할 때 처음 마주하는 곳은 「공항」이다. 「공항」은 낯선 도시의 첫인상을 좌우하는 여행의 시작점이기도 하다. 소설가 "알랭 드 보통"은 [공항에서 일주일을]의 한 구절에서 "만약 화성인을 데리고 우리의 현대문명을 관통하는 다양한 주제를 깔끔하게 포착한 단 한 장소에 데려가야 한다면, 우리가 가야할 곳은 「공항」밖에 없을 것이다."라고 까지 제시된 곳이 공항이다.

「공항 空港, airport」은 주로 여객기 · 화물기 등의 항공기 이착륙에 이용된다. 그런데 공항이 최근 단순한 이착륙객을 위한 장소를 넘어서 다양한 복합문화시설로 까지 확장되고 있어서 일부 공항은 그 도시를 넘어서 국가를 대표하는 랜드마크로 까지 인식되고 있는 현실이다. 공항 내 여행자터미널은 종래의 이미지인 잡지판매대, 패스트푸드, 면세점의 개념에서 크게 탈피하여, 유명브랜드 브티끄, 전문점, 고급레스토랑을 갖추면서 여기에 갤러리, 쇼핑거리, 다양한 먹거리가 더해지면서 컨벤션 회의, 엔터테인먼트, 예술 및 문화행사 개최지가 되어가고 있다.

공항의 변신사례는 정말로 다양하다. 「싱가포르 창이 공항」은 영화관, 사우나,

그림 2-1 | 싱가포르 창이공항 루프탑수영장(좌)과 선인장 정원(우) (ⓒ창이공항)

열대지역 나비공원, 난초정원, 선인장정원, 잉어연못과 해바라기 정원이 있고, 터미널1에는 루프톱 수영장까지 있다. 「암스텔담 스키폴공항」에는 24시간 운영되는 도서관과 국립미술관 분관이 자리잡고 있어 누구나 램브란트와 반 고흐의 작품을 공짜로 관람할 수 있다. 「두바이 국제공항」은 약 1㎞에 달하는 쇼핑거리가 있어 면세점 매출이 2.1조원 2015년 기준에 달하기도 했다. 「독일 뮌헨공항」에는 직영양조장 '에어브로이 Airbrau'가 있어서 많은 고객들이 이 곳에서 바이에른 지역 음식과 함께 정통 독일맥주를 즐긴다. 「홍콩 첵랍콕 공항」에는 아이맥스 영화관이 있고, 세계에서 유일한 9홀짜리 공항골프장도 있다.

「프랑크프루트 공항」은 세계에서 가장 큰 병원이 있어 연간 36,000명의 환자가 치료를 받았으며, 「달라스의 포트워스 DFW국제공항」은 터미널과 연결된 '그랜드 하이야트호텔'이 있어 미국 내 많은 기업들의 본사역할을 수행하고 있다. 「북경캐피탈공항」은 여러 은행들이 테넌트로 구성되어 있고, 「스톡홀름 알란다공항」의 교회는 1년에 500건의 결혼식을 거행했다. 국내의 「인천국제공항」에도 공짜 샤워장이 갖추어지는 등 과거와는 다른 편의시설이 들어서고 있다.

이같은 공항의 변화가 의미하는 시사점을 찾아보기 위해 몇 개의 공항 공간활용 사례를 자세히 들여다 보자.

스키폴 국제공항

네덜란드 암스테르담 하를레메르메이르에 있는 암스테르담 「스키폴 국제공항」[1]은 'KLM'과 '델타 항공'이 허브 공항으로 사용하고 있다.

「스키폴 국제공항」은 1916년 설립하여, 100년이 넘은 공항이다. 런던의 「히드로 Heathrow」, 파리의 「샤를 드골 Charles de Gaulle」, 독일의 「프랑크푸르트 Frankfurt 공항」

1) 네덜란드어: Luchthaven Schiphol, 영어: Amsterdam Airport Schiphol, 약어: AMS.

과 함께 유럽의 허브로써 그 역할을 톡톡히 해오고 있다. 자유분방함과 예술의 도시로 유명한 암스테르담은 공항마저 특별하여 높은 수준의 서비스와 함께 완벽한 운영으로 여러 차례 우수 공항으로 선정된 바 있다. 특히 환승객이 많은 공항으로 환승객을 위한 공간 구성이 다양하게 이뤄진 곳이다.

처음 군용비행장으로 개항하였으며 제2차 세계대전으로 공항이 붕괴되었으나, 1945년 이후 암스테르담에서 공항을 재건하였고 1967년 5월 현재의 「스키폴 공항」으로 공식 개항하였다. 계류장에는 항공기 144대가 동시에 머무를 수 있으며, 주차장은 17개가 있으며 2만 7,063대를 동시에 주차할 수 있는 규모를 가지고 있다. 그런데 현재 공항이 서 있는 자리는 원래 땅이 아니었다. 오래전 하를렘머메어 Haarlemmermeer라는 호수가 있던 곳으로 간척지 위에 지었다는 특징을 가진다. 유럽 최고 수준의 공항으로 네덜란드에 입국한 뒤 곧바로 다른 항공편으로 여러 유럽의 도시들로 연결되며, 또 자동차와 철도로 어디든 편리하게 이동 가능하다. 스키폴을 찾는 전체 승객의 40퍼센트가 경유하는 승객일 만큼 경유지로서의 입지가 아주 훌륭하다. 도심에서 공항으로는 약 15분 정도 걸리는 철도가 공항 도착장과 인접해 있으며 벨기에, 프랑스, 독일의 주요 도시와도 연결된다. 그밖에 주요 도시와 연결되는 고속도로 및 암스테르담과 프랑스 파리를 연결하는 고속전철 Thalys이 있어서 연결교통편도 다양한 곳이다.

여기에 더해 '고객에 다가서기' 전략으로 높은 수준의 서비스 및 품질 관리 시스템을 완벽하게 수행하여 세계 유명 언론 및 여행자들로부터 여러 차례 우수 공항으로 선정되었다.

이 같은 「스키폴 국제공항」은 방문하는 여객이나 환승객들에게 있어, 공항이 단순하게 비행기를 띄우고 내리는 공간이 아니라 복합문화공간으로 인식되고 있다. 특히 경유를 하기 위해 잠시 들리게 되는 환승공항에서 무엇을 할지 고민할 수밖에 없는데, 이곳에서는 예외일 수밖에 없다.

그림 2-2 | 스키폴공항 전경

「**스키폴 국제공항**」의 '고객에 다가서기' 전략에 따른 공항 구성을 살펴보자. 먼저 눈에 띄는 것은 장거리 여행으로 심신이 지친 여행객을 위해 마련한 마사지와 스파 시설이다. 특히 공항이용자나 환승고객은 공항내에 있는 숙소인 'Yotel'과 'Mercure Hotel'에서 공간을 빌려 샤워를 할 수 있는 장소가 마련되어 있고, 어린이나 아이를 동반한 고객을 위해 'Babycare lounge'에는 총 7개의 침대가 마련되어 있어 아기를 목욕시키고, 먹이거나 심지어 아기를 재울 수 있는 개인 공간이 제공된다. 이때는 부모들도 베이비 케어 라운지에서 휴식을 취하실 수 있게 된다. 그리고 공항 어디에서든지 무선인터넷 사용도 가능하다.

다음, 「**스키폴 공항**」의 특별함은 29개국 언어로 준비된 세계 최초의 공항 도서관으로 입증된다. 2010년 7월에 개장한 공항 도서관에서는 책뿐만 아니라 누구나 이용할 수 있는 아이패드를 구비하여 영화나 음악도 감상할 수 있다. 24시간 운영되고 있는데, 여기에서는 책을 읽고 음악을 듣고, 책을 디지털 장치로 다운로드하여 여행 중에 읽을 수도 있다. 그리고 지역성을 가미해 네덜란드 문화와 문학에 대해 더 많은 것을 배울 수 있는 흥미로운 방법 등도 제공된다.

문화적인 요소로도 공항내 각종 디자인에 국가전통요소를 도입하였다는 특징을 갖는다. 그리고 곳곳에서 환경조형예술품을 쉽게 접할 수 있어서, 공항 이용객은 환경조형예술품에 앉아서 쉬기도 하며 랜드마크 역할을 하여 '장소성 개념'을 도입하여 쉽고 편리하게 인지하고 이용하게 한다.

여기에서 그치는 것이 아니다. 전 세계 주요 항공사를 1년에 1회 이상 방문하여 항공사의 운항에 관한 의사결정을 돕는 정보를 제공하고 공항을 홍보한다. 공항이용객의 40%에 달하는 환승여객 유치에 중점을 두고 환승여객이 많은 항공기는 우선적으로 터미널 중간에 배치하는 등의 편의를 제공하고 있다. 또한, 네트워크 전략을 도입하여 KLM 및 제휴 항공사에 의한 허브 노선망을 구성하고 공항지역을 비즈니스 센터화하여 유럽의 허브공항으로 성장하였다.

이밖에도 「**스키폴 공항**」에서는 암스테르담 국립 박물관의 분섬인 '레이크스 박물관 Reijks museum'을 부속 건물로 보유하고 있다. 공항이용객은 무료로 이용할 수 있으며, 상설전에서는 네덜란드의 유명한 화가들의 작품 10점이 전시되어 있어 '램브란트'와 '반 고흐'의 작품을 만날 수 있다. 임시 전시회는 1 년에 몇 번씩 바뀌어 진행되고, 기념품은 박물관 상점에서 구입할 수도 있다. 현재는 2017년 새로운 자리에서 오픈을 준비하고 있다. 여기에 종교인들의 종교활동을 위한 예배를 드리는 명상센터인 'Mediation center', 그리고 '카지노'까지 공항 안에 자리하고 있다. 그 결과는 예술, 종교, 도박이 한 공간에 있는 곳, 「**스키폴 국제공항**」의 모습[2)]인 것이다.

이 밖에도 일반공항에 비해 훨씬 많은 다양한 레스토랑과 바가 마련되어 있어 여유로운 휴식이 가능하다. 와인바, 레스토랑, 디저트 숍에서 심지어는 채소나 과일 등 신선한 계절 제품을 파는 'Harvest Market'까지 있어서 시리얼, 우유, 꿀 과일 및 주스 등으로 식사를 즐길 수 있다. 이쯤 되면, 우리로 따지는 백화점에 들어선 푸드코트같은 공간으로 여겨질 정도이다.

---

2) 2016년 12월 31일 현재는 공항 시설의 재배치를 위해 도서관과 레이크스 박물관, 그리고 네덜란드 지역색을 반영한 "Holland Boulevard"는 재오픈을 준비하고 있는 상태이다.

▌그림 2-3 | 공항내 빵집 (©스키폴 공항 www.schiphol.nl)

편리함과 기능적 시설 배치라는 철저한 '고객 다가서기 전략'으로 접근하여 영국의 유력 여행잡지인 'Business Traveller'지가 독자들을 상대로 실시한 연례 공항 여론조사에서 1980년 이후 21차례나 '유럽최고수준의 공항'으로 선정됐을 뿐 아니라 'AFSCA The Asian Freight & Supply Chain Awards'에서 2003년 유럽 최우수공항으로 선정되는 등 세계최고 수준의 공항으로 명성을 보유하고 있다. 이처럼 「**스키폴 공항**」이 세계최고 수준의 공항으로 자리잡은 데에는 공항이용자들이 공항내에서 편안하게 비즈니스를 볼 수 있으며, 시간을 보내는데 어색함이 없도록 철저히 고객의 입장에서 설계됐다는 데 더욱 큰 의의를 둘 수 있다. 특히 세계적인 공항으로서 가장 높게 평가받고 있는 점은 고객의 입장에서 편히 이용할 수 있는 시설의 편의성에서 기인한다. 각 터미널을 포함한 각종 편의시설이 한 지붕 아래 구축되고 각 시설들이 섹션별로 분류, 배치됨으로써 공항 이용자들이 얼마나 쉽고 편리하게 활용할 수 있는가에 초점이 맞추어져 있다. 즉, 비행기를 갈아타기 위해 장시간 대기자들에게는 각종 쉴 수 있는 시설이 운집해 있는 '휴게장소'로, 음료 및 차를 마시고 싶은 사람은 '카페'로, 샤워나 사우나가 필요한 사람은 '사우나'로, 기도 및 명상을 희망하는 사람들은 '기도실'로, 간단한 도박을 원하는 사람은 '카지노'로 쉽게 갈 수 있도록 최적 배치하였고, 인터넷을 하고 싶으면, 어디서든 인터넷을 사용할 수 있는 철저한 고객중심의 입장에서 공항시설을 배치하여 사용하기 편리한 "복합문화공간"으로 자리한 것이다.

덴마크 코펜하겐 공항

같은 북유럽의 덴마크 「**코펜하겐 공항**」은 환승통로에 미술관이 있다. 덴마크를 환승하는 공항 이용객은 덴마크의 이미지를 각인시킬 수 있는 장점과 덴마크를 환승하면서 자연스럽게 미술관을 이용하게 된다. 한쪽 벽을 따라 크고 작은 작품들이 나란히 걸려 있다. 이처럼 환승하는 공항 이용객은 전시관을 찾아가지 않아도 덴마크의 디자인요소를 느낄 수 있다.

「**코펜하겐 공항**」은 특히 환경조형예술품이 돋보이는 공항으로서, 공항 측에서 예술작가를 위해 전시공간을 제공하여 작품을 전시하여 공항 내부 곳곳에 환경조형예술품을 볼 수 있다. 이는 공항 측에서 예술작가를 위해 전시공간을 제공하면 작가들은 작품전시를 하는 프로그램으로, 공항이용객들은 코펜하겐의 디자인적 이미지를 볼 기회가 된다. 또한, 유명한 동화작가 작품의 캐릭터를 표출시켜 캐릭터 조형물을 표현하여 국가 내 아이덴티티를 표현한다.

▌그림 2-4 | 코펜하겐 공항의 아이콘, 여성동상 (ⓒ코펜하겐공항)

제 3터미널 2층 복도에는 그림처럼 난간에 팔을 기대고 1층 풍경을 내려보는 여성의 뒷모습을 형상화한 이미 유명해진 조형물이 있다. 이 환경조형예술품은 「**코펜하겐 공항**」의 아이콘으로 '랜드마크' 역할을 한다.

공간구성에서 그냥 버리는 공간이 없다. 터미널 벽을 광고판이나 포스터 대신 예술 작품으로 채워 여행자의 눈을 즐겁게 해준다. 탑승구로 향하는 복도에서 강렬한 색상의 디자인 작품을 만나거나 덴마크의 자랑인 '로열코펜하겐'의 타일 아트로 꾸며진 화장실 벽에서 유명 디자이너의 사인을 발견하는 감동은 무척 크다. 거기에다 벽에 붙은 타일들은 모두 하나하나 손으로 직접 색을 칠해 구운 것이다.

「**코펜하겐 국제공항**」은 여기에 더해 원목 마루와 부드러운 조명을 통해 무척이나 따뜻하고 안락한 분위기를 선사한다. 공항 곳곳에 미니멀하고 아름다운 디자인 조명을 배치한 것도 공항의 이국적 분위기 조성에 한 몫을 한다.

그림 2-5 | 코펜하겐 공항 내부 (ⓒ 코펜하겐공항)

공항 재활용사례: 베를린의 템펠호프 공항

다음은 여행객들이 이용하던 공간을 시민들에게 돌려준 사례이다. 베를린의 「**템펠호프 공항** Tempelhofer」은 과거 독일을 대표하는 공항이었으나 2008년 공항이 폐쇄된 후 대규모 주택단지와 비즈니스시설로 재건축계획을 세웠다. 그러나 시민 투표를 거쳐 공항이었던 지역을 모든 시민이 자유롭게 이용할 수 있도록 '공원'으로 남기기로 결정하였다. 우리 주변에서는 보기 힘든 모습이다. 기존 공항의 모습을 그대로 유지하면서 공원으로 조성해 사이클, 조깅, 정원가꾸기, 피크닉, 미니골프, 산책 등 시민들의 여가장소로 활용되고 있다. 현재 기존 공항의 건물과 시설물과 함께 비행기 활주로 등도 그대로 남긴 상태에서 운영되고 있는 사례이다.

넓게 펼쳐진 베를린에는 버려진 공업용 건물과 버려진 공간들이 많다. 오래 전부터 베를린 사람들은 낡은 발전소를 회원제 나이트클럽으로 바꾼다든가, 버려진 건물을 미술관으로 쓰는 등 이런 공간들을 다양하게 재활용한 사례가 많은 곳이다. 시에서 돈을 댄 재활용 프로젝트 중 가장 성공적이었던 것으로 「**템펠호프 공항**」을 꼽는다.

역사적으로 1934년에 나치가 「템펠호프 공항」을 확장해 거대한 환승 공항으로 만들었다. 그리고 무수한 활주로와 격납고 사이에는 아주 넓은 빈 공간이 있다. 2010년에 베를린은 템펠호프를 시민들이 모일 수 있는 거대한 공원으로 바꾸어 현재는 「**템펠호퍼 펠드** Temelhofer feld」로 재개장한 것이다. 기존 자원을 활용하여 지역의 특색과 잠재력, 요구사항을 발견한 사례인 것이다.

재구성의 특징을 살펴보면, 건물 내를 작업장이나 이벤트 장소로 만들어서 시민들의 공간으로 돌려주었다. 한때 전쟁 목적으로 사용되던 공항을 사회적 가치를 위한 곳으로 활용하게 된 것이다. 여기에는 공항이었던 역사를 반영하여 "히스토리 트레일"을 설치하여 역사적인 흐름을 그림을 첨부하여 기념하고 있다. 그런데 다시 시민들에게 돌아온 템펠호프 공원은 화려한 공원이 아니다. 몇몇 추가

그림 2-6 | 템펠호프 공항의 활용

된 시설 외에는 기존 공항 그대로 특별한 디자인 없이 공원으로 돌아온 것이다. 그러나 시민들은 돌려받았다는 사실 하나만으로도 다양한 방식으로 스스로 이 공원을 즐기고 있다. 즉, 화려한 시설이 없이도 얼마든지 이용자가 행복한 시설이 될 수 있다는 점을 보여주는 사례이다.

그림 2-7 | 템펠호퍼 공항의 시대별 기념물/히스토리 트레일 (©gruen-berlin.de/en/tempelhofer-feld)

그리고도 「**템펠호퍼 펠드**」는 시설의 계획과 운영에 있어 본받을만한 특징을 보유하고 있다. 즉, 현장이 사용되고 운영되는 동안 계획이 계속된다는 입장으로 시설을 만들고 나면, 이후 운영에는 책임을 지지하는 사례들에게 경종을 울려주고 있는 것이다.

일본 하네다 공항

일본 「**하네다 공항**」은 서울의 김포공항처럼 도심에 있는 국제공항이다. 「**하네다 공항**」에는 테마가 있는 3개의 터미널이 있다. 제1터미널과 제2터미널은 국내선으로서 주로 일본인들이 좋아하는 브랜드의 음식점과 잡화점들이 입점해 있다. 특히 2층에 있는 'Market Place'는 동경시내의 신주쿠나 긴자까지 가야만 만날 수 있는 명품브랜드와 일본 식당들이 모여있다. 국제선 터미널 4층에는 에도시대의 마을을 모티브로 한 붉은 상업지구로 에도거리가 있는데, 흰색 천장과 일본의 유명 장인이 만들었다는 교각과 그림 등이 한데 어우러져 있다. 이 곳에는 일식과 한식, 양식 등 다양한 식당이 있어서 마치 다른 관광지에 온 것같은 기분이 든다. 방문객으로서는 하네다공항에서 일본 에도시대의 정취와 체험을 할 수 있다. 2010년 새로 단장한 국제터미널에는 최초 설계부터 "Made In JAPAN, Haneda Only One"컨셉이 완벽하게 적용되어 철저히 일본식으로 구성하였다.

그림 2-8 | 하네다공항 내의 터미널 내부 상점가 (ⓒ하네다공항/동경관광청)

이처럼 「하네다 공항」은 철저히 일본식으로 꾸며져 있는데도 중국인을 포함한 외국인들의 방문이 증가하고 있다. 그것은 '일본'하면 떠오르는 모든 문화적 놀이 요소가 터미널 곳곳에 녹아있기 때문이다. 즉, 일본의 특정지역에서 가야만 체험할 수 있는 먹거리, 입을 거리, 살 거리, 놀거리들이 하네다공항의 문화시설과 사계절 진행되는 프로그램에 녹아있어 일본을 좋아하는 세계인들의 발걸음을 재촉하게 한다[3]. 우리가 타산지석으로 삼아야 할 부분이 아닌가 싶다.

인천국제공항

최근에는 「인천국제공항」도 '인천공항에 놀러간다'라고 말이 어울릴 정도로 공항에 볼거리와 즐길거리가 많이 자리하고 있다. 2012년 11월에 조성된 여객터미널 4층의 '한국문화거리'에서는 편안한 분위기에서 비행기들이 있는 계류장을 바라볼 수 있으며, 특히 야간에는 계류장의 아름다운 조명 불빛이 장관을 이룬다. '한국문화거리'는 전통건축양식을 그대로 재현하여 전통미를 살렸고, 매일 국악 및 퓨전음악 공연과 '왕가의 산책' 전통 행렬을 진행하고 있다. 물론 이 부분에 공간 만들기와 프로그램 구성차원에서 개선의 여지는 많을 수밖에 없다.

편의시설로는 여객터미널과 탑승동에 '무료 샤워실'도 운영중에 있다. 여객터미널 동 · 서편에 하나씩 마련돼 있는 샤워실에는 각 7개의 샤워부스가, 탑승동에는 10개의 샤워부스가 설치돼 있다. 이 샤워실은 하루 평균 이용객이 280명일 정도로 인기라고 한다. 이용은 항공권 등을 제시한 환승객에게는 수건과 목욕용품 등 샤워키트 또한 무료로 제공하며, 출국승객은 1,000원을 내면 이용할 수 있다. 또 만3~8세의 자녀를 동반한 탑승객이라면, 여객터미널 곳곳에 마련된 어린이 놀이방을 이용하면 편리하다. 아이들을 위한 미끄럼틀 등 간단한 놀이기구가 마련돼 있다. 이 곳은 어린이의 안전상 보호자도 함께 동반해야 하며, 연중무휴 24시간

3) 공항,즐거운 놀이터가 되다, 하창호, AIRPORT FOCUS: 한국공항공사, 2016.11.12, pp.26~27.

운영 된다. 영아를 동반한 승객을 위한 젖병소독기를 비롯해 기저귀 갈이 대, 수유쿠션 등이 준비된 유아휴게실 겸 수유실도 연중무휴 24시간 운영 중에 있다.

기타 건강을 위한 편의시설로 공항터미널 내에는 '인하대병원 공항의료센터'가 자리하고 있다. 치과진료부터 물리치료, 내과치료까지 가능하다. 해외여행객을 위한 성인예방접종도 실시한다. 평일진료는 아침 8시 30분부터 오후 5시 30분까지 이용가능하며, 응급실은 연중무휴 24시간 운영된다. 출국 이후 병원을 이용해야 할 경우 국제적으로 공인된 의학적 소견서도 발급해 주는 등 편의성을 높이고 있다. 이용객이 심야 항공편으로 출국하기 위해 밤늦게 인천공항에 도착했을 경우 출국시간 전까지 쪽잠을 잘 필요가 없다. 지하 1층에 24시간 운영되는 '사우나'가 있는 것이다. 피로를 풀 수 있는 마사지도 할 수 있고, 외투보관도 가능하다. 가까운 헤어숍에 들러 편하게 헤어스타일링 뿐 아니라 머리와 손톱, 피부관리도 받을 수 있는 그야말로 다양한 편의시설들이 자리잡고 있다.

이와 같이 이미 다양한 문화공간이 융합된 장소로 거듭나고 있는 공항은 최근 주목받고 있는 요소가 있다. 바로 "환승객 문제"이다. 특히 전 세계가 연결되고 항로가 많아지면서 기하급수적으로 늘어나는 환승객은 대응여하에 따라 공항을 살릴 수 있는 기회요인으로 자리잡아 각 공항에서는 이에 대한 대비책을 세우고 있다. 환승객이란 항공기가 최종 목적지까지 직접 운항하지 않기 때문에 중간지점에서 다른 비행기를 이용하여 최종 목적지까지 가는 승객을 의미한다. 인천국제공항 기준으로 2013년 686만 명의 환승객이 발생했다. 이미 적극적으로 나서는 공항은 환승객을 적극적으로 유치해서 관광수지 전환에 큰 효과를 보고 있다.

또한, 앞에서 살펴볼 사례들에서 볼 수 있듯이, 최근 공항업계에는 문화공항, 컬쳐포트 Cultureport라는 용어가 자리잡고 있다. '문화'와 '공항'의 합성어 Culture+Airport로, 공항이 여객들에게 문화를 활용하여 다양한 문화 행사 관련 볼거리와 즐길거리를 제공하는 것을 말한다. 공항은 이제 오고 가는 곳을 넘어서 그 이상의 공간적 의미가 요구된다. 이제는 더 이상 항공수송만을 위한 공간에서 벗어나 지역 관광의 출발점에서 다양한 사람들이 한데 모여 문화와 감성을 향유할 수 있는 공간 가치가 요구되는 것이다. 이에 대해 김포공항을 비롯 김해공항과 제주공항 등 국내 공항들도 다양한 문화공연과 쇼, 이벤트들이 정기적으로 개최하는 등 적극적인 대응에 나서고 있어서 의미있는 움직임으로 볼 수 있다. 그러나 이러한 행위들이 장기적으로 운영되기 위해서는 공항이용객들이 원하는 프로그램 위주로 소통이 이루어져야만 한다. 그리고 과거 환송과 환영의 관문에서 나아가 특히 시공간의 차이를 넘나드는 극적인 공간 변화를 경험할 수 있는 곳이 공항이라는 점에서 방문객에게 강렬한 인상을 심어주기에 유리한 장소이며, 입국과정의 루트는 그 나라를 알리고 시억을 알리기에 최적의 시간과 공간이라는 점을 다시 한번 인지해야 할 것이다.

2. 철도역

접근성 개선으로 「개더링 플레이스(Gathering Place)가 되다」

1899년 11월 12일. 서울역전에서 벌어진 경인철도 개통식에서 미국 공사 알렌Allen은 "열차는 귀족이라도 시간이 늦은 사람은 기다리지 않고, 하인이 요청을 해도 늑장을 부리지 않는다."고 말했다. 이로써 기차는 조선인에게 평등의식으로서 출생과 신분의 벽을 허물었고, 정시에 출발하는 운행스케쥴은 스스로 시간을 엄수해야하는 까닭에 농경민적 시민감각을 근대적 인식으로 바꾸었다. 이는 대표적인 창조경제의 구현이라고 볼 수 있다.

이처럼 국민의 생활습관을 바꿔놓았던 기차가 멈추고 출발하는 철도역은 항상 사람들로 붐비는 공간이었으나 자동차 중심의 생활이 되자, 이용률은 떨어지고, 폐선들이 생기고, 역들은 쇠락하기 시작하였다. 그에 따라 기차역 주변까지 쇠퇴하여 지하철역을 제외한 철도역들은 낙후 이미지를 갖게 되었다.

한편, 최근 들어 친환경 교통수단으로서의 장점으로 철도는 다시 각광을 받기 시작하고 있다. 특히 KTX의 개통으로 인해 이용객이 늘면서 기차를 타는 교통시설이었던 과거의 「**철도역사**」가 이제는 복합 환승시설로, 녹색교통의 허브로 변화되고 있다. 따라서 「**철도역사**」는 단순한 지역의 교통결절점으로서의 역할을 벗어나 새로운 역할이 필요하게 되었다.

이러한 점에서 철도문화가 발달된 일본의 철도역사 사례는 향후 철도역의 변화를 가늠할 수 있는 지표가 될 수 있다. 국내와 비교할 때, 일본 「**철도역사**」가 갖는 가장 큰 차이점은, 「**철도역사**駅舎」가 대중교통의 핵심으로서 시민들이 모일 수밖에 없는 생활의 중심장소로 자리잡고 있다는 것이다. 일본의 경우, 동경 역은 "역駅에서 문화의 발산", 우에노역은 "역駅에서 도시의 생활가로 형성", 나가노

역은 "21세기에 어울리는 비즈니스 환경을 제공"이라는 슬로건으로 역 駅을 건축하고 기능을 정립하고 있다. 그 결과, 보행자 중심의 역세권 환경을 조성하고 사람을 끌어 모으는 것이 가능하도록 건축되어 운영되고 있다.

구체적으로 일본의 역사도시인 교토에 있는 「교토역」 사진1은 단순한 교통터미널로서의 기능만이 아닌 다양한 기능을 풍부하게 배치하여, 교토의 새로운 중심지로 만들어낸 건축물이다. 일본의 대표적인 건축가 중 한 사람인, Hiroshi Hara가 설계하였으며, 거대한 보이드 Void 공간에 상가, 호텔, 문화시설 등 다양한 도시기능이 자리잡고 있다. 「교토역」은 일본의 역사적인 도시인 교토라는 도시와 어울리지 않는다는 평가속에서도 교토 시민들과 관광객이 함께 쓸 수 있는 문화공간으로서의 새로운 중심시를 교토에 만들어 낸 것으로 호평을 받고 있다.

그림 2-9 | 교토역 내부 모습 (ⓒJune)

그림 2-10 | 교토역 내부와 옥상공원 (©June)

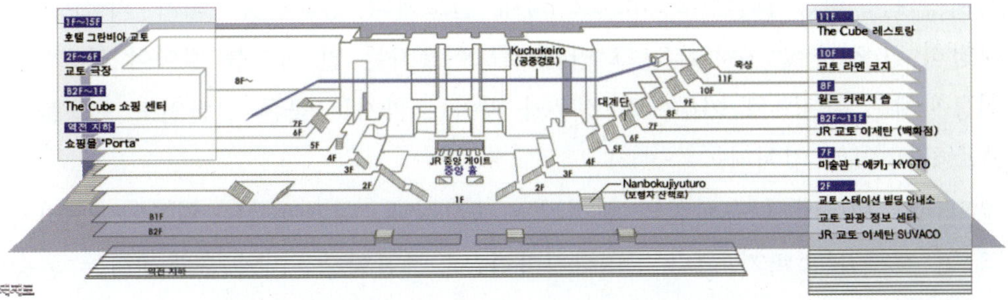

그림 2-11 | 교토역의 시설구성도 (©교토역)

한편으로는 건축계의 노벨상이라 불리는 '프리츠커상'을 수상한 여성건축가인 '카즈요 세지마 Kazuyo Sejima'가 설계한 일본의 「히타치역」은 철도역사를 더 이상 기능에만 충실한 건물이 아니라, 지역사회에서의 역할에 대해서 해답을 제시해주고 있다. 설계자인 '카즈요 세지마'는 지역주민들에게 역사 駅舎란 평상시에 도서관과 같이 머물고, 동네 카페에 가듯이 잠깐 들리고, 때론 미술관처럼 작품감상을 하는 역사가 될 수 있도록 설계하였다. 그 결과, '히타치시' 시민들이 긍지로 여기는 쉬어가는 역 駅으로 자리잡았다. 역의 창문안에는 넓고 아름다운 태평양 바닷가가 담아져 역 駅이 더 이상 교통의 중심지가 아닌 생활의 중심지이자 지역사회의 중심지라는 개념을 만들어낸 것이다. 이같이 「교토역」과 「히타치역」 사례처럼 철도역은 이미 단순한 교통결절점으로서의 역할을 넘어서는 공간이 되고 있는 것이다.

교통수단으로서 기차는 고객을 직접적으로 집 앞에 데려다줄 수 없는, 일명, Door to Door방식의 수단이 아니다. 따라서 다른 교통시설로의 환승이 필요하다. 그런데 환승의 어려움은 기차를 이용하기 어렵게 만드는 대표적인 요인이 된다. 이 같은 환승의 어려움은 물리적인 거리로 쉽게 비교할 수 있다. 일본 철도역의 평균 환승거리는 91.2m, 홍콩 철도역의 평균 환승거리는 73.3m, 싱가포르 철도역의 평균 환승거리는 87.7m이다. 반면, 국내 대전역의 환승거리는 253m,

서대전역의 환승거리는 271m으로 국내 철도역의 평균환승거리가 외국에 비해 상당히 긴 것을 알 수 있다. 그 만큼 철도이용자는 먼 거리를 걸어야 하고, 수직 이동시에는 계단으로 이루어진 경우가 많아 노약자는 물론 일반인도 보행불편을 호소하고 있는 것이다.

그러한 면에서 환승시설의 편리성도 중요한데, 여기에서는 일본의 「JR하카다역」이 시사하는 바가 크다. 「JR하카다역」의 복합환승센터와 교통센터는 환승의 편리성을 보여주는 좋은 사례이다. 복합환승센터는 역 중앙출입구에 위치하여 택시와 버스의 환승이 쉽도록 설계되어있다. 또한, 1층에서 계단을 통하여 지하철과 바로 연결되고, 주요지역과 연결되는 버스정류장이 있는 하카다교통센터가 2층에서 연결통로가 마련되어 횡단보도 건널 필요 없이 바로 연결되어 환승의 편리함을 도모하고 있다. 특히, 교통센터는 민관합동개발방식인 제3섹터 JR, 니시테츠

그림 2-12 | 역사(우측 건물)와 붙어있는 하카다역앞 환승센터와 교통센터 (ⓒJune)

버스, 후쿠오카시청이 출자인 (주)후쿠오카 교통센터의 소유로 단일 통합건물로 운영되고 있다. 1층은 시내버스 승강장, 2층은 고속버스 하차장, 3층은 고속버스 승차장으로 이용하며 4-9층과 지하1층은 임대점포로 이루어져 있다. 그 결과, 철도역과 교통연계 현황으로 운영중인 각 철도노선과 버스, 택시, 자전거 등 타교통수단과의 평균 보행거리가 70m로 이용고객 연계환승의 편의를 도모하고 각 이동 동선이 매우 효율적으로 운영되고 있는 것이다.

철도역 이용의 또 다른 장벽은 역으로의 접근이 어렵다는 것이다. 일반적으로 상업시설은 접근이 쉬운 "로드샵"형태가 선호되고, 가격도 건물내에 있는 상가와는 차이가 크다. 그렇다면, 철도역도 사람들의 접근성이 용이해야 한다는 점에서 도로에서 인도로, 인도에서 곧 바로 건물 내로 들어갈 수 있어야 할 것이다. 그러나 보통 철도역은 커다란 장애물이 있다. 기차가 다니는 철로로 인해 역의 전면과 후면은 구분되고, 철로를 넘기 위해서는 계단과 에스컬레이터 등 수직적 형태의 연결로 필요하게 된다는 점이다. 그로 인한 상권분리, 생활분리 등의 문제는 철도역 중심의 발전을 저해하는 결정적 원인이 된다.

대표적인 철도역 중의 하나이자 KTX호남선의 출발지인 「**용산역**」은 이같은 철도역의 문제점을 보여주고 있는 사례이다. 「**용산역**」 앞에 서면 어마한 높이의 계단과 에스컬레이터가 이용객을 막아서고 있다 사진. 그리고 역 반대쪽으로의 이동은 아예 미로속을 헤매다가 먼 길을 돌아 역 뒷쪽으로 나갈 수 있어서 역을 기준으로 전면과 후면이 완전히 분리되어 있다. 그 결과, 철도이용객은 역 밖으로 나와서 어디로 가야할지를 몰라 우왕좌왕하게 된다. 최근 호남선 KTX 개통으로 용산-광주간이 1시간 30분대로 반나절 생활권이 되었다고 하지만, 정작 철도이용객은 환승 교통편과 환승시설 미비로 역에 도착한 후에는 버스나 택시 등 대중교통을 이용하려면 짐을 들고 혼란의 시간을 갖게 되는 상황이다.

▌그림 2-13 | 용산역 전면 모습 (ⓒJune)

반면, 일본 철도역의 경우에는 주요특징이 인도와 차도의 동선이 분리되어 있고, 철도승강장을 주로 2층에 배치하였다. 보통 1층에는 도로를 중심으로 버스와 택시 승강장이 안쪽으로 들어와 같은 건물에 배치되고, 이용객은 자유롭게 역의 반대편 입구로 나갈 수 있다. 2층은 광장에서 연결되어 열차 매표소와 승강장으로 바로 연결되고, 3층에는 경전철이나 모노레일이 연결되어 있고 지하층에는 지하철이 각 노선으로 연결되어 있어서 기본적으로는 단일 건물에서 모든 교통수단이 존재하고 있다. 공간이 여의치 않을 경우, 앞에 언급된 「JR하카다」 환승센터같이 기존 역에 근접하여 버스와 지하철을 중심으로 하는 환승센터가 자리잡고 있다. 그 결과, 역의 이용객은 기차를 이용하지 않더라도 쉽게 역을 이용하고, 역에 자리잡은 다양한 시설들을 이용할 수 있게 된다.

그렇게만 된다면, 「철도역」의 공간 가치를 달라질 수밖에 없을 것이고, 「철도역」의 장점을 살려 "비고객 철도 비이용객이 고객 철도역 이용객이 되는" 도시의 사람들이 모이는 "개더링 스페이스 Gathering space"로 자리잡을 수 있을 것이다.

한편 「철도역」에 다양한 기능을 도입하여 단순한 교통시설에서 벗어나 업무, 상업, 주거, 문화, 여가 등의 시설이 자리잡은 사례도 많다. 「철도역」은 일반적으로 교통이 연계되고, 사람들이 집중된다는 점에서 복합시설들의 계획에 최적의 장소로 볼 수 있다. 예를 들어 싱가포르의 「센캉역: Sengkang station」은 지상부에 쇼핑센터와 버스정류장, 지하에 지하철, 2층에 LTR역사, 상층부에 주거시설이 있으며, 홍콩의 「홍함역:Hunghom station」은 기존 역사를 없애고 역사위에 호텔과 업무시설, 주거시설이 배치되었다. 여기에 호텔과 아파트, 업무시설이 자리한 많은 일본의 역사들을 볼 때, 이미 철도 역사가 시민의 라이프스타일과 함께하는 장소로서, 그 지방을 대표하는 랜드마크로 자리 잡고 있음을 알 수 있다. 이같이 외국의 「철도역」은 철도이용을 위한 단순한 건축물이 아닌 국민생활 속의 복합생활공간으로 탈바꿈하고 있어서 단순한 교통공급시설물이 아닌 수요자중심으로 발전하고 있는 것이다. 이를 통해 새로운 산업이 등장하는 환경이 조성되고, 일자리까지 창출되는 선순환이 가능한 것이다.

프랑스에서도 사람들이 많이 오고가는 특성을 이용해 업무와 상업시설은 물론, 주거시설과 공원, 공공시설 등 주민 서비스 기능을 결합해 철도역이 가진 도시 혐오시설의 이미지를 과감히 개선한 사례로 프랑스 파리의 「몽파르나스역」이 있다.

프랑스 파리 남부의 「몽파르나스역」은 1895년 증기기관차가 브레이크를 멈추지 못해 역을 뚫고 추락했다는 아픈 역사를 가진 곳이다. 이 역은 1981년 재개발사업이 추진되면서 본격 개발됐다. 인공지반 조성사업과 복합건물 개발사업을 분리해 민·관 협력사업으로 추진되었다. 그 결과, 7만m^2의 업무시설과 1만

5,000m^{2}의 상업시설, 철로와 인공지반 사이에 주차장 700면을 갖추게 되었으며, 철도 상부의 인공지반 위에는 3만m^{2}에 달하는 공원과 광장이 넓게 펼쳐져 있다. 즉, 철도역사 위에 드넓게 펼쳐진 공원이 있어서 잔디밭 위로 10~20m에 달하는 조경수들과 어린이들이 뛰어놀고 있는 곳으로 어디에서도 아래가 철도역사임을 알기 어렵다. 이처럼 철도역은 접근성의 개선과 사람들이 모이는 장소의 속성을 이용하면 지역의 정체성과 문화가 집결되어 사람들이 모이는 "게더링스페이스 Gathering Space"로, 도시의 랜드마크로서의 역할을 하게 됨을 수많은 사례들이 잘 말해주고 있다.

이와 같은 흐름에 따라 뒤늦게나마 우리나라에서도 정부를 중심으로 환승시설의 개선과 환승거리 조정 등 철도역의 접근성 개선에 나서고 있다. 철도역 환승동선 개선사업으로 철도이용객이 버스, 택시, 승용차, 자전거 등을 통해 쉽고 편리하게 환승할 수 있도록 철도역 교통광장 등을 조성하는 등의 사업이 이루어지고 있다. 이에 미흡하나마 '12년, '13년 사업을 시행한 역의 경우 연평균 이용객 증가율은 6.45%에 이르러 철도이용율 상승에 기여하는 효과를 보여주고 있다. 그렇지만, 아직까지는 대중교통을 이용하여 목적지까지 편리하게 갈 수 있는 여건이 마련되지 않아 교통수단간 연계교통체계 구축이 미흡하다는 점과 철도역의 접근성 개선작업은 아직은 요원하다. 살펴본 사례들은 접근성 개선을 통한 철도역의 공간 창출이 국가와 지자체, 철도운영자가 연계된 사업진행이 요구되며, 그래야만 그 효과는 배가되고, 다시 창조공간이 될 수 있다는 점을 보여주고 있음을 국가와 지자체, 철도시설공단, 그리고 운영자인 코레일에서는 알아야할 것이다.

철도역, 지역을 알리는 공간/특성을 이용한 경제적 활동

「철도역」은 어느 지역에서나 상징적인 장소이다. 그런 면에서 서울역에 있는 시계탑도 한 때는 약속장소의 대명사로 쓰였던 뜻 깊은 장소였다. 기차를 이용하지 않더라도 철도역들은 많은 사람들의 약속장소로 이용되어 온 것이다. 철도역은 주요도시로 연결되는 철도망의 관문으로 사람과 화물의 흐름에 관련된 다양한 경제활동 숙박, 창고, 식당, 백화점, 회의실 등을 주변으로 끌어들이면서 지역개발 촉진역할을 했다.

그러나 도시 내 철도가 도시기능 단절, 소음 등의 부정적 요인과 자동차 중심의 교통으로 변화하여 교통위계상 철도비중이 상대적으로 악화되면서 철도역사의 상징성은 저하되었다. 그리하여 언제부터인가 「철도역」은 철도 이용할 때 외에는 가지 않는 장소가 된 것이다.

예전부터 「철도역」은 지역의 중심으로서 지방자치단체와는 뗄 수 없는 관계였다. 특히 지역을 알리고, 지방 산업을 알려야 하는 지자체입장에서는 철도역사가 놓칠 수 없는 매력적인 공간이라는 점에서 지방자치단체의 철도역사에 대한 관리 및 운영이 필요하다. 그러나 우리나라에서 철도역과 지방자치단체의 관계는 다른 방향으로 진행되어왔다. 철도역의 운영은 한국철도공사가, 그리고 지자체는 인허가주체로서 관리의 입장에서만 접근되고 있었던 것이다. 그나마 최근 일부 지자체가 철도역에 대한 인식을 달리하여 적극적으로 나서고 있다는 점은 고무적인 일이다.

그런 맥락에서 많은 일본의 철도 역사처럼 지방자치단체와 철도운영기관은 서로 협업하여 철도 역사를 지역을 알리는 "어메니티시설"로 구성하고 운영할 필요가 있으며, 이 때 그 시설의 운영은 지자체에서 맡는 것도 시설활성화를 위해 좋을 수 있다. 이에 따른 고객의 증가는 철도운영기관에게는 덤이 될 수 있을 것이다. 특히 유명 대학교의 교육시설과 학원 관련시설의 일부를 유치하고 유명 병원의 진료소 등을 역사 내에 유치한다면, 다양한 효과를 창출할 수도 있으며, 이에 더해 온 전국에 유사한 콘셉트가 도입되면 더 큰 집객요인으로 자리 잡을 수 있을 것이다. 또한, 지역의 독특한 자원을 활용해 지역민들이 비즈니스원리를 도입하여 기업으로 운영하게되는 "커뮤니티 비즈니스"도 철도역이 지역의 출발점과 집결점이라는 특성을 활용하여 최적의 장소로 활용할 수 있을 것이다. 또한, 최근 전 세계적으로 확산되기 시작한 지역에서 생산된 먹을거리를 지역에서 소비하자는 '로컬 푸드 운동 local food movement'도 활용할 수 있다. 이는 생산지에서 소비지까지의 거리를 최대한 줄여 비교적 좁은 지역을 단위로 하는 농식품 수급 체계로서 이를 통해 먹을거리의 안전성을 확보하고 환경적 부담을 경감시키며, 나아가 생산자와 소비자 간의 사회적 거리를 줄여 공동체를 만들려는 노력이다. 전 세계적으로 확산되어가는 향후 예상되는 "로컬 푸드"운동의 가능성과 확장성은 그 산업의 집결지와 거래장소로 가장 빨리 접근할 수 있는 장소로서 철도역사만이 제 기능을 할 수 있을 것이다. 또한 「**철도역**」은 공간확장성과 자연스러운 관객의 유도가 가능하여 예술가 창작공간 상설운영이나 예술가들을 위한 무대로 활용되어 예술적 차원의 산업창출이 가능할 것이다.

동경의 하라주쿠역 주변은 세계적인 "코스프레 Costume play"거리이다. 하라주쿠역 우측에 있는 진구바시에는 매주 코스어들이 모여 각각의 치장을 하고 나와서 서로를 자랑하는 시간을 갖는다. 이 장소는 이미 세계적인 관광장소로 자리 잡아 전 세계에서 참여자들이 몰려오고 있고, 마니아들의 집결에 따라 코스프레 전문 상가가 형성되어 신산업이 창조되는 대표적인 사례로 볼 수 있다. 청소년들이 비용과 시간제한 없이 자연스럽게 하고 싶은 일을 즐길 수 있는 장소의 제공을 통해서 청소년들도 철도역사에 철도이용 목적이 아니라도 찾아올 수 있게 할 수 있는 것이다. 이는 국내에서도 얼마든지 「**철도역**」의 장소성을 이용하여 신산업을 창출할 수 있다는 것을 의미한다.

▌그림 2-14 | 하라주쿠역 앞 모습 (ⓒ Dick Thomas Johnson)

▌그림 2-15 | 神宮橋(진구바시)에서의 코스프레 모습(ⓒblog.livedoor.jp)

구체적으로 「철도역」 개선방안을 공간적 차원의 접근으로 시도해본다.

먼저, 교통차원에서 본다면, 앞에서도 다루었던 환승문제이다. 환승의 불편함 때문에 기차이용을 꺼리게 되고, 해외대비 2배 이상의 시간이 소요되는 환승시간의 문제로 이의 축소와 편의성 개선을 위해서는 환승시설의 개선이 필요하게 된다. 이 때, 해외사례에서 보듯이 환승은 수평이동을 기본으로, 수직이동시에도 다양하고 편리한 환승통로 설치, 동선의 편의성 제공, 그리고 환승시설 역시 나고야역 등과 같이 역사에 인접하거나 내부 설치 등을 위주로 할 필요가 있다. 다음으로 철도역의 편리성을 활용한 공연장 운영도 고려할 만하다. 서울역의 경우, 현재 인천공항 도착 후 서울역까지는 직통으로 43분, 일반열차도 50분 정도 소요된다. 즉, 일본과 중국 등 해외관광객들이 별도의 교통시설 보조 없이 자국에서 출발하여 도착 후 1시간이면, 서울역에 도착할 수 있다. 그러나 현재 서울지역의 대형 공연장인 잠실종합운동장, 올림픽 경기장, 한남동의 "블루 스퀘어"는 대중교통으로 서울역에 오는 것보다 최소 1시간에서 2시간 이상 추가로 소요되어 당일 입국, 당일 출국이 어렵다. 따라서 철도시설의 이용 확대로 열차이용객, 관광 상품 등이 한 번에 증가되는 효과를 볼 수 있다.

또한, 주차시설의 확보를 통한 자동차를 역사에 두고 타 도시로 다녀오는 방식이 자연스럽게 이루어져야 한다. 일본의 야마가타 신간선 "신조역"의 경우는 "1,000대 수용의 주차장"을 구비하여 무료로 이용할 수 있다. 이는 철도회사만이 아닌 지자체에서도 출자를 통해서 용지를 확보한 것이다. 이를 통해 역에 자동차로 와서 사람을 만나고, 회의를 하고, 업무를 보고 돌아가는 시스템이 완성된 것이다. 철도역과 산업시설의 만남도 대안이 될 수 있다, 철도역사에 지식산업센터가 공존한다면, 많은 물류비용과 교통비용을 절감하는 새로운 제4세대의 지식산업센터가 가능할 것이다. 최근의 '지식산업센터'가 IT중심의 화물 상하차가 필요 없는 산업이 위주인 점에서 철도역과 지식산업센터의 결합은 최근 경향에 가장 적절한 형태가 될 수 있다. 예를 들면, 광명역세권이나 수색역세권 개발 등에 활용할 수 있을 것이다. 이는 지식산업센터 근무자를 통해서 교통수요가 창출되며, 지하철 택배처럼 「**철도역**」을 중심으로 교통비용을 줄일 수 있다는 점에서, 도시계획시설로 철도시설과 광장 등으로 묶인 「**철도역**」에 대한 법률상 완화를 통해 사회적 비용을 줄일 수 있는 새로운 산업으로 작용할 수 있을 것이다.

다음으로 건축적 측면에서 본다면, 도시계획 완화로 진행된 일본의 교토역사례에서 보듯이 교토역사는 높이 및 법률적용 완화로 사업성을 확보할 수 있었으며, 지자체는 계획의 완화적용으로 역사 내에 전체 5.4%정도의 공공시설을 확보하여 도시민의 편의시설을 확보하였다는 점에서 이해할 수 있을 것이다. 따라서 역사와 도시계획 연계는 전향적 차원에서 접근해야 할 것이다. 어느 도시든 「철도역」이 지역의 랜드마크로서 건축적 시험장이라는 점에서 시켜볼 필요가 있다. 철도역사가 넓은 지붕과 장방형건물이라는 점에서 태양열 등 친환경에너지의 구현에 적합한 장소라는 점에서 친환경의 집결체가 될 수 있다. 그리고 갈수록 늘어나는 잦은 폭우와 기후 변화에 대비한 역사 설계가 이루어져야 한다. 즉, 연결통로의 차양막, 승강장의 비피해 대비와 날씨 변화에 의한 바닥마감재의 개선, 내구성의 증가 등 역사 내외부 시설의 개조를 통해 이용자의 편의가 향상될 수 있을 것이다. 한편, 철도역사는 불특정 다수의 이용자라는 점과 향후 증가될 수밖에 없는 "고령화"에 대비한 BF Barrier Free: 무장애의 대표적인 건물이 되어야 하며, 이를 통한 미래고객의 확보와 관련기술의 집약처로 자리 잡아 관련 산업이 자리 잡을 수 있을 것이다. 다음으로 기술적으로 역에서 플랫폼이 사라지고, 국지적 연결트램으로 교체하여 접근하는 열차에 접근하여 승객들이 정지하지 않고 열차의 승하차가 가능한 무빙플랫폼콘셉트 등에 대한 대비를 통해 기차의 가장 큰 약점인 「도어-투-도어」방식이 구현된다는 점에서 전혀 다른 여행수요도 창출이 가능할 것으로 보인다.

다음 도시적 측면으로 본다면, 최근 「철도역」이 도시 및 지역사회의 중심시설이라는 점에서 「**철도역사**」는 도시의 랜드마크가 되어야 한다. 유럽이나 일본의 철도역사는 이미 지역의 문화를 선도하는 랜드마크다. 따라서 향후 신규건축시에는 랜드마크성을 강화할 필요가 있게된다. 여기에 높은 천정고와 많은 이용객, 한정된 실내공간, 넓은 벽면, 길게 연결된 동선이라는 철도역사의 특성을 이용한 천정을 활용한 레이저쇼와 이벤트 장소 등으로 궁극적으로 철도가 지향해야 하는 비고객을 고객화하는 방안에 접근하여 도시공간의 핵심시설로 자리 잡을 수 있을 것이다.

또한, 철도역앞 광장은 해외 철도역사에서는 철도역사 못지않게 중요한 장소로서 그 지역의 특색이 담긴 집결장소로 도시기능을 복합적으로 구현한 장소로 활용되고 있다. 반면, 국내의 철도역광장은 다양한 시설물로 인해 광장으로서의 기능을 하지 못하고 있으며, 각종 장애물과 운영상의 문제점, 특색 없는 광장으로 놓여있다. 그리고 광장은 도시의 특색을 담지도 못하고, 철도역과도 별다른 연계성도 갖지 못한다. 조잡한 택시승강장, 버스정류장, 세련되지 못하는 안내소 건물, 무분별하게 놓여진 시계탑이나 벤치, 어수선한 광고탑, 무계획적인 식재나무들이 광장의 여러 곳을 채우고 있어서 광장으로서 역할을 전혀 못하고 있다. 거기에 바닥은 울퉁불퉁하고 떼우다가 만 노면 등 많은 부분들이 비가 오면 물이 튀는 모습으로 관리기능 역시 미비하다. 따라서 기존 광장의 대대적인 정리 후 지역이 특색이 담긴 광장으로 활용할 필요가 있다.

이용자 중심의 환승시설 구축을 위해서는 다양한 연계교통수단 확충 및 서비스 고급화로 대중교통 중심의 친환경 비용절감형 교통을 실현할 수 있을 것이다. 선진국처럼 교통과 상업, 문화기능이 어우러진 고밀도 복합개발로 매력과 경쟁력을 갖춘 도시를 창조하고 먼 곳에서 모든 도시 서비스를 제공받는 one-stop living 도시공간을 창조하여 불필요한 자가용 승용차 이용을 줄여 도시 교통량을 감축할 수 있을 것이다.

「**스톡홀름 중앙역** Stockholm Central Station」은 매일 사람들의 이동에서 인체열을 하베스팅 하여 근처 사무실 건물의 난방의 25%를 제공하기도 한다. 또 많은 사람들

그림 2-16 | 스톡홀름 중앙역 (©wikimedia.org, by Arild Vagen)

이 운집한다는 점에서 보안의 중요성도 증대되어 첨단 보안장치관련 기술이 필요하다. 또한, 승객들에게 광고와 비디오벽에 디지털 인터액티브 사이니지 기술을 사용하고 있고, 점포내에 디스플레이벽 설치를 통해서 제품명세를 전시하고 고객들이 입맛에 맞게 터치하고 선택할 수 있다.

유동객이 많다는 「철도역」의 특성도 활용가능성을 높일 수 있다. 신기술은 사용경험의 축적이 중요하다는 점에서 많은 유동객은 신기술의 적용 인프라를 구축할 수 있게 해준다. 먼저 「철도역」은 높은 층고, 넓은 공간, 운영시간 최대, 접근 용이성에 더하여 많은 사람들이 드나드는 장소로서 IT기술의 구현과 이의 실현 장소로 적절하며, 특히 영상과 관련한 신사업 구현장소로 최적의 장소이다. 또한 창업아이디어의 구현시험장으로서도 활용할 수 있기 때문에 이러한 공간의 확보를 위해서는 철도 역사 증개축시 공공기여를 활용할 수 있을 것이다. 많은 유동객을 가진다는 차원에서 유동객을 활용한 신기술의 구현도 가능할 것이다. 예를 들어, 밟을수록 전기가 생산되는 압전발전기의 설치에 용이한 곳이 「철도역」이다. 압전발전기 위를 밟고 지나가기만 하면 그 압력으로 인해 전기에너지가 발생하는 것으로 많은 사람들이 밟으면 밟을수록 많은 에너지가 생산되기 때문에 지하철이나 도심 내 유동인구가 많은 곳에 보도블록처럼 설치해 둔다면 많은 에너지를 모을 수 있게 되는 것이다.

기차를 기다려야 하는 「철도역」에서는 남는 시간이 있다는 전제하에 얼마든지 가상쇼핑을 적용 · 구현할 수 있다. 따라서 철도역사는 대표적인 가상쇼핑공간이 될 수 있는 곳이다. 실제 '홈플러스'는 출퇴근 이동과 쇼핑을 변화시킬 모바일 접근기술의 가능성에 초점을 맞추고 2011년 8월에 서울의 지하철역에 최초의 버추얼 샵을 개장했고 그에 따른 매출증대로 효과를 입증하고 있으며, 중국에서도 상하이 도시철도역에 버추얼 슈퍼마켓이 개장되어 운전되고 있다. 공간의 성격상 '하나의 대형 공간'이라는 점에서 무선과 근거리통신관련 기술과 솔루션제작에 최적의 환경을 전해주는 곳이기는 하다. 예로서 무선충전기술과 전자지갑의 활용 테스트베드로 활용할 수 있는 것이다.

「철도역」은 대개 도시의 중심역할을 하고 그 앞에는 광장이 조성되어있다. 유럽의 대도시에 있는 철도역은 관광의 명소이자 시작점이다. 우리에게도 「철도역」은 도시의 중심축으로서의 역할과 지역을 대표하는, 자연스러운 광장으로서의 역할로 돌아가야 할 것이다.

3. 도시의 공원

어느 도시마다 시민들의 휴식공간으로 다양한 공원이 마련되어있다. 세계적으로 살펴보면, 뉴욕의 '센트럴 파크', 캐나다 밴쿠버의 '스탠리 파크', 영국 런던의 '하이드 파크' 등 도시를 넘어 국가를 대표하는 공원들이 있다. 그리고 눈을 국내로 돌리면, 서울의 '서울숲공원'이나 '선유도 공원', 부산의 '부산시민공원 하얄리아부대부지', 전남 순천의 순천만 생태공원 등 다양한 대규모의 공원들이 조성되어 있다. 여기에 더해 각 도시마다 조성되어 있는 시민공원이 있고, 건물사이사이 조성되어 있는 소규모의 쌈지공원까지 다양한 공원들이 조성되어 있다.

공원에는 근린공원이나 생활체육공간, 수변공간, 도시가 거리 등이 있고, 공공녹지로서 자연지 自然地나 또는 인공적으로 조성한 후생적 조경지가 있다. 이 때, 전자를 '자연공원', 후자를 「도시공원」이라고 한다. 또한 자연공원은 국립공원과 도립공원으로 분류한다. 국가 또는 지방자치단체가 자연풍경지 自然風景地를 보호하고 국민이나 주민의 보건휴양 및 정서생활의 향상에 기여할 목적으로 관리하는 것을 말한다.

공원의 역사로 본다면, 근대의 공원은 중세 이후 영국의 왕후 · 귀족이 소유 · 독점사용하던 수렵장이나 대규모 정원을 19세기 중반에 일반에게 공개한 것에서 비롯된다. 이 경향은 차차 유럽 전체로 확대되었다. 런던의 하이드파크 · 리젠트 파크, 파리의 부아 드 불로뉴 · 퐁텐블로, 빈의 프라터, 베를린의 티르가르텐 등이 그 예이다.

이는 산업혁명 이후의 악화된 도시환경을 살리기 위한 조치로서, 도시에서의 깨끗한 공기와 푸른 녹지의 중요성을 인식하게 된 결과라고 할 수 있다. 그 후로는 계획적으로 공원을 설치하여 도시의 시민에게 쾌적한 자연환경을 만들어 주고, 일상생활의 휴식을 취할 수 있도록 하였다.

뉴욕의 중앙에 있는 「센트럴파크」가 그 좋은 예인데, 340ha의 광대한 넓이로 조성되어 있다. 그 후 다른 여러 나라에서도 도시의 내부 또는 주변에 공원을 설치하게 되었고, 근대도시계획에 의한 공원계통이 확립된 것은 20세기에 들어와서의 일이다. 그리고 한국도 세계적인 공원조성 추세에 따라 공원법이 1967년도에 제정 시행됨으로써, 1967년 12월 29일자로 지리산 일대 438.92㎢를 국립공원으로 처음 지정 공고하여 2012년 지정된 무등산국립공원까지 모두 21곳이 국립공원으로 지정되어 있다.

여기에서는 도시를 살리는 차원에서 도시내에 조성되는 「도시공원」을 살펴보자. 일반적으로 '공원'은 국가나 지방 공공단체가 공중 公衆의 보건 · 휴양 · 놀이 등을 위하여 마련한 정원이나 유원지, 동산 등의 사회시설을 말하는데, 한국에서는 법적 근거에 따라 크게 자연공원과 도시공원으로 구분한다. 「도시공원」은 '국토의 계획 및 이용에 관한 법률'에 근거한 도시계획시설 가운데 하나이며, 그 세부 사항은 '도시공원 및 녹지 등에 관한 법률'에서 규정하고 있다. 「도시공원 city park, 都市公園」은 도시지역에서 도시자연경관을 보호하고 시민의 건강 · 휴양 및 정서생활을 향상시키는 데에 이바지하기 위하여 설치 또는 지정된 공원을 말한다.

「도시공원」은 그 기능 및 주제에 따라 크게 도시생활권의 기반이 되는 '생활권공원'과 생활권공원 외에 다양한 목적으로 설치하는 '주제공원'으로 구분한다.

먼저, 생활권공원은 ① 소공원(소규모 토지를 이용하여 도시민의 휴식 및 정서함양을 도모하기 위하여 설치하는 공원), ② 어린이공원(어린이의 보건 및 정서생활의 향상에 이바지하기 위하여 설치하는 공원), ③ 근린공원(근린거주자 또는 근린생활권으로 구성된 지역생활권 거주자의 보건 · 휴양 및 정서생활의 향상에 이바지하기 위하여 설치하는 공원)으로 나뉜다. 근린공원은 다시 근린생활권 근린공원, 도보권 근린공원, 도시지역권 근린공원, 광역권 근린공원으로 세분된다.

다음 주제공원은 ① 역사공원(도시의 역사적 장소나 시설물, 유적 · 유물 등을 활용하여 도시민의 휴식 · 교육을 목적으로 설치하는 공원), ② 문화공원(도시의 각종 문화적 특징을 활용하여 도시민의 휴식 · 교육을 목적으로 설치하는 공원), ③ 수변공원(도시의 하천가 · 호숫가 등 수변공간을 활용하여 도시민의 여가 · 휴식을 목적으로 설치하는 공원), ④ 묘지공원(묘지 이용자에게 휴식 등을 제공하기 위하여 일정한 구역에 '장사 등에 관한 법률' 2조7호에 따른 묘지와 공원시설을 혼합하여 설치하는 공원), ⑤ 체육공원(주로 운동경기나 야외활동 등 체육활동을 통하여 건전한 신체와 정신을 배양함을 목적으로 설치하는 공원), ⑥ 도시농업공원(도시민의 정서순화 및 공동체의식 함양을 위하여 도시농업을 주된 목적으로 설치하는 공원), ⑦ 그밖에 특별시 · 광역시 · 특별자치시 · 도 · 특별자치도 또는 인구 50만 이상 대도시의 조례로 정하는 공원으로 나뉘어 다양한 공원 종류가 있음을 알 수 있다. 따라서 우리가 할 일은 이에 마련된 제도들을 이용해서 공원의 역할을 어떻게 개선할 것인가 이다.

자연 그대로 도시에 자리잡은 밴쿠버 스탠리 파크 (Stanley Park)

「**스탠리 파크** Stanley Park」는 대도시에 있는 대표적 도시공원이다. 밴쿠버 다운타운의 서쪽 반도에 위치한 도시 공원으로 둘레가 약 10km, 면적이 1,000acre에 달하며 뉴욕의 센트럴 파크보다 규모가 크다. 북아메리카 대륙에서 손꼽히는 대공원으로 특유한 거목이 많고 수족관, 동물원도 갖추고 있다. 스탠리 공원 북쪽에는 라이온즈게이트교가 걸려 있어 아름다운 주택지가 숲 속에 산재하는 등 캐나다의 유려한 장면을 볼 수 있다.

1888년 당시의 총독인 스탠리 경의 이름을 따서 이름이 지어졌다. 도시 공원이지만 인공적으로 조성된 공원이 아닌 원시림 공원으로 숲으로 조금만 들어가면 원시림이 우거진 산책로를 볼 수 있다. 북미에서 세 번째로 큰 도시의 핵심 공원인 이 공원을 매년 방문하는 사람들은 800만 명으로 추산된다. 도심지에서 북서쪽으로 돌출한 곳에는 광대한 「**스탠리 파크**」가 있어 원시림의 면모를 엿볼 수 있다.

▌그림 2-17 | 스탠리 파크에서 시민들의 활동 (ⓒVancouver.ca)

1973년에 일반인에게 공개되었으며 태평양을 마주하고 있는 바다 산책로에서는 조깅이나 산책을 즐기는 사람들을 언제든지 볼 수 있다. 수족관, 미니어처 철도 같은 볼거리가 공원 곳곳에 흩어져 있다. 우리나라 장승과 비슷한 '토템폴Totem Pole'도 공원의 구경거리를 풍족하게 해준다.

워낙 규모가 크기 때문에 대부분의 방문자들은 공원 내에서 인라인스케이트나 자전거를 대여해서 돌아본다. 공원 한가운데를 가로질러 라이온스 게이트 다리가 노스 밴쿠버와 웨스트 밴쿠버를 잇고 있다. 공원 북쪽에는 프로스펙트 포인트라고 하는 절벽 전망대가 있다. 전망대 왼쪽으로는 바다와 섬의 장관이 펼쳐지고 오른쪽으로는 라이온스 게이트 다리가 보이는, 웨스트 밴쿠버의 풍경이 한눈에 보이는 뷰 포인트이다.

한편, 시민들이 많이 찾는 밴쿠버 수족관은 공원 내의 수족관이라고 믿기 어려울 만큼 대규모 수족관이다. 약 8,000여 종의 수생 생물과 어류를 관리하고 있으며 이들은 밴쿠버 주변 바다뿐 아니라 북극해와 아마존 정글 등 다양한 환경에서 채집된 것이다. '브리티시 컬럼비아'에 살던 원주민들의 토템 폴을 모아 놓은 토템 폴 공원도 볼거리 중 하나이다. 독수리, 까마귀, 고래 등을 거대한 토템 폴로 형상화한 화려한 설치물이 늘어선 광경이 자연과 조화를 이루고 있다. 토템 폴 모양은 동물 등 원주민이 숭배했던 것으로 만들었으며, 마을입구에 잡귀신을 없애는 의미가 담겨 있다고 한다. 원주민 관습과 우리 나라 장승문화가 비슷함을 느낄 수 있었다. 공원 입구에는 '로스트 라군'이라는 아름다운 호수가 있는데, 백조와 오리는 물론이고 너구리도 서식한다.

「**스탠리 파크**」는 자연환경이 그대로 공원이 된 사례로, 대도시에 이 같은 규모와 언제든지 자연과 함께 호흡할 수 있는 장소가 있다는 것만으로도 「**스탠리 파크**」를 가진 밴쿠버시민들의 자부심을 높여주는 대표적 사례이다. 물론 공원에 대한 자부심은 지속적인 환경관리까지 자연스럽게 불러온다.

그림 2-18 | 스탠리 파크내 미니기차와 토템폴 모습 (ⓒstanleyparkinfo.ca)

▍그림 2-19 | Bryant park전경과 상업시설 (ⓒ브라이언트 파크 www.bryantpark.org)

민간자본을 활용한 미국 뉴욕의 소규모 근린공원 브라이언트 파크 (Bryant Park)

한편 공원 조성에 민간자본을 활용한 경우로 뉴욕 맨하튼에 위치한 소규모 근린공원인 「Bryant Park」가 있다. 이 공원은 주변 개발사업과 연계하여 조성된 경우로 해당 개발사업자가 조성비용 부담 후 25년간 유지관리를 포함하여 자체 비용으로 운영하고 25년 후 시에 기부채납 예정인 경우[4]이다 B.O.T방식. 이 때, 운영자는 공원유지관리 비용 확보를 위해서 레스토랑, 카페, Food Kiosk 등 운영하고, 클래식 공연 등 다양한 이벤트를 진행한다. 단, 운영자의 일방적 운영을 조절하기 위해 공원내 수익시설의 유형과 운영방식은 담당 행정기관과 해당 지자체 소관 위원회의 심의 리뷰를 거쳐 결정하고, 시에서 운영관리 내용 등을 지속적으로 모니터링 하는 방식으로 관리하여 민간이 운영했을 때의 공공성을 적절히 관리할 수 있었던 사례이다. 이 밖에 수익시설 외에도 인터넷 와이파이 제공, 무료 음악회, 간이도서관, 탁구대 등을 설치, 운영하여 시민들이 다양한 활동을 할 수 있는 환경을 제공한 사례이다. 이 같은 방식은 공원을 조성하려는 지자체 입장에서 고려해 볼 만한 것이다.

---

4) B.O.T방식(Build-Operate-Transfer): 민간이 시설을 지어서 일정기간 운영한 후 소유권을 공공으로 이전하는 개발 방식

수익형 공원 일본 시가농업공원 꽃의 언덕

일본에는 독특한 방식의 「농업공원」이 있다. 시가현 滋賀県 가모군 蒲生郡 히노정 日野町에 부지면적 35ha, 개발구역 18.6ha로 1997년 개원한 「시가농업공원 꽃의 언덕 滋賀農業公園 ブルーメの丘」이다. 1990년 시가현이 새로운 공항을 히노정 日野町과 옛 가모정 蒲生町, 현 東近江市에 걸친 지역에 건설하기로 결정하자, 두 지역에서 공항 건설과 아울러 지역진흥책을 요망하여 그 중 하나로 농업공원 개발이 제시되었다. 농업공원의 착안은 시가현의 종축장이 히노정에 자리잡아 낙농 지역으로 크게 발전하였는데, 이 종축장에는 광장이 있어 유아나 저학년 아동 등이 연간 2만~3만 명이 찾는다는 데서 시작되었다고 한다. 히노정은 비와코 공항 건설에 앞서 농업공원 건설에 착수하여 에히메현 愛媛県 사이조시 西条市에 본사를 둔 농업공원의 선구자 ㈜팜을 유치하여 실현을 시도하였다. 이 같은 「농업공원」의 설치 목적은 우선, 농업·축산업에 새로이 관광을 도입하여 1.5차산업의 길을 개척함으로써 농산물의 안정적인 공급과 함께 지역산업의 가공·판매를 통해 농가소득 향상 도모이다. 그리고 흙과 친숙할 기회가 없는 도시생활자에게 대자연이나 가축과 접함으로써 농업에 대한 이해나 체험학습 외에 가족 단위 레크리에이션 등 교류의

▌그림 2-20 | 시가농업공원 꽃의언덕 (ⓒ시가농업공원)

장을 제공하기 위함이다. 내용적으로는 시가지역에 오랜 기간 뿌리 내린 유럽 지방의 문화를 도입, 독특한 거리 풍경이나 생활문화, 예능을 재현하여 국제 이해의 장을 제공하였고, 늘어난 일자리에 대한 종업원 고용을 통해 중 · 고연령층의 증대를 꾀함과 동시에 젊은 층의 정착을 촉진하였다.

「**농업공원**」은 공원 개념에 수익사업을 접목한 것으로 주요시설로는 유원遊園 시설과 농산물가공 · 체험 · 판매 시설, 그리고 축산체험 · 교류 시설이 있다. 유원시설에는 놀이기구와 레스토랑, 패스트푸드, 매점, 정원이 있고, 농산물가공 · 체험 · 판매 시설은 농산물 가공, 식재 제공, 체험교실, 파머스마켓으로 이루어 졌다. 축산체험 · 교류 시설은 가축 사육, 우유 생산, 레스토랑, 체험교실, 숙박시설로 구성되어 있다. 시설의 운영에는 파머스 마켓 개설과 고구마 캐기 체험용 고구마밭의 재배관리 등으로 지역 농업인과의 관계를 구축하였다.

그 성과로는 여러 가지를 들 수 있으나 우선 히노정의 관광 집객 시설로서 관광자원 역할이 가장 큰 성과로 볼 수 있다. '파머스마켓'의 개설은 지금은 경영여건 악화로 고용인원 감소 추세이지만 농가와의 협업과 지역민들에게 고용의 기회를 제공하였다는 것도 하나의 성과로 볼 수 있다. 또한, 지역 주민 모두에게 연 2회 입장료 무료 혜택을 부여하였고, 방문객 30만명이 손익분기점이었으나 첫 해에 50만명을 달성하기도 하였다. 물론 현재는 개원시기가 오래 되고, 지역경제 하락, 시설 노후화 등으로 「**시가농업공원**」의 수익이 하락추세에 있으나 이는 사업방식으로서 우리나라에서도 얼마든지 도입하여 사업을 구상할 수 있다는 점에서 접근할 수 있을 것이다.

4. 도서관, 마을의 중심이 되다.

그동안 우리 주변의 도서관은 단순히 도서대출이나 열람, 학습공간으로서 자리 잡았다. 그러나 최근에는 여러 지역에서 이 같은 일반적인 기능을 넘어서 이용자들과 함께하는 커뮤니티 공간으로서의 도서관의 가능성과 역할을 찾고 있고, 이미 성공한 사례들이 나타나고 있다.

한편으로는, 고령화에 따른 인구 구조 변화는 대도시를 넘어 특히 지역도시와 농촌들에서는 더욱더 다양한 도서관의 역할 변화가 요구되고 있다. 그러한 점에서 미국 최고의 작은 도서관으로 선정된 펜실베이니아 「밀라노프-스콕크 도서관」이나, 도시계획부터 도서관이 중심이 된 일본의 「쿠리노 도서관」, 그리고 시골의 마을에 들어선 그림책 도서관으로 도시 살리기에 성공한 일본 「키조마을」 등 공동체 문화 유지와 양극화 해소에 이바지하는 사례들이 시사하는 바가 크다. 이들 사례는 도서관의 매체인 책한테 재미있고 친근하게 다가갈 수 있는 다양한 방법을 고민한 결과인 것이다.

미국의 마을도서관, 밀라노프-스콕크

먼저, 미국 내 가장 이상적인 도서관이라 평가 받고 있으며, 2006년 빌 게이츠 &멜린다 재단의 미국내 최우수 작은 도서관으로 선정된 바 있는 펜실베니아주의 「밀라노프-스콕크 도서관 The Milanof-Schock Library」을 살펴보자.

도서관의 구성과 프로그램

먼저, 개에게 책 읽어주기[5], 책으로 연극하기, 엄마와 함께 춤을~ 등 「밀라노프-스콕크 도서관」의 프로그램은 우선 재미있다. 학교와 다른 방식으로 아이들에게, 지역 사회에 무엇을 나눌 것인지 늘 고민한 결과라 한다. 도서관의 기본 소재인 책이 중요하되, 책이 재미있고 친근하게 다가 갈 수 있게 하기 위해 늘 새로운 방법을 찾아 고민한다는 점이 바로 미국 내 최고의 도서관으로 뽑힌 이유라고 한다. 예를 들어, 도서관내 어린이 코너는 오락코너다. 아이들을 위해 각종 장난감은 물론 다른 도서관에서 갖추기 힘든 전자오락기까지 구비해 놓았다.

도서관의 운영

가장 큰 특징은 도서관이 주민들의 적극적인 관심과 성원으로 내실있게 운영된다는 점이다. 펜실베이니아주 랭커스터 카운티 마운틴 조이시에 있는 이 도서관은 우리나라로 치면, 전형적인 시골마을에 위치해 있다. 그런데, 이 시골마을의 도서관은 이용자면에서 놀라운 수치를 보여준다. '마운틴 조이市' 외에 5개 타운의 2만 2,000여명의 주민들이 이곳을 이용하는데, 도서관 회원 수가 1만 명이나 된다고 한다. 이는 인근 주민의 반 이상이 이 도서관을 이용하는 셈이다.

일일 이용객은 300~500명가량 되어 이를 위해 오전 10시부터 오후 8시까지 2명의 풀타임 직원과 6명의 파트타임 직원, 20여 명의 자원봉사자가 도서관을 위해 일한다. 장서 수는 35만 권, 언어를 배울 수 있는 테이프와 CD, DVD 300개, 30대의 컴퓨터, 매월 주민들을 위해 운영하는 프로그램만 50여 개로서 도서관이 마을주민들의 커뮤니티센터로서 역할을 맡아서 하고 있는 것이다. 시골지역이라는 특성을 반영하여 지역의 노인과 어린이들을 위해서 책 배달용 밴을 구입해 책뿐만 아니라 비디오, 컴퓨터 등 멀티미디어 장비까지 대여해주고, 여기에 독서지도할 자원봉사자까지 파견하고 있어 문맹률을 낮추고 문화적인 혜택을 제공하고 있다. 컴퓨터를 비롯해 멀티미디어 장비까지 대여해주는 것은 미국내 도서관 가운데에서는 처음 시도되고 있는 서비스라고 했다.

---

5) 난독증으로 책을 잘 못 읽는 청소년들이 개에게 책을 읽어주면서 호전되는 프로그램(Doggy tail).

그렇다면, 다음은 도서관하면 항상 떠오르는 '예산'을 어떻게 감당하고 있을까? 도서관에 소요되는 예산은 만만치 않지만, 다양한 활동덕분에 매년 주정부로부터 15만달러를 지원받고 나머지 예산은 자체적으로 해결한다고 한다. 즉 성금, 바비큐파티, 헌책방, 심지어는 자원봉사자와 주민들이 재활용품을 모으고 직접 액세서리 소품을 만들어 판매하고 이 수익금으로 마을도서관을 운영하고 있다. 도서관 한쪽에는 실제로 마을주민들이 갖다놓은 폐카트리지, 종이박스, 유리병 등이 입구에 쌓여 있으며, 이를 통해서 도서관 운영비의 상당액을 충당하고 있다 한다.

주민 1인당 10불 80센트 우리 돈으로 1만원 가량로 많은 주민에게 다양한 혜택을 주고 있는, 작지만 한 달에 50개가 넘는 프로그램을 제공하며 지역사회의 중심이 되고 있는 「밀라노프-스콕크 도서관」은 결국 미래의 인재를 양성하고 주민들의 문화커뮤니티 공간으로서 성장할 수 있는 충분한 가능성을 발견할 수 있다. 이는 도서관의 기능과 필요성, 환경 변화에 따른 역할 대응이라는 차원에서 우리 주변에서도 얼마든지 출판 가능한 형태이다.

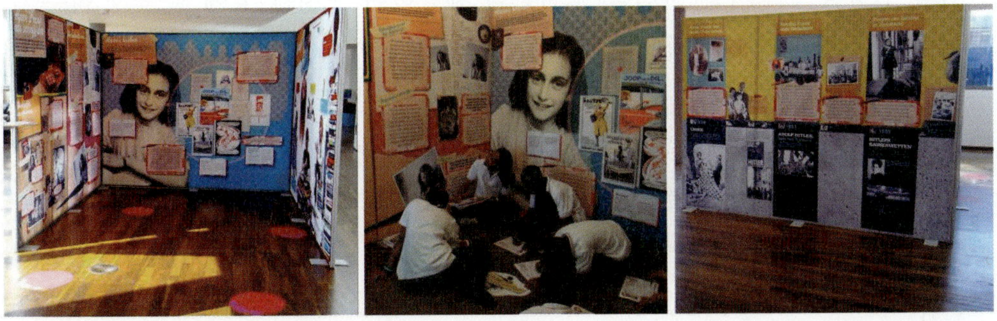

그림 2-21 | 밀라노프-스콕크도서관에서 진행되는 프로그램 (©Milanof Schock Library)

도서관의 설립계기와 현황

「밀라노프-스콕크 도서관」은 주민들이 낸 기금으로 세워졌다. 도서관이 처음으로 문을 열게 된 것은 1962년 마을의 걸스카우트 회원들이 '우리도 읽을 수 있는 곳을 만들어달라'며 마을주민들을 대상으로 캠페인을 벌이면서부터이다. 캠페인 결과 처음에는 랭커스터 카운티[6]에서 지원하는 이동도서관 버스가 마을을 정기적으로 방문하는 형식으로 시작됐는데 이후 주민들이 자발적으로 기금을 모아 길가의 상점을 빌려 마을도서관을 본격 운영하게 됐다. 초기에는 예산도, 책도, 시설도 부족해 마을주민들이 자원봉사자로 일하고 도서관에서 필요로 한 기금은 주민들의 성금으로 충당했다. 지금의 도서관 건물도 이곳 주민이었던 전직 간호사 '밀라노프씨'가 전 재산인 50만달러를 도서관에 기부했고, 오일회사를 설립한 기업가 '클라렌스 스콕크씨'도 50만달러를 내놓아 건립될 수 있었다. 물론 그 외에도 많은 마을주민이 십시일반으로 모아 모두 30만달러를 모아서 모두 130만달러로 마을도서관을 완공할 수 있게 된 것이다. 주민들을 도서관으로 끌어들이기 위해 도서관장은 지역 사투리를 배우고 종교생활을 철저히 하는 '아미시파'의 관심과 신앙을 반영하는 물건을 도서관에 제공하며 도서관 앞에 말뚝을 박는 등 도서관의 문을 맞췄다. 마을주민들에게는 도서관이 사랑방과도 같은 존재로서 누구나 거리낌없이 이용하고 누구나 도서관에서 많은 문제를 해결한다고 한다. 그리고 학교에서 의뢰를 받아 언어수업을 하기도 하고 홈스쿨을 하는 아이들에게도 도서관에서 교육 프로그램을 지원하고 있다고 한다.

미국도 우리나라처럼 농촌지역의 일손이 부족해 해외에서 값싼 노동력을 수입해 인력을 대체하고 있는 상황이다. 그 결과, 전형적인 시골마을인 이곳도 멕시코, 러시아, 스페인 등에서 유입된 이민자가 많다고 한다. 마찬가지로 미국에서

---

6) 아미시파(스위스에서 발생한 재세례파의 한 분파이며 미국 랭커스터 카운티를 중심으로 그들만의 금욕신앙과 특유한 방식의 예배를 드리고 있다.) 등 보수적인 종교인이 많은 곳.

도 언어교육이 필수라는 것은 다문화가정이 늘어난 우리나라의 중소도시와 읍면 단위에서도 도서관의 기능을 확대할 수 있을 것이다.

지역주민맞춤형, 일본 쿠리노 도서관

다음 사례인 「쿠리노 도서관」은 일본 가고시마현 유스이쵸 湧水町에 있는 공공도서관[7]이다. '유스이쵸'는 인구가 1만명이 조금 넘는 우리나라로 따지면, 면단위의 행정구역이지만, 이곳에 있는 쿠리노도서관은 이미 일본을 대표하는 도서관으로 자리 잡고 있다. 소재지가 크지 않지만, 마을이 산재해 있는 가운데 교통이 좋은 곳에 행정기관과 주민생활을 위한 복합 센터가 자리 잡고 있는 전형적인 시골단위의 면소재지이다.

이곳은 복합시설로 '주민회관, 온천, 도서관, 대형마트(특산품 판매) 등'이 있다. 먼저 「쿠리노 도서관」에 도착하면 만화영화 캐릭터인 토마스기차가 눈에 들어와서 정체성을 확실히 보여주며, 이목을 집중[8]시킨다. '토마스기차'에서 한 층 업된 기대치는 도서관에 들어서자마자 더욱 높아진다. 면단위 도서관이라고 우습게 생각할 수 있지만, 도서관은 한 개 층을 넓게 쓰고 있다. 1층 면적은 1,384제곱미터 약 400평으로 너른 자리를 차지하고 있다.

입구에는 최근에 발행된 매체들에서 서평들을 클리핑해서 모아놓았다. 신간이나 좋은 책에 대한 서평, 리뷰 등을 정리해서 입구에 두고 도서관 이용자들이 쉽게 볼 수 있게 한 것이다. 그리고 도서관에서 중요한 '서가 書架'는 어린이들의 눈높이에 맞춰져 있다. 서가를 들여다 보면, 삼각형으로 아랫 쪽에 꽂혀있는 책들을 보기가 편하고, 위쪽에는 책을 눕혀놓아 책표지가 보이도록 만들었다. 물론 우리나라에서도 몇몇 도서관은 좋은 서가들을 사용하는 곳이 있다. 층마다 턱이

7) http://blog.naver.com/guide0/100210825630. (쿠리노 도서관에 가다.)

8) 토마스 기차는 지금은 없어졌다고 한다.

나와 있어 삐죽이 나오는 그림책을 안정감 있게 받쳐준다. 그리고 특이하게 다녀간 그림책 작가들의 흔적들이 있어 방문객의 즐거움을 더해준다. 그림을 그려놓은 것이 보기에 좋고, 사진을 함께 붙여놓은 것이 실감을 더해준다. 이는 향후 도서관의 역할정립에 중요한 요소인 '도서관 디스플레이'의 방향을 제시해준다.

그림 2-22 | 쿠리노 도서관의 전경과 내부모습 (ⓒhttp://library-yusui.jp/)

또 하나, 운영 프로그램으로 「**쿠리노 도서관**」의 특징이랄 수 있는 것이 '이야기 들려주는 그림책'이다. 이 곳은 어린이들에게 그림을 한 장 한 장 넘기며 이야기를 들려준다. 이야기 코너가 있어서 아이들에게 이야기를 들려주는 곳을 무대[9]가 꾸며져 있다. 그런데 일본의 공공도서관에서는 대부분 이런 공간이 있다고 한다. 우리 도서관에도 최근에는 '호랑이굴' 등 다양한 시도가 있다. 또한, 베스트셀러 소개와 테마별 전시가 눈에 띈다. 종이그림을 두꺼운 폼보드에 붙인 다

9) 일본의 공공도서관에서는 대부분 이런 공간이 있다고 한다. 우리 도서관에도 최근에는 호랑이굴 등 다양한 시도가 있다.

음 잘라서 만들었고, 지역 철도 개통 100주년기념으로 철도에 관련된 그림책들을 모아 특별코너를 만들어놓는 등 테마별 전시는 도서관 이용자가 쿠리노지역에 전해오는 이야기를 직접 만든 그림책으로 만들어놓고 있다. 따라서 일반인이 볼 수 있는 도서도 많지만, 어린이들을 위한 책도 많다. 그 결과, 「**쿠리노 도서관**」은 유스이쵸 주민의 40% 가량이 회원으로 등록하고 있을 정도로 이용률이 높다. 소장도서는 약 9만 여권인데, 가고시마 현 내에서는 대출을 많이 하는 도서관으로 꼽힌다. 대출이 많은 이유는 우선 신간도서를 꾸준히 구입하고, 다음으로 도서 대출에는 제한이 없이 무제한 대출을 시행하고 있다고 한다. 그리고 직원 5명이 도서관의 모든 관리를 하며, 자원봉사자들은 이야기 들려주기, 책읽어주기를 도와준다고 한다.

그림책마을: 키조 그림책마을

다음은 마을 전체가 책읽기에 집중하여 성공한 사례이다. 일본 미야자키현에 있는 「**키조 그림책마을** http://service.kijo.jp/~ehon/hyousi.htm」은 숲속에 도서관이 있다. 인적도 드물고 나무밖에 없는 두메산골인데도 연간 3만명이 찾는다고 한다. 면 전체 인구보다 6배가 많은 수가 오로지 책을 읽기 위해 마을을 찾아온다는 사실 궁금해진다. 「**키조마을**」은 실내외를 가리지 않고 모든 곳이 책을 읽는 공간이자 휴식장소인 것이다. 1996년 건립되어 전체 2만4000m^2의 부지에는 열람실 · 전시실 · 식당 · 원두막 등이 마련돼 있다. 「**키조마을**」이 바로 우리나라의 농촌, 산촌 지역의 현실과 다를 바 없는 상황에서 자리잡았다는 점에서 우리에게 시사하는 바가 크다.

도입 배경과 협조

'키조지역'도 우리나라의 농촌처럼 인구가 줄면서 지역공동체 구심점을 한 초등학교가 폐교하는 등 지역사회가 침체되었다. 「키조마을 숲 도서관」이 생기게 된 배경도 여기에 있다. 지역주민들은 학교가 폐교되면 산촌이라는 지역적 한계로 황폐화를 걱정하였고, 어떤 식으로든지 학교를 대신할 공간 모색에 온 지역민들의 관심이 집중되었다. 논의를 거듭한 끝에 공연장 건립으로 가닥을 잡았으나 결국 우리나라의 지자체들도 겪게 되는 건설비의 충당이 문제가 되었다. 그리하여 차선책으로 제시된 것이 어린이들이 자연보다는 게임에 빠지는 상황에 착안하여 자연과 함께하는 "도서관 건립"이었다. 도서관이 들어서면 학교가 없어지는 것에 대한 지역민들의 상실감을 어느 정도 메워줄 것이라는 기대감도 작용했다고 한다. 그리하여 숲속의 도서관 건립안은 정치권에서도 관심을 보이는 등 미야자키시 전역으로 이슈화되었다. 그러나 여기까지가 한계여서 의사결정없이 탁상공론만이 계속되었다. 이후 정치권을 배제하고 숲속의 요람협의회를 발족시켰으며, 운여은 지역주민을 주축으로 하고, 전문가들은 외부 지원 위주에 초점을 맞추었다고 한다.

한편, 「키조 그림책마을」을 이해하는데 도움이 되는 것이 조성원칙이다.[10] 첫째, 자연을 지키고, 둘째, 그림책 도서관이 자연을 훼손해서는 안 된다는 것, 셋째, 아이들에게 가장 소중한 건 자연의 체험. 책 읽는 것보다 자연을 느끼고 시간을 즐기게 하는 곳으로 꾸미는 것이었다고 한다. 책 읽는 것보다 자연을 즐기게 했다는 게 더욱 의미있게 보인다.

운영

건축과 관련해서 지자체는 부지와 건축비를 제공했고 경비는 펀드 등을 통해 충당했다고 한다. 지자체는 운영권을 법인에 넘겨줬고 1년 예산은 2억5,000만엔이 소요된다고 한다. 그렇다면, 우리나라처럼 도서관의 운영은 어렵지 않을까? 적자에 놓여 문닫을 걱정을 하거나 아니면, 정부나 지자체, 기업의 지원으로 버

10) 숲의 촌장인 "쿠로키씨".

티는 것은 아닐까? 라고 생각해본다. 그러나 결과적으로 그렇지 않다.

우선, 그림책마을 안에 있는 책방에서는 많은 책이 판매된다고 한다. 이유는 일본은 도서정가제가 지켜지고 있고 할인판매가 많지 않은 상황이라는 점과, 이왕이면 추억을 안겨주는 의미있는 장소에서 책을 구입하자는 방문자들의 마음에서 라고 한다. 그 결과, 방문객들이 구입하는 책의 매출이 이곳 운영에 큰 힘이 된다고 한다. 아울러 그림책마을에서는 차에 책을 싣고 인근 학교 도서관으로 책 판매를 다니기도 하는 등 키조마을의 1등 수입원은 바로 책 판매 매출이라는 가장 기본적인 활동이다. 그리고 1인당 입장료로 500엔을 받아서 운영한다고 한다. 그 결과 1996년 운영시작 이후 한 번도 적자없이 진행하고 있다는 결과를 보여준다. 총 1만7,000권의 장서가 있으며, 책은 0세부터 성인까지 읽을 수 있는 그림책과 원화이나. 일본을 비롯해 한국, 인도, 스리랑카 등 전세계의 동화작품이다. 책들은 대부분 도서관측에서 구입한 것이나 전 세계 300여명의 회원들이 후원과 기증으로 채워졌다. 이같은 운영방식으로 한적한 시골의 도서관에 1년에 3만 여명이 방문하는 마을이 된 것이다.

그림 2-23 | 키조 그림책마을의 배치도 (ⓒ키조 그림책마을:service.kijo.jp/~ehon/hyousi/hyousi.htm)

시설 구성과 운영프로그램의 특징

건축비로는 25억 원이 들어갔으며, 구성 포인트로는 '숲'이라는 지역적 특성을 살려 자연에서 책을 읽는 욕구가 생길 수 있도록 자연과의 일체감에 배려를 하였다. 열람실은 자연 채광 시설 뿐만 아니라 공연도 가능할 수 있도록 음향시설과 천장 등 하드웨어를 구축했다.

시설로는 '숲속의 책방', '숲속 그림책 관', 야외공연장인 '물의 스테이지', 그리고 통나무 숙소인 '숲속의 요람'이 마련되어 있다. 그리고 한쪽에는 간단히 음식을 만들어 먹을 수 있는 작은 주방까지 마련되어 있다. '그림책 관'은 1층에는 그림책 전시관이 있고, 2층에는 아이들의 눈높이에 맞추어 동글동글하게 처리한 서가와 책상, 의자가 놓여 있으며, 재질은 모두 나무로 되어 있어 따스한 분위기를 유지한다고 한다. 세계의 다양한 그림책도 전시되어 있고 곳곳에는 아이들이 직접 갖고 놀 수 있는 인형과 소품이 배치되어 있다.

그림 2-24 | 키조마을의 '숲의 나무꾼 관'(좌)과 '숲의 오두막'(우) (ⓒ키조마을 홈페이지)

한편, 그림책마을의 주고객인 '어린이'를 위한 노력으로 그림책 도서관 안의 책상과 의자는 모두 달과 별 모양으로 만들어져 있다. 가구들은 하나도 똑같은 크기, 똑같은 모양이 없으며, 평소에는 책을 읽다가 높은 천정에 조명을 밝히고 문을 열면 야외 공연장이 되는 복합형 설계 구조를 갖추고 있는 등 철저히 자연을 이용한 장소로 자리 잡고 있다. 이 같은 시설구성으로 야외에서도 책을 볼 수 있게 바깥으로 나갈 수 있는 나무 테라스가 연결되어 있고, 공연을 할 수 있는 무대와 객석은 주변의 지형을 그대로 살려놓은 산비탈에 놓여 있는 나무로 만들어져 있다.

'숲속의 요람'의 이용자들은 당일 또는 1박2일 가족단위 방문객들이 많다. 가족단위 체류객들은 하루 1만엔을 받는 6채로 꾸며진 외부에 있는 오두막 시설을 이용할 수 있다. 연중 프로그램이 운영 중이어서 어린이를 포함한 성인들에게도 봄부터 가을까지는 별보기, 달밤의 이야기, 벌레소리를 듣는 모임 등 자연 속에서 마음을 움직이는 다양한 기획으로 꾸며진다.

계절적 대응도 의미있다. 겨울은 비수기라 다른 도서관은 놀고 있지만, 「키조마을」은 다르다. 겨울에는 아이들이 모닥불을 만들어 캄캄한 밤을 걷는 행사가 있어 참여자들의 호응이 좋다고 한다. 또한, 자연과의 교감을 중시하여 논을 조성해 '농장체험'도 제공하고, 이 곳에서 생산된 유기농산물을 도서관을 찾아온 이들이 자연스럽게 구매해가고 있다.

"산중에 책을 읽는 다는 것" 자체가 신선하다. 출발부터 전국적인 관심을 끌었고, 점차 이름이 알려지면서 한국을 포함해 전 세계에서도 찾아오는 힐링 명소가 되었다고 한다.

다양한 그림책 이외에도 흥미로운 볼거리가 넘친다. 아이들이 책을 보는 동안 엄마들은 커피를 마시고 피아노 선율을 들으며 여유를 갖거나 요리교실에 참가해 솜씨를 뽐낼 수도 있다. 달빛 아래 흥겨운 연극이나 운치 있는 음악회가 개최되기도 하고, 밤에는 반짝이는 별구경을 즐길 수 있다. 저녁시간 관광객이 원한다면 「**키조마을**」 사람들과의 교류회 시간도 주어져서 전 세계 관광객은 서로 자국의 음식을 만들어 나눠먹으며 친분을 쌓을 수도 있다.

한편으로 「**키조마을**」의 행사나 운영 진행을 위해 중요한 차별점이 음식을 한

가지씩 만들어 오는 사람, 행사를 안내하는 사람, 청소하는 사람, 책방에서 도와주는 사람, 책 읽어주는 사람 들이 속속 모여들어 그곳에서 열리는 행사를 마을 전체가 도와준다는 점이다. 다양한 마을사람들이 하나가 되어 소질과 재주만이 아니라 마음으로 공동체를 만들어가는 것이다. 우리의 시골마을에서도 유사한 사례가 생길 수 있지 않을까 기대해본다.

이 같은 사례처럼 우리나라도 최근에는 이같은 지역 책방 운동이 벌어지고 있다. 단순한 도서 대출이나 열람, 학습공간으로서가 아닌 함께 하는 커뮤니티 공간으로서의 도서관의 가능성과 역할에 대한 준비가 진행되고 있어서 고무적이다. 「키조 그림책마을」처럼 시골마을에서 책과 문화를 파는 서점으로 하루밤의 북스테이까지 가능한 충북 괴산군의 "**숲속 작은책방**"이 있고, 마을 도서관과 학교 도서관이 합쳐지며 탄생한 작은 도서관인 "**전북 진안 동향 초등학교 도서관**"에서는 때로는 텐트를 치고 1박 2일 캠핑을 하고, 때로는 마을 어르신들의 노래방이자 공부방이 되기도 한다. "**제주도 토산 초등학교**"는 2006년 통폐합 대상이 되었을 때 마을 사람들은 마을의 미래를 지킨다는 신념으로 가까스로 학교를 지켜냈다고 한다. 이 때, 학교를 지켜내고 처음으로 변화를 가져온 곳은 '마을 도서관'이다. 마을 도서관을 학교 안으로 들여오고, 마을 사람들 모두가 이용할 수 있는 공간으로 만든 이후 학교의 중심은 물론 마을 커뮤니티의 중심이 되었다.

한편, 다문화가정이 늘어나서 사회의 일원으로의 자리 잡는 것을 위한 취업공간으로 도서관의 역할이 필요하게 된다. 그런 점에서 세계에서 가장 문턱이 낮은 '뉴욕 공공 도서관'의 운영은 우리의 도서관이 나아갈 길을 제시해준다. 세계 각국의 이민자들을 만날 수 있는 도시 뉴욕에서 이민자들을 뉴욕 사회 시민으로 만들기 위해 집중적으로 노력한 것이다. 이 사업은 학교, 지역사회, 주민들이 한마음으로 일궈낸 변화와 기적의 시작이라는 점에서 주목하게 된다. 책이 없어 외면받던 도서관에 아이들이 몰리고 있다. 적막해야 할 밤에도 주민들이 책을 보기 위해 학교를 찾고 있다. 학부모들이 명예사서가 되는가 하면 가족과 함께 독서캠프를 운영하는 곳도 있다. 폐교 위기에 직면한 소규모 학교가 많은 현실을 감안할 때 이 운동은 전국 각지의 폐교에서 충분히 고려할 수 있는 운동인 것이다.

도서관의 중요성은 날로 커지고 있다. 세계가 독서혁명을 외치는 것도 같은 맥락이다. 영국은 '북스타트' 운동을, 미국은 '한 권의 책, 하나의 시카고' 캠페인으로 독서능력 향상을 꾀하고 있다. 앞에 소개된 「**밀라노프-스코크 마을도서관**」이나 「**키조 그림책마을**」은 모두 주민들의 성원으로 운영된다. 즉, 주민들의 자발적 참여가 유도되어야 하고, 그렇게 운영되어져야만 지속적인 도서관으로 자리잡을 수 있는 것이다. 빌 게이츠도 "지금의 나를 있게 해 준 것은 마을도서관"이라고 했듯이 우선은 십 가까이 쉽게 접근할 수 있는 것이 어린이를 비롯한 주민들의 마음이 살 찔 수 있는 길이 아닌가 생각해본다.

5. 문화시설 / 박물관-도시의 문화시설, 닫혀있던 문을 열다.

우리가 살고 있는 도시에는 다양한 '문화시설'들이 운영되고 있다. 최근 '문화시설'의 트렌드는 일방적 전달과 전시가 아닌 지역 주민들과 쌍방적 소통을 위해 노력하는 것이다. 이미 세계 각 국의 수많은 미술관과 박물관, 공연장, 도서관 등 문화시설들은 과거와 다른 모습으로 운영되고 있다. 이 같은 문화시설에 대한 하나의 트렌드를 잘 보여주는 사례가 영국 런던의 공공도서관인 「**아이디어 스토어 화이트채플**」이다. 이 사례는 도서관 이름이 "아이디어 스토어'라는 점에서부터 문화시설과 지역사회의 관계를 새롭게 시작하고 있다.

주민요구에 맞춘 신개념 복합도서관 「**아이디어 스토어**」는 런던에서 가장 낙후된 이민자들이 모여 사는 곳이었던 타워 햄릿 Tower Hamlets구 区를 평생학습으로 재무장한, 젊고 밝은 지역으로 바꾸게 하는 계기가 되었다. 오늘의 「**아이디어 스토어 화이트 채플** Whiterchapel Idea Store」는 건축적으로는 청색유리의 모던한 감각을 자랑하며, 전 세계 평생학습 전문가와 창조적인 지역문화개발을 벤치마킹하려는 이

그림 2-25 | 아이디어 채플의 내외부 모습 (ⓒ아이디어스토어 화이트 채플: www.ideastore.co.uk)

들로 북적이는 곳이 되었다.

「아이디어 스토어 화이트 채플」은 먼저, 입지부터가 기존 시설과, 특히 우리나라의 공공문화시설과는 판이하게 다르다. 일단 타워햄릿의 「아이디어 스토어 화이트 채플」은 시끌벅적한 영세 노점상 거리에 위치해 있어서 문턱을 없앴다는 특징을 가지고 있다. 이렇게 된 계기는 지역민들이 원해서였다고 한다. 문화시설의 이용도를 결정하는 접근성을 위해 기획자는 입지를 가장 중요하게 따졌고, 이용자의 욕구를 철저하게 파악한 결과, 이용자들은 가장 출입하기에 편하고, 접근하기 좋은 곳에서 평생학습을 하고, 정보를 얻고 도서관 업무를 보기를 원했다. 도서관의 뒤쪽은 슈퍼마켓과 주차장을 향해 열려 있어서 건물과 슈퍼마켓이 어울리도록 낮고 어두운 블록이 조성되어 있다.

다음으로 도서관의 기능도 다르다. 이름부터 책이 떠오르는 전통도서관이 아닌 영국에서 창고의 개념인 "Store"를 사용하여 방문객의 부담을 줄인 이 곳은 전통적인 도서관기능을 자동화하여 책을 빌리는 것도, 반납하는 것도 완전 자동이지만, 공공시설로서 갖는 평생학습기능이 훨씬 돋보이는 곳이다. 800여 개의 다양한 평생교육프로그램이 코칭스태프를 포함한 350명의 직원들에 의해 건물내에서만이 아닌 출장을 통해서도 이루어지고 있다. 그 결과 주민들은 장 보러 왔다가도 책을 읽고, 반찬을 사들고 자격증이나 직업관련 상담도 받는다. 헬스도 하고 벨리댄스도 배울 수 있으며, 젊은 엄마들은 유모차를 끌고 1층 어린이도서관에 들어올 수도 있다. 4층 카페와 찻집에서는 식사를 하면서 대화를 나눌 수 있어서 심리적인 저항감 없이 드나들 수 있는 것이다. 다른 공공기관의 입지와 기능결정시에 벌어지는 탁상공론이 아닌 "주민을 위한 도서관을 어디에 어떻게 지으면 좋을까요?"라고 먼저 묻고, 주민여론을 들었던 것이 「아이디어 스토어 화이트 채플」 성공의 출발점이자 종착역인 것이다.

그 결과는 너무도 화려했다. 도시에는 활력이 생겨나고, 주민들의 자신감이 커진 것이다. 입지가 돋보이는 「아이디어 스토어 화이트 채플」은 이민자를 위한 문화교육을 하고 있고, 지역민을 위한 취업정보나 직업훈련도 해준다. 심지어는 내부에 위치한 "잡플러스"는 타워햄릿 구에서 진행되는 '크로스레일 철도공사'에 필요한 인력을 모집하고 훈련하고 취업시키는 역할을 수행하고 있다. 어린이도서관은 숙박프로그램도 운영하고 있다. 2010년간 이용자는 200만 명을 넘어섰고, 모든 지역주민이 1년에 9번 이상 아이디어 스토어를 이용하고 있는 진정으로 지역민들과 소통하는 도서관이나 학습의 장소 이상인 시설이 된 것이다.

한편으로 문화 시설은 그 종류와 개수로 도시의 경쟁력이 비교되고 있어서 많은 지자체들이 문화시설의 확보에 나서고 있다. 즉, 문화시설들의 개수 늘리기에 초점이 맞춰지고 있는 것이다. 그러나 대표적인 비수익시설의 하나로 항상 운영비 마련이 이슈가 되는 문화시설은 운영비 마련까지 고민해야만 한다. 상당수의 문화시설들이 예산문제로 방황하고 있는 것이 사실이다.

그런 점에서 회원들의 연회비에 의해서 활동이 이루어지는 일본의 홋카이도 삿뽀로시에 위치한 생활지원형 문화시설 「**콘카리뇨** Con Carino」가 시사하는 바는 크다. 이 곳은 세계적으로도 유례가 드문 "시민에 의한 극장 건설과 운영"이 이루어지는 공간이다. 최대 250석 운영이 가능한 객석을 가진 곳으로 연극, 댄스공연, 콘서트 외에도 포럼, 각종발표회 등으로 다양하게 이용되고 있다.

흥미로운 것은 NPO법인 「**콘카리뇨**」가 하는 기획, 제작 활동의 기초가 회원들의 연회비라는 것이다. 회원은 3종류로 정회원(연 1만엔), 서포트 개인회원(연 3천엔), 서포트 단체회원(연 2만엔)으로 운영되며, 이들은 NPO법인 총회의 의결권 보유 여부로 구분된다. 회원에 가입하면, 극장, 댄스, 콘서트, 포럼 등 콘카리뇨가 개최하는 이벤트정보 등을 소개하는 [콘카리뇨 레터]를 2개월마다 받아볼 수 있다. 또한, 공연은 회원할인가격으로 관람이 가능하며, 현재 약250명이 회원으로 등록되어 있다고 한다. 한편, 다양한 「**콘카리뇨**」의 운영을 위한 협력방법이 지역주민들의 참여도를 높이고 있다. 기부금을 받아 극장입구에 금속제의 기념플레이트를 걸어주는 '극장운영협력금', 극장 의자 뒷쪽에 기부자의 이름을 표시해 주는 하여 '의자 기증', 정기공연을 열고자하는 사람들을 위한 '극장우선사용권', 그리고 공연스텝 및 사무 등 개인능력에 맞춰 참여할 수 있는 '자원봉사클럽' 등 다양한 방식으로 「**콘카리뇨**」 운영에 참여할 수 있는 길이 열려 있다. 기본적으로 참여의사가 있는 시민들과 기업들의 이해와 협력으로 이루어진다는 점에서 항상 운영에 대한 고민에 쌓여있는 국내의 많은 문화시설들에서 고려해야 할 점이다.

또한, 「**콘카리뇨**」에서는 연극, 댄스, 콘서트 공연 뿐 아니라 포럼, 교육, 이벤트 등 다양한 방식으로 여러 가지 행사들이 열리고 있다. 지역주민교류 프로그램 및 다양한 무대가 올라가는 여름축제뿐 아니라 매년 봄에 벌어지는 "대생활골동시장 大生活骨董市"이 있다. 즉, 극장에서 시장이 열리는 것으로 시장이 벌어지는 날이 되면, 극장은 삿뽀로의 골동품점을 중심으로 복고풍의 물품으로 가득 채워진다고 한다. 이처럼 「**콘카리뇨**」는 문화활동과 상업활동이 함께 일어나는 원기왕성한 소통공간이 되었다는 점에서 우리 주변의 다양한 문화시설에서도 반영할 수 있을 것이다.

도서관의 운영을 걱정하는 정부나 지자체라면, 민간 위탁하여 북카페로 변신하며, 새 명소 名所로 자리잡은 일본 사가현 "다케오市의 도서관사례"가 의미있게 다가온다. 「**다케오 武雄 시립도서관**」은 도서관 인기에 힘입어 숙박 · 식당까지 호

그림 2-26 | 콘카리뇨의 외관과 내부모습 (ⓒ콘카리뇨: www.concarino.or.jp)

황을 이루고, 병원 · 학교도 기업과 손잡는 계기가 되어 7년간 市부채가 1,000억원이 줄고, 더 나아가 이주하고 싶은 지방도시 5위에 자리잡고 있는 것이다. 민간업체에 위탁 운영되어 '한번은 꼭 가봐야 할 이색 도서관'이라는 소문이 나면서 외지에서도 자동차를 몰고 찾아와서 아침부터 시민들이 길게 줄을 서서 도서관 입장을 기다리는 곳이다. 이곳은 인구 5만명에 불과한 소도시 도서관이지만 연간 이용자가 100만명에 육박하며, 이 중 40만명은 다른 지역에서 온다고 한다.

그림 2-27 | takeo 시립도서관 내부모습 (©타케오시립도서관/www.epochal.city.takeo.lg.jp)

인기 비결은 민간의 파격적 아이디어와 운영 능력이다. 일본 최대 DVD 대여업체인 '쓰타야 蔦屋'가 위탁 운영을 맡아 평범한 공립도서관은 놀랍게 변신하였다. '쓰타야'는 젊은이들에게 인기 있는 커피 체인점 스타벅스를 도서관 안으로 끌어들여 열람실에서도 커피를 마시며 책을 볼 수 있고, 일부 열람석에서는 자유롭게 대화도 할 수 있게 하였다. 또한, 우리나라에서도 흔히 개혁적인 책임자가 많이 사용하던 방법인 "널찍한 관장실을 헐어내고" 그 곳에 잡지전문서점과 DVD 대여점도 설치했다. 또한, 과거에는 '공무원 정시 퇴근'으로 오후 6시에 문을 닫았지만, 이제는 밤 9시까지 운영하고, 연간 70일에 달했던 휴관일도 없앴다고 한다. 물론 문화시설인 도서관을 상업시설처럼 운영한다는 비판과 '시장 해임'운동도 벌어진 적이 있지만, 민간기업인 '쓰타야'가 맡은 이후 이용자는 3.6배 증가하고, 이용자중 40%가 시 외부에서 찾아온 사람이어서 주변 음식점 이용자도 덩달아 20%이상 늘었고, 일부 숙박시설은 예약률이 두 배로 뛰었다는 점에서 이 사례는 도서관이 지역 활성화에 중추적 역할을 할 수 있다는 것을 보여주는 사례로 볼 수 있다. '다케오시'는 위탁 운영으로 기존 운영비의 예산 10%를 절감했고 쓰타야는 편의시설 운영으로 수익을 내고 있다. 다케오시는 도서관뿐 아니라 시립 병원 · 학교도 '민간의 힘'을 활용해 긍정적인 변화를 일으켜 '소도시 재생 再生 모델 케이스'로 주목받고 있다.

공연장을 포함한 문화시설은 가장 문제가 되는 것이 수익성의 문제이다. 많은 기업들과 지자체, 국가기관들이 문화시설을 확충하고자 노력하지만, 수익성이라는 한계에 부딪혀 결국은 중단되거나 문을 닫게 된다. 이 때, 활용할 수 있는 방안을 제시한 사례가 서울 한남동의 옛 운전면허장에 2011년 들어선 「블루스퀘어」이다.

2009년 4월부터 착공한 「블루스퀘어」는 서울시와 인터파크가 함께 만든 문화공간으로 서울시 소유의 부지에 ㈜인터파크씨어터가 건물을 지어 서울시에 기부하고 20년간 운영을 하게 되며, 매년 토지사용료를 납부하는 방식으로 부동산 개발방식 중 건설-소유권이전-운영 Build-Transfer-Operate으로 일명 BTO방식이라 한다.

「블루스퀘어」는 인터파크 그룹이 공연 문화 발전을 위해 건립한 복합문화공간이다. 지하 4층, 지상 4층, 연면적 2만9,492m^2 규모로 1,766석 뮤지컬 공연장과 1,400석 스탠딩 3000명 수용의 대중음악 콘서트 공연장과 부대시설을 갖춘 국내 최대 규모의 전문 공연장으로서 2009년 착공하여 2011년 11월 개관하였다.

가장 궁금한 「블루스퀘어」의 수익원천은 기본적으로 공연장 임대와 상업시설 등 시설임대료이다. 그리고 각종 뮤지컬물 등 공연을 통해서도 수익을 올릴 수 있다. 특이한 점으로는 '네이밍 스폰서쉽'을 활용하여 비즈니스모델을 창출한 것이다. 1,767석 규모의 뮤지컬홀에 네이밍 스폰서십 형태로 삼성전자가 참여했다. 그래서 뮤지컬홀을 '삼성전자홀'이라고 부르고, 바로 옆에 있는 콘서트홀은 삼성카드사의 후원으로 완성되어 '삼성카드홀'로 불리운다. 뮤지컬공연장은 1~2년의 장기 라인업이 잡히는 공연의 특성상 네이밍 스폰서쉽을 통해 삼성전자의 이름을 빌리게 되었고, 그 결과, 삼성전자는 일반 소비자, 공연계에 메세나 역할을 하면서 세계 최고의 대한민국 대표 기업이 국민과 함께 나누는 이미지와 문화를 통한 이미지를 확립할 수 있었고, 인터파크는 홀 네이밍 스폰서십을 통해 안정적인 운영 기반을 확보하게 되어 극장 설비 등 하드웨어에 대한 경쟁력을 물론 양질의 공연 콘텐트를 개발, 지원해 보다 우수한 공연들을 관객들에게 선보일 수 있어 공연장의 경쟁력을 더욱 탄탄하게 확보하게 되는 선순환적 시스템을 구축한 것이다.

2007년 11월 사업시행사를 인터넷 업체인 인터파크의 자회사인 (주)쇼파크로 선정하여, 2009년 3월 사업 계획이 승인되었으며, 수익형민자사업 BTO방식으로 진행되어 준공 후 서울특별시가 소유권을 가지며, 20년 간 (주)인터파크씨어터에서 운영할 권리를 가지게 된다. 최초 이름은 사업 운영자인 쇼파크로 불렸으나 공연장 명칭 공모를 통해 「블루스퀘어 Blue square」로 결정되었다. 「블루스퀘어」는 매년 관객들이 기다려온 대작, 초연 뮤지컬 등 화려한 라인업으로 장기적으로 공연시장 확대와 공연 제작환경 개선에도 역할을 하는 등의 역할을 한다. 한편으로는 공연뿐만 아니라 예술을 전방위에서 접하고 인큐베이팅 기치를 건 〈컬처파크 프로젝트〉와 국내 첫 공연 전문스탭 양성프로그램인 〈스탭스쿨〉, 어린이와 청소년 대상의 공연체험학습 프로그램 YOUTH PROGRAM도 진행하고 있다. 그 결과, 2011년 11월 문을 연 이래 주목받는 작품들을 잇달아 선보이면서 개관 3년 만에 흥행

공연장으로 자리 잡아 높은 유료 객석 점유율을 기록해 2012년과 2013년 연간 뮤지컬 판매 순위 상위권에 블루스퀘어 공연작들이 모두 오르기도 했다. 공연장 가동률 100% 블루스퀘어 삼성전자홀, 2012년 평균 객석점유율 90%, 개관 1년 4개월 만에 누적 100만 관객 돌파 등 단기간에 강렬한 인상을 남겼다. 공연뿐만 아니라 부대시설의 공간 활용도를 높여 아트페어, 미술 경매, 전시, 세계적인 조각 심포지움을 유치하는 등 다양한 예술문화 향유 기회를 제공하며 2층부터 4층까지 각 층별로 비스트로, 펍, 라운지 등 세련되고 쾌적한 외식문화공간도 두고 있다.

「블루스퀘어」는 정부와 기업이 함께 만든 최초의 민자 공연장이라는 점에서 상당한 의미를 갖는 곳이다. 그리고 사업방식으로 수익형 민간투자사업 BTO 모델의 도입, 그리고 네이밍스폰서쉽 등 새로운 수익모델을 창출하였다. 그리고 문화시설의 미래가치를 제시하고 입증한 점 등은 문화시설을 계획하고 있는 지자체나 기업들에서도 기획여하에 따라 얼마든지 추진가능성을 던져주는 요소로서 활용할 수 있을 것이다.

이같이 국내에서도 다양하면서도 긍정적 시도가 이루어지고 있다. 예를 들어, 도서관을 살펴보면, 전국의 도서관들이 다채로운 프로그램을 운영하면서 해당 지역 주민들을 위한 문화생활 중심지로 자리잡아가고 있는 것이다. 이는 조용히 책만 읽는 도서관에서 주민들과 함께 호흡하는 도서관으로 변신한다는 것을 의미한다. 최근 각 지역 도서관이 운영하는 프로그램은 다양하다. 영화 상영에 외국어 강좌, 작가와의 대화, 자기계발 수업, 도서관에서 숙박을 하는 1박2일 캠프 등 일일이 손으로 꼽기 어려울 정도다. 그러나서 변신에서 그치는 것이 아닌, 이용자를 위해 더 나아가야 한다.

우리가 사는 도시에는 다양한 시설들이 시민들과 이용자를 위해서 존재하고 있다. 오늘도 새로 공급되고 만들어지는 도시내 시설들은 과거와는 다른 양상이 나타나고 있다. 국내 주거시설의 대표적인 형태인 아파트의 개발과 공급시에는

"커뮤니티공간"이 강조되고 있고, 상업시설은 막힌 공간이 아닌 위아래가 뚫려있는 보이드 Void방식으로 지어지고, 상업적 임대공간을 줄이고, 내부에 광장을 조성하고, 경험할 수 있는 어울릴 수 있는 공간을 만들고 있다. 한편, 업무시설은 물론, 심지어 지식산업센터 과거, 아파트형 공장도 공동공간과 공동이용시설, 내부 공원 등이 공급되지 않으면, 분양이나 임대가 이루어지지 않는다고 한다. 즉, 그동안 사용자들이 특정지어 졌던 상업적 시설들도 일반 사용자들을 위한 공간 확보에 나서고 있는 것이다. 이것은 이미 선택의 문제를 넘어선 가야만 할 길로 작용하고 있는 것이다. 하물며, 공공 성격을 가질 수밖에 없는 「문화시설」은 그 정도가 더 할 것이다.

그러한 면에서 「문화시설」은 특히 사용자가 특정지어지면 안 될 것이다. 그동안 많은 시설들이 사용자가 특정되어진다는 점에서 시설의 '사유화'문제까지 발생하고 있는 것이다. 따라서 참여의 문을 활짝 열어 놓고, 소통이 이루어지고, 자발적 참여와 체험이 가능토록 하는 것이 관건이 되어질 것이다.

따라서 기존에 운영되는 많은 「문화시설」의 운영에는 이용객과의 소통이 어떻게 이루어지고 있는지에 대한 고민이 필요할 것이다. 이에 우선적으로 떠오르는 곳이 있다. 2015년 9월에 개관한 국내 최대규모 복합문화시설인 광주의 「아시아문화의 전당」이다. 지금이라도 시민들과의 접근방법에 대한 고민하에 결국은 '다양한 사람들이 모이고, 떠들고, 꿈꾸는 일상의 소통 공간'이 될 것인지에 초점이 맞춰져야 할 것이다.

6. 재래시장을 되살리다.

재래시장, 전통시장, 이미 고루한 느낌이다. 그래서 이 같은 이미지를 탈피하기 위하여 많은 시장들이 노력하고 있다. 시장을 쇼핑몰처럼 꾸미고, 시설 현대화를 하는 등 여러 기관의 도움을 받아 저마다 이미지 탈바꿈을 하기위해 노력중이다. 그렇지만 쉽지 않다. 시설을 바꾸고, 친절을 배우고, 청년 사업가들을 집어 넣어 시장을 젊게 만들고 입점 업종들을 달리하고, 진열방식을 달리 하는 등 다양한 해법을 제시하지만, 결코 쉽지 않다. 그런 가운데 부동산가격은 오르고, 시장으로 가치가 없게 되는 곳은 시장 재개발에 뛰어 든다. 그리고는 시장 재개발을 추진하다가 대부분은 중단되거나 그나마 잘 된 곳은 수익이 나는 주상복합으로 개발에 그친다. 여기에 정부나 지자체는 전통시장 이용하기 캠페인에, 전통시장 상품권에, 시장상인 교육하고는 끝낸다. 우리의 시장 재개발 모습이다. 그렇다면, 우리의 전통시장은 어떻게 바뀌야 할 까? 우선 해외사례에서 찾아 보자.

그림 2-28 | 네덜란드 로테르담 Markthal 시장 (©markthalrotterdam.nl)

위 사진은 네덜란드 로테르담시의 재래시장 재건축사례인 「Markthal 영어로 Markethall」이다. 전체 9층 건물에 1~2층에는 상점이 자리하고, 그 위로는 주택이 자리 잡고 있다. 지하에는 슈퍼마켓과 24시간 운영되는 주차장이 4개 층에 1,200 대규모로 운영되고 있다. 정확히 국내에서 공립되는 '주상복합'의 모습이다. 주택은 총 228Unit(임대 102, 분양 126)으로 24개가 펜트하우스이고, 시장에는 96개의 식품점과 20곳의 상점들이 자리 잡고 있다. 시장의 양쪽 끝에는 시장 내부 홀을 추위와 비에서 보호해줄 대형 유리벽이 설치되어 있고, 전체 3,000m^{2}의 대지에 아치형 디자인으로 이루어 진 중앙홀은 1,800m^{2}으로 시장중앙에는 시간의 계단 De Tijdtrap: The Time Stairs을 만들어 놓았다. 여기에는 「**마르크탈**」 사업부지에서 발굴된 음식, 유물이 전시되는 공간이 마련되어 있다. 즉, 역사성과 정체성을 버리지 않고, 이용자들에게 제공하고 있다. 또한, 네덜란드 법에 의해 자연적 채광을 준수하며, 자연채광을 요하는 모든 방은 건물의 외부에 위치하고, 그 외 주방 및 창고는 아치 안쪽으로 위치하고 있다. 건물내벽은 10,000m^{2}규모의 벽화가 대부분 시장 안에서 구입할 수 있는 상품들을 이미지로 보여주고 있고, 수시로 바뀌는 그래픽을 LED기술로 로테르담 도시의 야경에 화려함을 더하고 있는 사례이다.

다음은 2003년에 오픈한 재래시장을 재건축사례인 영국 버밍햄의 「Bullring shopping center www.bullring.co.uk」이다. 140여개의 점포와 "셀프리지 백화점과 데번햄 백화점, 그리고 TK Maxx백화점"이 앵커테넌트로 입점해 있다. 전체 125,300m^{2}로서 총 4층, 주차대수 3,100대를 갖춘 곳이다. 이 쇼핑센터의 가장 큰 특징은 사진과 같은 겉 표면에 있는 15,000개의 알미늄 원판 마감재이다.

그 독특함에 영국의 건축가 협회인 RIBA Royal Institute of British Architects로부터 영국의 3대 랜드마크로 선정된 바 있다. 한편, 「**불링 센터** Bullring Centre」 내부에도 LED 조명 솔루션이 적용되어 기존 조명 대비 약 85%의 에너지를 절감할 수 있었다고 한다. 개관 첫해 방문객이 3,000만명을 넘어 관광지로서 역할도 톡톡히 하게 된 「불링」은 1987년 원래 있던 재래시장과 실내 쇼핑센터를 재개발된 곳으로 이곳의 장점은 백화점과 재래시장이 공존하는 새로운 형태라는 점이다.

그림 2-29 | 영국 버밍햄 불링쇼핑센터 (©www.bullring.co.uk, 정희기)

'에이엠피 헨더슨AMP Henderson'이 컨소시엄을 통해 재개발한 쇼핑센터로 유통업과 교육, 문화, 주거, 상업활동 등을 조화롭게 통합해 8000개 이상의 일자리를 창출했고, 도시 전체에 새로운 활력을 불러 넣었으며, 그 결과 버밍햄은 런던을 이어 2대 쇼핑도시가 되었다. 영국의 한 조사에 따르면, 에딘버러 성과 타워 브리지를 제치고 '런던 아이'와 '빅 벤'에 이어 영국의 랜드마크 3위에 랭크되어 꼭 오래된 유적만이 '랜드마크'가 아니라는 가능성도 보여준다.

터키의 「베식타스 피시마켓Besiktas balik pazari」은 100년 넘게 매일 문을 여는 수산시장이다. 오랫동안 특별한 관리없이 운영되다가 위생에 대한 문제점 등으로 밀려나기 시작하여 시장 외곽지역에 들어선 쇼핑센터와도 서비스경쟁 등에서 뒤지게 되어 결국 매출은 떨어지고 쇠락하게 되었다. 이후 2006년 시장상인들의 제안으로 "시장환경 개선"에 착수하여 2008년부터 2010년까지 공사가 이루어져 재탄생한 이스탄불에 있는 어시장이다. 내부구조는 최대한 유지한 채 외관을 재구성하는 방식으로 진행되어 최종 결과, 사진과 같이 조개모양의 삼각형 지붕이 탄생하게 되었다. 지붕은 '벽면이 없이 모든 통로가 개방형'으로 만들어져 통풍과 자연채광 등이 이루어져 시장내 유인을 자연스럽게 이루어졌다. 내부공간은 스테인레스 스틸로 제작된 진열대로 신선함과 위생을 강조할 수 있었다. 결과적으로 콘크리트와 스테인레스 스틸로 마감된 「**베식타스 피시마켓**」은 독특한 구조와 디자인으로 방문객이 급증하게 되었다.

그림 2-30 | 터키의 베식타스 피시마켓 (ⓒGAD)

바르셀로나의 「**산타 카테리나 시장**」은 건축가의 주도로 8년간의 단장을 거친 재래시장 활성화 성공사례이다. 1848년 바르셀로나에 문을 연 「**산타 카테리나 시장** Mercat de Santa Caterina: www.mercatsantacaterina.com」도 재정위기로 문을 닫을 상황에서 시 의회의 재개발 결정으로 재생된 사례로서 지역의 특색과 개성을 반영한 건축물로 시장방문객과 건축을 즐기려는 사람들의 방문으로 활력이 넘치게 된 것이다.

공사 중 지하에서 로마시대의 유물이 발견되어 시장 한 편에 뮤지엄을 설립하게 되는 등 8년이 걸려 2005년에 완공이 되었다. 스페인 유명 건축가 엔릭 미라예스와 로컬 건축사인 EMBT가 설계한 것으로 $5,500m^2$의 물결치는 지붕과 시장에서 파는 물건인 과일 · 채소 모양을 형상화한 67가지 컬러에 32만5천개의 타일 사용과 컴퓨터시스템을 도입한 온라인 시장시스템으로 이메일 물건 주문이 가능하게 되었다. 그 결과 시장을 보기 위해, 건축물을 보려오는, 뮤지엄에 방문하는 사람 등 다양한 방문객의 창출이 가능하게 되었다. 이 사례는 시민, 관광객 모두에게 득이 되는 디자인으로 지역이 재개발되는 역할을 한 것으로 평가받고 있다.

▌그림 2-31 | 산타 카테리나 시장 (©www.mercatsantacaterina.com)

일본 북부 지역에 위치한 인구 30만 규모인 아오모리 青森시는 중심시가지 재개발사업을 하면서 재래시장을 지하 2층 지상 8층 규모의 「아우가 쇼핑몰 Festival city AUGA: www.auga.co.jp」로 개발했다. 이 곳의 특징은 최신 빌딩 안의 지하 1층에 신선시장을 넣어 총 86개 상점이 들어서 있어 각종 채소와 신선한 청과물이 가득하다는 점이다. 시장 외에도 건물 내에는 자정까지 운영하는 레스토랑과 함께 8층 건물의 절반 이상을 차지한 아오모리시민도서관과 문화시설이 함께 있어 시민의 생활 현장을 만날 수 있다. 그 결과, 공동화 되어 있던 재래시장은 문화시설을 즐기려는 시민들의 발길이 잦아지면서 재기에 성공할 수 있었다. 이는 시장 시설의 현대화 외에도 참고해야 할 대목이다. 결국, 이곳은 현대식 쇼핑센터 지하에 1970~80년대 시장을 복원해놓은 곳이다. 「아우가 쇼핑몰」은 사라져버린 과거의 시장을 복원해놓았고, 그 자체가 문화관광 자원이 된 것이다. 만약 이곳이 현대식 수산시장으로 개발되었다면, 방문객은 자신이 사는 동네에 있는 대형 할인점 수산코너와 똑같은 곳을 여행 가서도 구경할 이유가 없게 된다.

서민의 삶과 함께 해 온 우리 주변의 많은 재래시장이 쇠락하고 있다. 따라서 재래시장 살리기의 필요성을 느끼고 있고, 다양한 시도를 하고 있다. 그 결과, 우리나라 재래시장 살리기는 곧 '재래시장 현대화'라는 제목으로 이루어지고 있다. 그러나 재래시장 살리기가 '현대화'만을 의미하는 것은 아닐 것이다. 구성원

모두가 조금 더 고민하고, 노력한다면, 여러 사례 속에서도 얼마든지 우리 실정에 맞는 방안을 찾아낼 수 있을 것이다.

그림 2-32 | 일본 아오모리 아우가 쇼핑몰 (©auga)

이제는 국내 사례도 살펴보자. 요즘 KTX의 확장개통으로 「**광주 송정시장**」이 뜨고 있다. 온갖 신문과 방송에서 성공사례라고 방송을 한다. 1913년에 이곳에서 처음 '매일송정 역전시장'이 시작되었고, 104년의 역사를 강조하기 위해서 이름을 「1913송정역시장」으로 바꿨고, 누적된 시간이 많은 만큼, 송정역시장은 상인들에겐 삶의 터전이고 방문객들에겐 다양한 추억을 선사한다고 한다. 송정역 시장 골목의 바닥에는 건물 연도가 쓰여져 있으며, 이 숫자가 가리키는 방향에 있는 건물의 완공 연도를 표시한 것으로 오랜 역사를 가진 시장의 모습을 되짚을 수 있다고 한다. 100년 간 이곳을 지켜온 36개의 기존 상점들의 간판의 글씨, 가게 형태, 가게 색상 중 하나는 꼭 남겨두었다. 옛 정취를 살리자는 취지로 건물 자체의 리모델링은 최소화하고, 간판의 디자인은 상인들의 추억을 담아 제작되었다. 「1913송정역시장」은 바꾸기 위한 변화가 아닌, 지키기 위한 변화로 탄생한 103년된 시장으로 광주에 오면 꼭 한 번쯤 들러야 하는 광주의 필수여행코스라고 선전하고 있다. 그 결과 하루 평균 200명에 불과했던 방문객은 재개장 넉 달 만에 4,000여명으로 늘더니 현재는 5,000여명에 가까워지고 있다. 상인 매출도 5배 가까이 껑충 뛰었다고 한다. 최근엔 지역 전통시장을 넘어 전국구 관광지로 이름을 얻고 있다. 시장을 찾은 손님들도 가게 구경을 하면서 기존 전통시장에서 느낄 수 없는 색다른 재미를 만끽하고 있다.

한때 쇠락의 길을 걷고 있던 「1913송정역시장」이 지금의 성공한 전통시장으로 유명세를 타기까지는 20~30대 청년들이 잇따라 창업해 활기를 불어넣은 것도 있지만 자세히 들여다 보면 소상공인시장진흥공단과 광주창조경제혁신센터, 그리고 현대카드가 전통시장 활성화 프로젝트를 진행하며 청년들의 독특한 아이디어를 사업화할 수 있도록 지원한 점이 컸다. 이 때문에 창업 1년을 갓 넘긴 1913송정역시장 청년상인들의 고민과 도전은 현재도 진행중이라고 할 수 있을 것이다. 그렇지만 시장에 점포를 열고 잘 팔리니까 그대로 둘 것인가? 미안하지만, 부정적 예측이 엿보인다.

그림 2-33 | 1913송정역시장 입구 (ⓒJune)

앞으로가 문제다. 현재는 입지와 청년 상인들의 신선한 모습, 먹거리 등으로 관심을 모으고 있지만, 정작 중요한 것은 장사는 장기적 싸움이라는 것을 잊고 있는 것은 아닌가하는 생각이 든다.

우리가 전통시장을 가는 요소들, 파는 물건과 시장상인들의 모습, 마트와는 다른 교감, 그리고 우리나라 시장의 핵심인 좌판이다. 좌판의 왁자지껄한 “소통”없이 깔끔하게 정리된, 유명 상권에서 볼 수 있는 청년창업자들이 모여 있는 곳, 미안하지만, 내가 살고 있는 동네에도 많다. 아니, 오히려 훨씬 좋은 곳이 많다.

어떻게 「**1913송정역시장**」이 광주의 대표적 시장인가? 그냥 기차역이 가까운 조그만 마을 시장이다. 시골장이라면, 살만한 독특한 거라도 있지만, 들여다 보면, 이건 광주 특산물은 없고, 온통 먹거리만 천국이다. 이래서 오래 갈까? 안타깝지만, 앞으로도 많은 노력이 더해져야 할 것이다. 한번은 오겠지만, 다시 오기는 쉽지 않을 것 같다. 온통 처음 보기에 독특한 컨텐츠로 가득 차있고, 재방문을 유도하는 아무런 컨텐츠나 연계상품, 심지어 장치도 눈에 띄지 않는다. 광주의 대표시장은 양동시장이다. 규모나 전통, 파는 물건 면에서 비교가 안 되는 곳인데 훨씬 스토리가 많은 곳인데, 양동시장은 뭐하는지? 안타까울 뿐이다.

전통시장을 살리자는 마음에 「**광주의 송정역시장**」을 빗대어 적어보았다. 이는 다른 지역의 전통시장도 마찬가지이다. 좀 더 잘 되었으면 하는 마음에 사례로 들어 보았다. 많은 사람들이 전통시장을 선호하지만, 딱 하나 편리함 때문에 할인마트 등을 이용한다고 한다. 그리고 시장 장사는 1～2년 하는 것이 아니다. 그렇다면, 전통시장이 살아남기 위해 할 일은 무엇인가? 답은 명확해진다.

그림 2-34 | 1913송정역시장 모습과 우측사진에는 점포들의 개업연도를 적어 놓음 (ⓒJune)

전통시장의 대안

대한상공회의소에 따르면, 「전통시장 傳統市場」이란 '1980년 이전에 개설된 시장으로 시설이 노후화되어 재개발 및 근대화의 필요성이 있는 시장'이나 '일반시장의 일종으로 백화점, 쇼핑센터, 할인점 등 현대화된 소매기관이 아닌 것'을 말한다. 다시 보면, 「전통시장」은 과거부터 지역주민의 전통문화와 정서가 담긴 곳으로 일괄구매 가능, 지역주민과 가까이 하는 입지적 특성, 영세상인에 고용기회 제공, 서민층에 저가 구매기회 제공 등 지역경제 측면에서 다양한 기능과 역할을 수행해오던 곳이다. 하지만 내부적으로는 전근대적인 유통활동, 영세성, 비효율적인 경영, 조직화 및 협업화 부족, 시설 낙후성 등의 탓으로 그 경쟁력을 상실해 가고 있는 것이 현실이다. 이에 정부에서는 2002년부터 2010년까지 전국 777개 시장에 대해 2조원이라는 막대한 예산을 들여 다양한 전통시장 시설 현대화사업 및 경영선진화사업을 추진하였음에도 불구하고 시장의 매출액 및 종사자수는 지속적으로 감소하고 있다.

그런데, 이러한 「전통시장」의 침체는 지역경제와 직결되어있다는 점, 위치상 각 도시의 중심점에 있어서 지역의 노후화된 전통시장을 개발하거나 기타 방법으로 개선하지 않고 방치할 경우에 전통시장의 환경은 붕괴되어 도시의 슬럼지대로 변할 가능성, 시장이 가진 지역주민 간 커뮤니티센터로서의 기능의 상실을 의미한다. 이에 그동안 제시된, 일률적 지원, 시설위주 지원, 지원의 치중성 등 다양한 문제점을 벗어나 실질적 접근을 해 볼 필요가 있다.

그동안 진행된 정부 주도의 지원 사업과 대형마트의 입점 규제와 휴일 개장을 규제 등 많은 정책을 실시했는데도, 왜 상황은 나아지지 않는걸까? 실제로 전통시장 살리기는 시설 낙후라는 요소 때문에 그동안 시설 현대화에 집중해 왔다. 지붕이 없고, 편의시설이 없어서 등 꼭 시설이 낙후해서일까?

먼저, 소비자들이 전통시장을 이용하지 않는 이유에 대한 재해석이 필요하다.

그동안 소비자들이 「**전통시장**」을 기피하는 이유가 무엇인가에 대해 「**전통시장**」 상인들에게 설문조사를 하면, 상품이 다양하지 않아서, 품질이 떨어져서, 가격이 비싸서 등의 응답이 나온다. 여기에 몰입해서 착오가 생긴 것은 아닐까? 과연 이것이 소비자가 전통시장을 기피하는 진짜 이유인지 의문이 든다. 그렇다면, 역으로 전통시장을 가는 이유에서 해법을 찾을 수 있지 않을까? 일단 집에서 가까워서 산책 겸 걸어갈 수 있고, 생각보다 품질도 나쁘지 않고, 가격도 그리 비싸다는 생각이 들지 않는다고 한다. 결국 시장상인들이 생각하는 시장 기피이유와는 맞지 않는다는 것이다. 이에 대해 손님과 손님의 면대면 접촉이라는 점에서 일반 마트가 줄 수 없는 다양한 경험을 제공하면 된다라는 대안은 많이 제시되고 있다. 그리고 과거 전통시장이 지녔던 많은 나쁜 이미지들은 많이 개선되어, 접근성이 좋아서 산책겸 다닐 수 있다는 장점을 부각시킨다면, 그리고 무거운 장바구니를 대비하여 주차시설을 갖추고, 카트를 갖추고, 배달서비스까지도 그 대안으로 제시되고 있다. 그러나 주차장이 있다고 하더라도 카트를 끌고 주차장으로 가는 동선이나 편의성이 보장되지는 않는다. 즉, 많은 예산을 들여 전통시장에 주차장을 짓는다고 해서 대형마트와 같은 편리함이 생겨나지 않을 것이라 예측할 수 있다.

또한, 재래시장이 낙후된 이미지라는 점에서 전통시장이라는 용어로 바뀌었다. 그렇다면, 「**전통시장**」에는 그 지역민들의 전통적인 문화가 있어야 할 것이다. 외국의 유명인들이 재래시장인 '광장시장'이나 '통인시장'을 방문하여 흡족해한다는 뉴스를 접한 적이 많다. 그 이유는 하나다. 그 곳에서 마트에서는 볼 수 없는 지역의 문화를 볼 수 있어서 인 것이다. 그러나 현실은 그렇지 않다는 것을 이 책을 읽는 독자들은 이해하고 있을 것이다.

적어도 대도시 안에 있는 「**전통시장**」의 문제는 이제 시설이나 나쁜 상관습과 같은 것이 아닐 수 있다는 생각이 든다. 한편으로 전통시장 내 상점들도, 그리고 전통시장 중에도 잘 되는 곳은 매출이 계속 늘어난다. SNS 등을 통해 입소문을 타면 어떤 종류의 상점이든 장사가 되는 게 요즘 시대라는 측면에서 고민이 필요하지 않을까 싶다. 이 지점에서 시장의 고유기능을 생각해보자.

우선 무엇을 할까? 여기에서 시장이라는 공간에 꼭 필요한 기능을 살펴보자. 먼저, “살거리”다. 시장은 우선 뭔가를 사러 가는 것이다. 시장이라는 공간차원에서도 아무래도 공간에 머물수록 매출은 늘어난다는 점에서 소비자가 머물게 하려면, 살 거리가 필요하다. 그것도 전통시장이란 공간에서 사는 것은 아무래도 지역을 대표하는 그 지역의 특성적인 상품일수록 유리할 것이다. 바닷가면, 수산물, 산이나 내륙이라면, 나물이나 약초 등이 떠오른다. 값이 싸고, 상품 구색은 그 다음 문제인 것 같다. 그렇지만 이미 많은 전통시장이 전통이 없어진지 오래다. 지역의 특성이 가미되지 않은 다른 지역의 상품들이 중심이 된다면, 굳이 그 시장을 방문할 이유가 없을 것이다.

다음으로는 “먹거리”이다. 아무래도 재래시장이라 하면, 시장에서 파는 특색있는 먹거리가 있게 마련이다. 어릴 때 엄마따라 갔던 시장에 있던, 주전부리나 국수, 도토리묵 등 다양한 먹거리는 아무래도 마트보다는 재래시장이 제격이다. 즉, 시장에서 물건을 산다면, 꼭 필요한 것이 시간이 소요된다는 점에서 시간의 경과는 곧 배고픔을 가져오며, 시장에서 나는 각종 음식의 냄새는 허기진 마음을 곧바로 채우려 하기에 먹거리가 필요한 것이다. 그리고 나만 사먹고 끝내는 것이 아니다. 가족을 위해서 포장을 해야 한다. 그런 점에서 먹거리의 구성은 너무도 중요하다.

그리고 필요한 기능이 다양한 “엔터테인먼트 기능”이다. 그렇다면, 기존 재래시장에 엔터테인먼트 기능이 없었는가 하면, 그렇지는 않다. 문제는 소비자를 위한 것이 아니고, 아무래도 시장 상인들의 관점에서 바라본 “엔터테인먼트 기능”이 아닐까 싶다. 그리고 여기에는 꼭 지역적 특성이나 문화가 가미되어야 한다. 어느 지역이나 어느 시장에서도 볼 수 있는 엔터테인먼트라면, 흥미가 생길까? 미안하지만 그렇지는 않을 것이다.

이 시점에 생각해본다면, 시설 현대화, 노후된 편의시설 확충도 중요하지만, 시장의 필요한 기능이 잘 조합이 되어있는지를 살펴볼 필요가 있다. 전통시장에 중요한 것은 이 같은 3가지 기능의 조합이 아닐까 한다. 주변에 있는 전통시장에 이같은 기능이 있는지 살펴보자. 쇠락된 곳일수록 그 기능이 없다. 또한, 지금 비록 어느 하나의 기능으로 인해 시장이 잘 될 수도 있다. 그러나 재래시장이 장기적으로 지속가능하기 위해서는 이 같은 3가지 기능이 잘 받쳐져야 한다. 지금 먹거리가 유명해서 잘 되는 시장이 있다. 예를 들면, 서울의 '광장시장'이나 사례로 다루었던 광주의 '송정 역전시장'같은 시장에서이다. 지금은 먹거리가 독특하거나 푸짐해서 잘 되지만, 어느 시기가 지나면, 그 하나의 이유만으로 멀리 있는 시장을 계속 가기는 어려워진다. 즉, 먼 지역에서도 그 시장을 이용하려면, 그 시장만의 독특한 살거리, 그리고 먹거리, 마음을 움직일 수 있는 적당한 엔터테인먼트기능이 어우러져야 만이 경쟁력을 가질 수 있는 것이다.

그렇게 본다면, 지금까지의 「**전통시장**」 살리기는 정작 중요한 본 기능은 건드리지 않고, 외부 요인들만 건드린 것은 아닐까? 여기에 많은 현대식 마트, 백화점들이 원스톱 쇼핑공간, 원스톱 라이프스타일 공간을 외치고 있다. 같은 원스톱 라이프스타일 공간이 된다면, 오히려 전통시장이 더 제격일 수밖에 없지 않은가? 주변 시설, 주변 공간과 하나로 연계되어 같이 이용되게 한다면, 마트에서 주장하는 원스톱과는 다른 「**전통시장**」 만의 원스톱 공간이 될 수 있지 않을까 생각해본다.

7. 산업시설, 문화교류의 장으로, 산업관광지로 변신하다.

공장은 도시 경쟁력의 상징이었다. 19~20세기의 거센 산업화 물결은 많은 도시들에 공장 지대를 형성하였고, 그 공장지대는 지역과 나라를 이끌어가는 역할을 충실히 이행하였다. 그러나 IT산업의 등장으로 인한 산업구조의 변화는 기존의 공장들로 하여금 변화의 기로에 놓이게 만들었다. 가장 번창한 곳으로 주로 도시의 외곽에 있던 공장지대가 지금은 도심의 한 복판에서 도심을 가로막고, 도시발전을 저해하는 낙후지역으로 평가를 받고 있는 것이다. 그런 면에서 산업유산관광을 도입한 유럽의 사례는 같은 문제에 놓여있는 국내에 의미있는 시사점을 준다.

그 중에서도 앞에서 다룬 바 있는 독일 뒤스부르크 Duisburg의 「노르드파크 Nord Park」는 문화적 요소가 가미된 공장 재생사례이다. 이는 산업혁명의 대표산업인 석탄·철강·방직 등의 산업지역들이 1960년대부터 쇠퇴하기 시작하자 사양 산업 지역 활성화를 위하여 도입된 산업유산형 산업관광형태인 것이다.

「노르드파크 Nord Park」는 한때, 독일의 번성을 이끌었던 제철공장이었던 곳이다. 공원으로 바뀐 현재는 공장창고가 '클래식공연장', '건축전시회장'이 되고, 굴뚝은 '암벽타기장소'가 되고, 가스탱크는 13m깊이의 인공수초와 난파선이 들어선 '스쿠버다이빙장'으로 바뀌었다. 그 결과, 저녁에는 공장내 교차로에서 상영되는 영화에, 공연에 주민들은 열광하고, 관광객들은 오래된 공장건물이 탈바꿈한 유스호스텔에서 새로운 산업문화를 즐기게 되었다. 주변에는 산책로가 조성되어 있고, 공장근무자들이 걷던 길은 24시간 산악자전거루트가 되었고, 전체 공장외관은 저녁마다 야간 라이트쇼가 화려하게 벌어지는 관광명소가 되었다. 도시의 문제아로 자리잡았던 제철공장 자리가 시민들이 하루를 즐기는 생태공원으로 자리잡아 시민들의 사랑을 한 몸에 받고 있는 것이다. 시민과 함께하는 재개발사업은 비어있던, 철거만을 기다리고 있던 공장지대를 하나의 문화상품으로 바꾸어 연간 70만 명이 방문하는 관광지가 되었다.

스위스의 「**취리히 웨스트** Zurich West」 지역도 공장지대였던 산업유산 지역을 젊은 이들을 위한 문화 · 오락 공간으로 재개발하여 매력적인 곳으로 재탄생한 사례이다. 이곳의 건물들은 대부분 예전의 공장형태를 고스란히 유지하고, 인테리어도 공장에서 쓰는 철제빔을 사용해 특별함을 선사하고 있다. 그 때문에 공장 분위기를 그대로 살린 바 Bar나 전망을 즐길 수 있는 라운지를 비롯하여 영화관, 레스토랑과 아틀리에, 사무실 등이 자유롭게 자리하고 있어 취리히의 트랜디한 공간으로 사랑 받고 있는 것이다. 이 곳은 아직도 주민 투표를 하면 개발보다는 보전이 선택된다고 한다. 그 결과, 과거 비누, 직물, 양조공장 등이 있던 쓸모가 사라진 공장터들에 대해 지금도 밀어버리고 새로운 건축물을 세우기보다는 공연장, 공방, 쇼핑몰 등의 문화공간으로 재활용하고 있다.

그림 2-35 | 취리히웨스트(Schiffbau, Freitag shop, Im Viadukt)
(©wikipedia.org/Adrian Michael)

1980년대 중반 생산업에서 서비스업 분야로 산업의 중심이 옮겨가면서 「**취리**

히 웨스트」의 공장지대도 다른 나라처럼 쇠퇴기를 맞아 폐허화 되었다. 이후 개발 이슈가 논의 되었으나 구체적인 개발이 지연되면서 지가는 폭락하였고, 그 결과, 당연한 수순처럼 낮은 임대료에 넓은 공간을 이용하고자 하는 예술가, 갤러리 운영자, 광고와 디자인 분야 종사자들이 몰려들었다. 이렇게 모여든 젊은 예술가들로 인해 이 곳에는 기발한 콘셉트의 레스토랑과 숍, 아트 갤러리 등의 마켓이 더불어 생겨난 것이다. 맥주 양조장자리는 실험적 예술작품으로 무장한 '미그로스 미술관'으로, 옛 조선소는 무대 예술의 메카로 불리우는 극장 'Schiffbau'와 째즈클럽으로, 톱니바퀴 공장자리에는 17개의 콘테이너가 쌓여있는 핸드백과 악세서리 브랜드인 'Freitag'의 본사이자 플래그쉽 스토어로, 비누 공장은 '모던 아트 갤러리' 등 다채로운 공간들로 변모해서 취리히의 젊은 세력과 관광객들에게 새로운 세상을 선사해 주고 있다. 한편으로는 기차가 다니는 기차다리를 마켓과 문화공간으로 개조한 사례인 'Im Viadukt'가 있다. 교각의 다리 아치모양을 그대로 남긴 상태에서 각 아치마다 번호를 붙인 공간이 있어 그 공간마다 레스토랑이나 리테일샵이 들어있는 독특한 공간이다. 다리 위에는 여전히 철로가 남아 열차가 지나다니고 있어서 재생으로서 도시살리기를 충실히 따르고 있다. 취리히 시에서 정책적으로 개발한 「웨스트 사이드 west-side」는 공간가치 살리기 사례로 폐허화 된 산업 단지가 다양한 문화 공간을 두루 갖춘 뉴타운으로 개발됨으로써 도시형 라이프 스타일을 원하는 젊은 층에게 인기를 얻어 관광지로서도 자리잡고 있다.

이는 일본의 경우에서도 어렵지않게 찾아볼 수 있다. 일본 북해도 삿포로에 위치한 「삿포로 팩토리」는 맥주제조장으로 지은 건물을 대형 쇼핑몰로 개조하여 레스토랑, 호텔, 피트니스 클럽 등 160여개 상점과 시설을 배치하였다. 그 후, 「삿포로 팩토리」는 삿포로의 대표 관광지로 성장하여 매년 200만 명이 방문하는 새로운 경제를 창출하는 장소가 되었다.

그러나 우리의 모습은 어떤가? 많은 공장들이 허물어지고, 그 곳에는 아파트단지가 들어서던지 아니면 업무시설단지가 새롭게 들어서는 형국이다. 어디에도 산업시대를 이끌어왔던 기억은 사라진 후이다. 기껏해야 공장재생이라는 이름으로 관련시설들이 들어서고 있어서 정작 이를 문화상품으로 바꾸거나 공장의 기억을 활용하려는 노력은 별로 없다. 만약 스위스 취리히의 「**웨스트사이드**」가 현대식 시설로 개발되었다면, 그저 그런 공장지대 재생이 되었을 것이다.

공장시설을 그대로 살리고, 문화요소를 도입한다는 것만으로 공장지대가 다시 살아난다고 할 수는 없다. 해외의 성공한 공장재생은 문화라는 코드를 사용하여 공간개조를 통해 앞에서도 다루었던 "산업관광"이라는 새로운 차원의 산업을 창출한 것이다.

그런 면에서 세계 최초의 산업단지인 영국 맨체스터의 「트래포드 파크」 재생 사례는 우리에게 과제를 던져준다. 영국의 '맨체스터 Manchester'는 박지성선수가 뛰었던 '맨체스터 유나이티드'와 '맨체스터 시티'라는 영국 프리미어리그의 유명 팀이 있는 축구로 유명한 도시이다. 그러나 맨체스터는 세계 최초의 산업단지인 「트래포드 파크」의 도시이기도 하다. 지난 120년 간 1950년대까지 근로자 7만 5천여 명으로 영국 국가 경제를 이끌었으나 1960년대 들어 기업과 근로자의 70%가 떠나며 몰락했던 곳이기도 하다. 1987년, 영국정부는 「트래포드 파크」에 지식집약형 미디어 산업을 유치하고, 대규모 쇼핑센터와 박물관도 세워 일하고 싶은 도시로 재생하였다. 그 결과, 영국최대의 중공업 위주의 산업단지인 트래포드파크 한 가운데에 「**트래포드 센터** Trafford Center」라는 대형 쇼핑센터가 탄생하였다. 이는 총 연면적 207,000m^2규모로 1998년 오픈 당시에는 영국최대의 쇼핑센터였다.

「트래포드 센터」는 산업단지내에 있는 쇼핑센터라는 의미도 있으나 푸드코트인 "오리엔트"에서 벌어지는 '티댄스 파티 Teadance party'가 우리에게 시사하는 바가 크다. 유럽에서 가장 큰 푸드코트로서 1,600좌석에 31개의 레스토랑과 카페, 바가 마련되어 있는 "오리엔트"에서는 매주 화요일 오후 4시부터 6시 30분까지 벌어지는 지역민들에게 유명한 "티댄스 파티"가 있다. 그 시간이 되면, 쇼핑센터의 식당가에 음악이 흘러나오고, 춤을 출 수 있는 공간이 마련되고, 주변에는 무료로 제공되는 커피와 홍차, 샌드위치 등이 준비되어 있다. 그리고 노인들은 푸드코트 근처의 음악을 연주하는 증기선을 배경으로 악단의 반주에 맞춰 50쌍 이상 되는 노부부들이 댄스를 즐긴다. 매주 이 시간이 되면, 멀리에서도 '댄스타임'을 즐기기 위해 무도의복을 갖춰 입고, 설레임을 가지고 기다린다고 한다. 우리나라와 비교해 본다면, 옛 구로공단 자리에 들어선 대형 쇼핑센터에서, 노인층이 설레임속에서 하루를 즐기는 모습으로 볼 수 있다. 즉, 자연스럽게 일반인도 같이 어울릴 수 있는, 문화가 함께하는 산업단지 재생사례가 된 것이다.

이상의 사례에서 보는 바와 같이 산업시설의 재생은 노후 산업단지, 폐 산업시설 등 제 기능을 잃고 지역에 방치되고 있는 유휴공간을 재창조하여 지역예술인, 주민, 근로자들의 문화향유 공간으로 활용하거나 이를 확장하여 산업유산을 활용한 산업관광의 형태로 활용되고 있다. 특히 산업관광은 1 · 2 · 3차 산업의 과거와 현재, 미래를 주제로 하여 현장 중심의 방문 견학을 통하여 교육과 체험, 그리고 재미라는 융 · 복합형 관광 상품의 하나로 총체적인 국가브랜드 강화에도 일조하고 있는 새로운 블루오션으로 부상하고 있다. 그러나 아직까지 우리나라의 산업관광은 경쟁력 있는 국가 관광자원임에도 불구하고 주로 견학을 포함한 산업시찰형 관광에 그치고 있다.

이미 우리나라에도 많은 산업단지와 공장들이 산업의 발전과 시간의 흐름속에 변화의 갈림길에 놓여 있다. 최근에는 개발논리에 밀려 사라진, 아니 없애버린 옛 정취를 복원하고, 감성적 부분까지 배려하고 있는 추세이다. 근대화과정에서 만들어진 많은 건물과 공장, 그리고 시설들을 재활용하여 새로운 공간으로 탈바꿈하는 작업이 이어지고 있는 것이다. 물론 모든 사례들에서 흔적을 남기자는 얘기는 아니다. 그러나 다양한 사례들의 산업시설 재생과정과 결과들은 심지어 실패상황까지도 우리에게는 변화의 방향을 제시해준다는 점에서 이를 적극 고려해야 할 필요가 있다. 그러나 산업단지 구조고도화사업, 재정비사업, 서울형 도시 재생 사업 등 다양한 이름으로 진행되고 있는 산업단지 살리기가 여기저기서 진행되고는 있으나 그 진척은 너무 느리게 진행되고, 그 갈 길은 여전히 멀기만 하게 느껴진다.

8. 또 하나의 기회, 수변 공간

그림 2-36 | 두바이의 전경 (©www.seawings.ae)

최근 개발 분야에서 눈에 띄는 분야가 「**워터프론트** Waterfront」 또는 「**수변공간 개발**」이다. 여기저기서 워터프론트 개발을 내세우며 지역을 알리고 있어서 지자체, 공공분야를 넘어서 민간에서도 전면으로 내세우고 있다. 내용적으로는 기존의 물가 공간을 넘어 인공 호수나 인공 수변환경 조성까지 다양하게 벌어지고 있다. 수변 공간 개발의 대표적 사례는 세계적인 개발도시인 '두바이 Dubai'다. 두바이의 경우, 인공 섬과 부채살 모형의 매립 등 다양한 해안 개발행위로 기존의 70km였던 해안선이 계획 완성 후 1,500km로 확장되었다고 한다.

특히 독특한 부채살 모양의 '팜 주메이라 Palm Jumeirah'는 인공적으로 만든 섬으로 처음에는 세계 8대 불가사의로 알려졌다. 하늘에서 내려다보면 길게 갈라진 17

개의 잎으로 구성된 야자나무처럼 보이며, 초승달 모양의 섬으로 둘러싸여 있다. 앞부분에는 주택들이 들어서 있고, 줄기부분에는 주상복합이, 그리고 끝 부분에는 '아틀란티스 호텔'이 자리잡고 있다. 바로 옆에는 상어가 있는 수족관으로 지나가는 워터파크가 있으며, 이같은 시설의 이용과 관광하는 이들을 위해 중앙으로 모노레일이 운영되고 있어서, 계속 관광객들을 쏟아내고 있다.

그림 2-37 | 팜주메이라 (©http://whatson.ae/dubai)

친수공간 개발시 고려 요소

「**친수성** 親水性」은 사람이 물과 친해지고 물을 즐길 수 있는 환경의 질 質로서 어메니티 amenity를 의미한다. 친수성은 「**물에 가까이 가다**」, 「**물을 볼 수 있다**」, 「**물을 만질 수 있다**」의 가능성과 깊이 관계되며, 친수성 제고는 인간과 물이 바람직한 관계를 맺도록 어메니티를 향상시키는 것을 의미한다. 한편, 이 같은 친수성을 높인다는 것은 인간에게 정서적인 즐거움과 심리적 만족감을 주고, 환경의 질을 높이 평가하는 것이다. 친수성을 높이기 위해 친수공간 및 친수시설 조성, 해양경관 향상, 친환경적 환경과 쾌적한 환경 유지를 하는 것이다.

여러 다양한 친수공간이 개발되고 관리되고 있지만, 친수공간이 제대로 자리잡기위해서 고려해야할 몇 가지 요소가 있다.

조망장소

'**조망권**'은 항만경관의 가치를 높일 수 있는 대표적인 요소이다. 조망지점에서 수면을 넓게 많이 보이는 것이 중요하며, 조망점의 부각조건, 앙각조건, 가시영역조건 등을 고려해야 한다. 그리고 조망점에서 수면이나 랜드마크로의 시선 차단을 회피시켜야 한다. 아울러 바닷가 경관연출에 효과적인 조망점과 시점의 관계를 고려하고, 단조로운 지형, 심미성이 낮은 항만시설물과의 관계도 고려하여 계획되어야 한다.

랜드마크

가시영역이 넓은 항만경관에서도 앞 쪽에서 다루었던 '**랜드마크**'[11]가 중요하게 된다. 대부분의 수변공간 개발에서 '랜드마크'는 지역을 대표하는 상징적 경관요소로 계획되고 더 나아가 지역민들이 자신감을 갖게되는 요소로서 작용한다.

색채계획

수변이라는 특성상 푸른 물빛과 햇빛 등 고려해야할 색채적 요소가 많다. 따라서 수변건축물과 그 배경의 색채 콘트라스트가 중요하게 된다. 구체적으로 색채 계획시에는 기조색을 결정하고 기존의 색과 조화를 고려하고, 색채와 함께 재

11) 랜드마크의 중요한 조건: 발광체, 반사체, 색채가 두드러진 것, 역사적 건조물, 스케일이 큰 것, 형태가 특이한 것, 심리적 요인에 의한 것, 많은 조망점에서 보이는 것 등.

질감을 위해 재료, 장소, 위치, 형태를 계획해야 한다.

야간경관계획

최근 도시가 24시간 살아있는 유기체적 존재라는 점에서 야간경관조명에 의한 안전하고 매력 있는 수변공간 연출은 매우 중요하다. 관리를 위해서는 일정규모 이상 건축물 야간경관조명 설치를 의무화하거나 경관조명을 위한 건축물 외관 및 옥상디자인을 적용하고, 오픈 스페이스의 경관조명 계획 수립과 관리가 필요할 것이다.

오픈스페이스(광장, 녹지, 산책로 등)

'**오픈스페이스**'를 통해서 수변공간의 접근성과 친화성을 극단적으로 높일 수 있다는 점에서 시가지와 일체화된 보행자도로 네트워크, 오픈스페이스 집약화 및 네트워크화가 필요하다. 이때, 교량같은 친수시설 계획은 큰 도움이 된다.

해양건축의 가능성

「**해양건축**」은 미래의 건축분야[12)]이다. 특히 삼면이 바다인 우리나라의 지리적 특성으로 육상공간 부족, 해양의 고유한 성질 등으로 인해 해양건축 발전은 필연적일 수밖에 없다. 따라서 해양공간의 적극적 활용이 필요하다. 더구나 갈수록 증대되는 친수공간의 요구, 항만재개발, 해양문화 인식제고 등은 해양건축의 수요가 증가할 수밖에 없다. 더욱이 지구온난화로 인한 해수면 상승, 반복되는 연안 침수 등에 따라 재해방지와 연안활용을 위해서도 해양건축 발전과 이에 대한 준비가 필요하다.

12) 이한석, 항만재개발과 친수공간, 한국해양대학 해양공간건축학과.

그렇다면, 「**해양건축**」이란 무엇인가? 「해양건축」이란 쉽게 해양공간에 입지하는 건축을 말한다. 이렇게 이해한다면, 왜 우리가 「**해양건축**」을 눈여겨봐야하는지가 명백해진다. 우리 국토에서 해양도시 및 해양건축을 위해 이용가능한 해양공간은 육지공간의 4.5배를 차지한다. 더 나아가 「**해양건축**」은 바닷가와 바다에 인간이 쾌적하고 안전하게 생활할 수 있는 건축공간을 만드는 것이라면, 육지 공간 중심의 건축문화에 새로운 대안 및 가능성을 제공할 수 있게 된다.

왜 이 시점에 「**해양건축**」인가? 해양건축이 활성화되고, 이에 대비해야 하는 이유는 몇가지 측면에서 살펴볼 수 있다. 우선, 육지에서 인간생활을 위한 가용공간이 부족해지고 있다는 점이다. 다음으로는 기능상 바다에 세워져야 하는 건축물로 바다에 위치함으로써 건축물의 가치가 제고되는 경우이다. 그리고 바다는 육지에는 없는 많은 특성 및 장점을 보유한다는 점이다. 마지막으로는 사람들이 바닷가에 살고 싶어 한다는 점을 들 수 있다.

이 같은 「**해양건축**」은 이미 세계 곳곳에서 발달된 사례와 형태들이 즐비하다. 일본에서 육지 가용공간 부족으로 해양건축이 발달하여 이미 일본 내에만, 수백개의 해양건축물이 있으며 최근 초대형 부유식 구조물을 이용한 해양도시와 해양건축을 시도하고 있다. 일본 이외에도 영국 등 유럽과 미국이 해양건축의 선진국으로 자리잡고 있다. 최근에는 중동 및 동남아국가들도 해양건축에 적극적 관심을 가지고 다양한 사례들이 나타나고 있는 것이다.

구체적으로 실현과정을 살펴보면, 「**해양건축물**」은 바다와 바람직한 관계 형성 차원에서 바라봐야 할 것이다. 즉, 바다의 고유한 성질을 활용한 건축물로 바다의 자연현상, 공간특성, 심리적 특성을 활용해야 한다. 그리고 해양환경의 보전 및 회복에 기여라는 목적하에 아름다운 해양경관을 창조하기 위해 바다 관련 이미지를 건축디자인에 도입할 수 있을 것이다.

「**해양건축물**」은 위치와 형태에 따라 해안형, 해상형, 해중형으로 나눌 수가 있다. 먼저, 해안가에 자리잡는 형태는 아직까지는 가장 많은 형태의 해양건축이다. 1988년에 완공된 호주 시드니의 '달링하버' 아쿠아리움은 해양건축의 대표적 사례로 들 수 있다. 한편으로 일본의 후쿠오카에 있는 '마리존 Marizon'은 식당, 쇼핑룸, 게임룸, 결혼식 예배당 등의 시설이 들어선 경우로 1989년에 완공되었다.

그림 2-38 | 달링하버 (©sydneyfestival.org.au)와 마리존 (©marizon.co.jp)

「**해양건축물**」로는 이스라엘의 Eilat에 1999년에 위치한 세계 최초의 수중레스토랑인 'Red Sea Star Restaurant'가 있다. 최근 신혼여행지로 각광받고 있는 몰디브 Maldives의 '이타레스토랑 Ithaa Restaurant'도 바다속을 관람할 수 있는 대표적 상업공간이다. 그러나 해중건축물은 아직까지 수중의 압력에 대한 대비문제라는 경제적 이유, 바닷속이라는 특성으로 활성화가 되고 있지는 않다.

그림 2-39 | 레드씨 스타 레스토랑(좌)과 이타레스토랑(우)

워터프론트

「워터프론트 waterfront」의 사전적 의미로는 물가의 땅이나 도시의 호안 하안 · 해안 지역, 그리고 선창가 부두 등으로 볼 수 있다. 크게 보면, 물과 직접 연결된 모든 종류의 땅을 뜻하게 된다. 따라서 워터프론트는 바닷가와 내륙의 강이나 호수 등 물과 연결된 지역이라는 의미로 볼 수 있다.

한편으로 「워터프론트」는 수변공간이라는 지리적인 의미와 함께 「물」과 관련된 기능을 가지고 도시생활의 활력을 준다. 여기에 인공시설과 더불어 자연적 정취를 느낄 수 있는 친수공간이라는 기능적 의미를 동시에 포함하고 있다. 또한, 도시의 녹지공간과 유사한 기능을 수행하면서도 다른 한편으로는 녹지와는 전혀 다른 여타 도시 활동 모두를 수용할 수 있는 유연성과 규모를 가진 장소로서 공업 · 유통 · 어업 등 생산적인 행위와 상업 · 업무 · 주거 · 레크리에이션 등 전형적인 도시활동이 함께 이루어질 수 있는 독특한 자원이다. 그리고 모든 도시민이 이용 가능한 공공 공간으로 볼 수 있다.

이 같은 개념아래 최근 국민의 여가활동의 증대와 함께 경쟁력있는 도시공간을 만든다는 차원에서 새롭게 인식하고 있는 「워터프론트」, 즉 수변공간의 특성과 이들의 친수공간적 활동을 위해서 할 일이 무엇인지를 볼 수 있다.

「워터프론트」의 공간적 특성으로는 먼저, 바다나 하천 등 수환경중심의 자연환경으로서 이들과 접촉하기가 용이하다. 다음으로 오랜 시간의 흐름 속에서 다양한 이용특성으로 인해 축적된 역사나 문화적 가치가 높다. 그리고 물가에 입지한다는 면에서 개방성과 조망축의 확보에 따른 경관적 가치가 높을 수밖에 없다. 반면, 약점으로는 부지 전면이 수역이기 때문에 접근성이 한정되는 경우가 많다. 바로 이같은 특성이 향후 도시개발시, 공간개발시 활용할 수 있는 부분인 것이다.

「워터프론트」의 매력과 잠재력은 바로 물의 존재 때문에 다른 시가지나 육상

영역과는 다른 환경·공간특성과 다르다는 점이다. 물은 생명의 근원으로서 사람의 오감을 자극한다. 사람들은 만져보고 느끼는 물의 시원함과 따뜻함, 해조음이나 배에 부딪히는 물소리, 바닷물의 갯냄새, 밤의 수면에 비치는 조명의 반짝임 등에 매료된다. 또한, 「**워터프론트**」는 수역과 하늘이라는 광대한 공간의 확장으로 인한 넓고 시원한 개방감으로 무한한 자유와 상상의 세계를 느낄수 있으며, 뛰어난 경관미가 조화를 이루기 때문에 사람들은 자주 찾게 된다. 또한, 수족관, 마리나, 선창가의 재개발 등 과거의 역사문화적 가치를 계승·발전시키는 과정을 통해 워터프론트의 잠재력을 발굴 함으로서 세계적인 관광명소로 자리매김될 수 있다.

독일의 하펜시티

앞에 도시재생에서 사례로 다뤘던 독일 함부르크의 「**하펜시티**」도 대표적인 수변공간 개발이다. 「**하펜시티**」는 유럽 최대의 도심 재개발 프로젝트로서 그 추진 특성은 다음과 같다. 도입계기로는 항구도시로서의 경쟁력이 약화되면서 공동화와 슬럼화 진행과 잦은 홍수방지 대책과 공공의 인프라 구축에서 시작된 프로젝트이다. 그리고 프로젝트의 완성을 위해 미래지향적인 도시로 개발하기 위한 주요 프로그램을 도입하여 철저히 도심이 질적으로 풍성하게 성장할 수 있는 기회를 제공하였다. 붙어있는 엘베강을 한눈에 조망할 수 있는 도심주거공간을 만들고, 물가에 인접한 흥미롭고 다양한 문화와 여가 생활을 창출한 사례인 것이다. 이를 통해 물이라는 자연적 특성을 활용하여 '도시와 물의 새로운 연결'을 통해 경제, 문화, 환경이 어우러지는 도시 구현을 목표로 재개발하고 있다.

밴쿠버 그랜빌아일랜드

캐나다 밴쿠버의 대표적인 재생사례로 꼽히는 곳으로 「**그랜빌아일랜드**」가 있다. 「**그랜빌아일랜드**」의 워터프론트 개발계기도 「**하펜시티**」와 유사하다. 섬의 잦은 침수로 1800년대부터 산업부지로 형질변경하여 1923년 대부분의 토지에는 공장이 건설되었다. 그리고 세계 2차 세계대전 이후에는 환경의 악화현상을 겪게 된 곳이다. 이에 1979년 친근한 예술정신과 다양성을 추구하여 지금의 미술과 문화가 어우러진, 재래시장이 자리한 시민들의 공간이 된 것이다. 공장과 창고가 있던 낡고 오래된 공장지대에서 개조를 통해 다양한 숍과 레스토랑이 들어서며 관광지로 탈바꿈한 사례이다. 개성이 뚜렷한 물건을 파는 작은 상점을 구경하거나 작은 장신구나 독창적인 공예품을 구입할 수도 있고, 뮤지컬과 콘서트 등을 상영하고, 여름에는 재즈 페스티벌이나 포크 뮤직 페스티벌이 열리는 문화의 장소가 되었다. 기존의 공업용 섬에서 일반 시민들에게 친근한 이미지로서, 다용도로 활용될 수 있는 섬으로 탈바꿈하고자 한 것이다. 공원과 같은 녹지시설과 함께 공공 전시 공간으로서 「**그랜빌아일랜드**」를 활용하고자 하였으며, 이를 계기로 에밀리 카 예술 대학, 그랜빌 퍼블릭 마켓 등이 입지하게 되었다.

그림 2-40 | 그랜빌아일랜드 퍼블릭마켓의 Foodie tour (©granvilleisland.com)

「그랜빌아일랜드」에서 눈여겨 볼 곳은 '그랜빌아일랜드 퍼블릭마켓'이다. 「그랜빌아일랜드」가 밴쿠버 관광지의 핵심이라면, 그 안에 있는 그랜빌 아일랜드 퍼블릭마켓은 시민들과의 대표적인 소통공간이다. 다채로운 수공예품과 독특한 수제 제품, 지역식자재 등 다양한 물건과 사람들을 만날 수 있는 장소이다. 여기에서는 '밴쿠버 푸디투어'라는 이름으로 마켓투어가 진행된다. 약 2시간 소요되며, 여름 시즌 매일 진행, 약 250m거리의 시장을 다니면서 20가지가 넘는 캐나다의 맛을 맛보게 해놓았다. 음식장인들의 이야기를 들을 수 있는 기회도 관광객에게 인기를 끌고 있는 상품이다. 또한, 접근성 향상 차원에서 보면, 「그랜빌아일랜드」는 밴쿠버 중심에서 버스로 20여 분이면 도달할 수 있다. 이에 마케팅차원에서 밴쿠버시의 중앙에 있다는 위치 때문에 도시를 벗어나지 않고도 도시를 벗어날 수 있다는 것을 내세우고 다양한 접근방법을 제시하고 있다. 보트, 자동차, 버스, 자전거 또는 도보 등의 다양한 방법으로 쉽게 이동할 수 있다는 장점을 갖고 있다.

Sydney의 달링하버 (Darling Harbour)

호주 시드니의 「달링하버」도 대표적인 워터프론트 개발사례이다. 다른 사례들과 마찬가지로 항구 등 기존 용도의 역할 중단으로 쇠퇴하게 된 곳이다. 이에 1982년 정부에서 철도 이전 결정, 이전 명령을 내렸고, 1984년 134acre의 「Darling Harbour」 재개발을 결정하였다. 사업의 진행은 공기관인 Darling Harbour Authority에 의해 진행되었다. 특히 개발공간의 특성으로 전체 부지의 50%는 Open Space와 도시의 다양한 기능을 흡수하기 위해 다양한 용도의 복합용도개발$_{\text{M.X.D}}$을 하였다는 점을 들 수 있다. 그리고 공간 구성과 시설의 배치, 보행자들의 움직임 등의 다양한 활동은 항구의 수역을 더욱 의미있게 만들었다.

▌그림 2-41 | 달링하버의 야경 (ⓒJune)

남아공 케이프타운의 워터프론트

남아공의 대도시 케이프타운에는 아예 개발프로젝트 이름이 「워터프론트」 사례가 있다. 바로 「V&A WATERFRONT Victoria and Alfred Waterfront」가 그 곳이다. 케이프는 이국적인 상품을 찾는 동부 아프리카, 인도 및 극동을 항해하는 네덜란드 선박의 중간 기착지였다가 1988년 Victoria와 Alfred Waterfront V & AW는 Transnet의 자회사로 설립되어 Victoria와 Alfred Basins 주변의 역사적인 도크랜드를 집중적으로 복합용도지역으로 재개발한 곳이다.

「V&A Waterfront」의 개발 프레임워크를 살펴보면, 1989 년 초기 도시 계획 및 개발 프레임 워크로 '케이프 타운의 유서 깊은 항구를 케이프타운 사람들과 방문객에게 매우 특별한 곳으로 만드는 것'을 제시했다. 이를 실현하기 위해 다음과 같은 프로젝트 목표가 설정되었다.

- V & A 워터 프론트 내에 적절한 공공장소를 조성
- V & A 워터 프론트를 특별한 위치, 역사 및 역사를 고려한 방식으로 개발
- 개발 및 관리를 통해 재정적 자립과 가치 극대화를 달성을 목표로 하였다. 그 아래의 하부 실행목표로는 풍부하고 다양한 환경 조성, 관광 및 레크리에이션 홍보, 주거 개발 기회 창출, 실행 가능한 비즈니스 기반, 항구와 케이프타운시 사이의 역사적인 연결을 복구, 문화적 중요성을 지닌 요소를 보존하고 향상, 수변공간에 대한 대중의 접근성을 향상, 그리고 변화하는 시장 동향에 대응할 수 있는 유연한 개발 프로그램으로 제시하고 시행하였다.

가장 큰 특징으로는 물과 연계된 다양한 '액티비티'이다. 「워터프론트」에는 쇼핑몰과 호텔 등 여러 시설도 있지만, 너무나 다양한 물과 관련된 활동이 가능한 곳이다. 일년 내내 벌어지는 드래곤보트 경주, 요트경주 등 다양한 볼거리가 있다. 관광상품으로는 고래보기, 선셋크루즈, 아쿠아리움, '런던아이' 같은 대관람차

그림 2-42 | 남아공 케이프타운의 테이블마운틴과 워터프론트

인 '케이프 휠', 다양한 행위예술과 공연 등, 교통시설로는 싸이클링, 사이드 카를 이용한 관광, 여기에 더해 특히 어린이 관련한 'Tommy the Tugboat'와 다양한 활동이 가능하도록 하여 부모들이 편하게 시설들을 이용할 수 있도록 배려하였다는 점이다. 400개가 넘는 상점과 80여개가 넘는 레스토랑은 이미 충분한 여유를 시민들과 관광객들에게 제공하고 있다. 실내 쇼핑 및 유흥 장소, 그리고 길거리의 행위예술가들은 바다의 경치와 테이블마운틴 전망과 자연스럽게 섞여 있으며, 신선한 바닷 바람과 따뜻한 아프리카 태양이라는 자연적 요소로 국제화되고 활기찬 분위기를 보이고 있는 곳이다. 넬슨만델라 등 위인들의 동상도 자유롭게 관람객들이 만지고 올라갈 수 있는 등 자유스러운 분위기에서 공간을 즐기게 하고 있다.

그림 2-43 | 케이프타운 워터프론트의 다양한 행사와 액티비티 (ⓒV&A Waerfront)

'물'은 오랜 기간 우리에게 위협이었다. 그러나 물의 장점을 잘 살린다면, 얼마든지 위협이 아닌 기회가 될 수 있음을 살펴볼 수 있다. 「**워터프론트**」의 매력과 잠재력은 물의 존재 때문에 다른 시가지나 육지 영역과는 다른 환경과 공간특성을 갖는다. 물은 사람들에게 물의 시원함과 따뜻함, 부딪히는 물소리, 물냄새와 바닷물의 갯냄새, 밤의 수면에 비치는 조명의 반짝임 등의 감성을 던져준다. 또한, 「**워터프론트**」는 물이라는 탁 트인 공간으로 인해 개방감과 확장성을 던져 준다. 그리고 여기에 더해지는 경관미는 그 가치를 보여준다. 따라서 「**하펜시티**」나 「**그랜빌아일랜드**」, 「**달링하버**」, 「**케이프타운의 워터프론트**」에서 처럼 과거의 역사·문화적 가치를 계승·발전시키는 과정을 통해 워터프론트의 잠재력을 발굴할 수 있으며, 이를 통해 도시민들에게는 해방감과 여유를 줄 수 있다. 관광명소로의 자리매김은 덤이다. 아울러, 「**워터프론트**」는 도시민 전체의 활용공간으로서 자유로운 접근성 확보가 그 시작이 되어야 할 것이다.

「**워터프론트**」가 모든 이용자에게 열린 휴식이나 즐거움의 장소가 되기 위해서는 누구나 심리적, 혹은 물리적으로 저항 없이 안전하게 접근할 수 있는 장소가 되어야 한다. 사례들을 통해서 성공적인 「**워터프론트**」 개발은 먼저, 교통체계 등 접근성의 개선으로 쉽게 접근할 수 있어야 하며, 다음으로 물의 특성을 활용한 연계공간, 수공간 자체의 계획이 따라야 한다. 그리고 우리 눈에 보이는 대부분의 수변공간 사례처럼 데크를 만들고, 벤치를 만들어 전망좋은 곳에 그치는 것이 아닌 사람들이 '물'이라는 매력적인 매개체를 이용해 할 수 있는 다양한 활동프로그램이 제시되어야만 한다. 그리고 그 실시는 지속적이어야만 한다.

최종적으로 「**워터프론트**」는 공적인 이익과 사적인 이익이 함께 공존하는 공간으로 작용해야 할 것이다. 공적이익으로서 도시 내 다양한 사람들의 문화가 교류하는 공간이며, 공공의 장소로서 사회 전체가 함께 할 수 있는 공간으로서 구성원간의 연대의식을 창출해 낼 수 있다. 동시에 경제적 자원으로서 사적인 편익을 제공해 도시 발전의 잠재력이 될 수도 있는 것이다. 또한 삭막한 도시에 물이 줄 수 있는 편안함과 여가 장소로서의 공간은 정서적으로 안정감 있는 생활을 가능케 하여 삶의 질 제고와 정서 함양에 도움을 주는 인간 활동의 중심이 되는 공간인 것이다.

산업의 변화 라이프 스타일의 변화는 필연적으로 어느 하나의 행위만으로 도시가치를 유지하거나 인구 유입이 한계에 직면할 수밖에 없다. 지속가능한 도시 경쟁력으로서 수변공간을 다시 한 번 생각해 보았으면 한다.

문화의 활용

상업시설, 스포츠 시설, 공사 가림막, 다리와 다리 아래 공간에 문화를 적용해 도시가 다시 태어난다.

독일 뒤스부르크의 노르드파크 (왼쪽 위),
스페인 세고비아의 수도교 (오른쪽 위)
독일 폭스바겐 Autostadt (왼쪽 아래),
서울 마포 상암동의 상암 월드컵 경기장 (오른쪽 아래)

1. 문화를 통한 도시 살리기

'뱅크아트', 요코하마를 살리다

요코하마 横浜는 150년 전 개항 당시부터 일본 국내외의 다양한 사람들과 화물이 오가는 교역 도시였다. 현재까지도 도시 곳곳에 소중하게 남겨진 역사적 건조물 建造物을 비롯하여 재즈와 음식, 패션 등 시대를 이끌어 온 각양각색의 문화로 엮어진 층은 도시와 거리에 다양한 표정을 선사하는 곳이다.

요코하마의 도시 문화 살리기 활동 중에서 많은 관심과 격려를 받고 있는 것이 「뱅크아트 BankART 1929」[1]이다. 요코하마는 이미 반세기 가까이 도시 디자인 프로젝트를 전개해왔다. 공들인 노력 끝에 웬만큼 도시 인프라가 정비되자 그 다음 고민이 생겼다. 바로 '요코하마다운' 도시 문화가 무엇이냐는 것. 도쿄의 베드타운으로 전락하기 전에 고유의 무엇을 찾아야 했다. 이때 혜성처럼 등장한 게 「뱅크아트 1929」이다. 크리에이티브한 요코하마가 목표로 여러 전시와 프로젝트를 통해 요코하마다운 예술이 무엇인지 계속 찾아내고, 작가들은 도시의 문제점을 지적하고 대안을 제시하고 있다. 요코하마 시는 이 프로젝트를 통해 역사적 도시 건물을 활용한 도심 재생을 진행하였다.

즉, 「BankART 1929」는 역사적 건조물 등을 문화예술에 활용하여 도심부 재생의 기점으로 삼고자 요코하마시가 추진하는 크리에이티브시티 창조 도시 사업의 리딩 프로젝트로 창조 핵심 형성에 기여하기 위해, 다양한 팀과 협동해가며 도시의 새로운 네트워크를 구축해왔다.[2] 미술, 건축, 퍼포먼스, 음악 등 다방면의 장르

---

1) 근대 은행 건축물을 예술 공간으로 이용하는 프로젝트로 시작되었으며, 이후 은행이나 창고 등 요코하마 곳곳에 있는 버려진 시설을 이용해 다양한 예술 프로젝트를 진행하고 있다. 우편선 창고를 개조한 뱅크아트 스튜디오가 본거지로, 장르 불문의 예술 활동이 이뤄진다. www.BankART 1929.com

2) 시사 IN [294호] 2013년 04월 26일자, 허태우 (〈론리플래닛 매거진코리아〉 편집장).

를 대상으로 하며 스튜디오, 스쿨, 카페와 Pub, 숍, 콘텐츠 제작 등을 기반으로 주최 사업, 코디네이터 사업 등 연간 수 백 개의 사업을 활발하게 실시하고 있다. 여기에 참여한 예술가들은 '요코하마를 어떻게 변화시킬까' 하는 물음을 가지고 도시를 위한 다양한 프로젝트를 진행하였다. 그 결과, 뱅크아트가 요코하마를 살렸다라는 평가를 듣고 있는 것이다.

「BankART 1929」는 이러한 요코하마가 가진 도시의 경험을 계승, 역사적인 건조물과 항만도시란 장소성을 살려가며 활동해 왔다. 요코하마를 문화예술을 제공하는 곳으로 생활문화와 도시, 축제 등의 기본 키워드를 제시하였다. 이를 기반으로 지역과 협력하며 다양한 장르와 사람들과 교류하고 시민과 전문가, 국내외로부터의 제안을 폭넓게 수용해가는 개방적인 곳으로 만들고자 노력한 것이다.

그림 3-1 | 리모델링된 일본 우선 창고 모습 (ⓒ뱅크아트 1929: www.bankart1929.com)

「BankART 1929」는 2004년 3월, 옛 은행 구 후지은행, 구 다이이치은행 건물 2동을 활용하여 활동을 개시하였다. 그 후, (구) 후지 富士 은행은 2005년 4월부터 도쿄예술대학 대학원으로, (구) 다이이치 第一 은행은 2009년 5월부터 요코하마시 창조도시센터 YCC로 바뀌게 된다. 현재 주요 활동 거점은 (구) 일본 우선 郵船 창고를 리노베이션하여 전관을 사용하고 있는 'BankART Studio NYK 약 3,000m2'이다. 관련 시설로는 BankART 츠마리 妻有, BankART Sakura 레지던시, BankART 베를린 등이 있다. 1953년에 세워진 일본 우선 주식회사의 창고를 일부분 리노베이션하여 예술 공간으로 전용하다가 2008년 요코하마 트리엔날레의 장소로 사용하기 위해 전체를 리노베이션했다. 3,000m^{2}의 콘크리트 건물에는 전시실, 카와 마타 양이 제작 한 홀, 제삭 스튜디오, 카페 & 술집, 상점, 세미나 실을 겸한 도서실 등이 배치되어 있다.

주최 기관은 요코하마가 갖고 있는 재산을 현대적으로 연계・이용하여 역사적 건조물과 마을 만들기 마치즈쿠리・의 衣・식 食・사진・무용 부토 등 기존에 요코하마가 갖고 있는 잠재력을 어떻게 끌어 낼 것인가를 테마로 활동을 전개해 오고 있다.

전시회, 공연예술, 국제전, BankART Life와 같은 종합적인 이벤트를 주요 사업으로 진행하며, 이는 계속적으로 증가하는 추세이다. 그리고 사업참여자에게는 단순 임대가 아닌 경쟁력 향상을 위해 임대료 감면과 사업 코디네이션까지 제공하고 있다.

요코하마시가 추진하여 탄생한 프로젝트와 시설, 집합 아틀리에, 자주적으로 시작한 공간 등 등 2004년 BankART가 출범한 후 수많은 시설과 아틀리에가 BankART 주변 간나이가이 関内外 지역에 탄생하여, 이를 통해 네트워크 구축을 이루어냈다. 창조 핵심 형성 創造界隈の形成이라는 단어도 꽤 현실적으로 실현되어 왔다. 현재는 기존 문화시설과의 협력과 요코하마시 외곽지역과의 관계 형성, 나아가 국내외 타 도시와의 프로그램, 타이페이와 속・조선통신사 프로젝트 등, 다양한 레벨에서 네트워크 구축을 지속적으로 전개하고 있다.

뱅크아트사업을 좀더 깊게 이해하기 위해서는 지역의 특성을 살펴볼 필요가 있다. 요코하마에는 재즈 외에도 일본의 원조가 많다. 요코하마의 공식 개항일은 1859년 7월1일이다. 이때는 미국과 네덜란드 · 러시아 · 영국 · 프랑스 등과 통상조약을 맺은 직후로서 개항을 기점으로 몰려 들어온 서양 문물은 요코하마를 동서양 문화가 혼재된 근대의 도시로 변화시켰다. 일본 최초의 서양식 공원, 우유가게, 이발소, 아이스크림 가게, 맥주 공장 등이 요코하마에서 시작되었다. 그리고 일본에서 도로에 가스등을 처음 세운 곳도 요코하마다. 즉, 타지역대비 '스토리'가 많은, 넘쳐나는 도시인 것이다.

높이 296m인 랜드마크 타워가 바다를 향해 우뚝 서있고, 첨단 건물과 쇼핑센터가 스타일리시한 일상을 제시하면서도 요코하마는 근대의 정취를 보존하고 있다. 바다와 인접한 시가지에 사는 시민들은 일본 최초의 임해 공원인 야마시타 공원에서 아침을 맞는다. 이곳에서 몇 분만 걸어가면 개항 당시 요코하마 관내의 중심부를 형성했던 도심 지역이다. 몇 대에 걸쳐 보존된 역사적 건축물을 아직도 사용하고 있으며 요코하마의 주요 청사 또한 계속 자리를 지키는 곳이다. 근대양식의 석조건물은 대부분 요코하마의 변천사를 기록한 박물관이나 자료관으로 유지되고 있어 당시를 경험하지 못한 사람들에게도 야릇한 향수까지 제공해준다. 도심 가운데를 관통하는 바샤미치 馬車道는 마치 100년의 시간을 함축해놓은 듯하다. 요코하마 시 당국은 이런 역사적 배경을 활용한 매력적인 도시를 만들기 위해 여러 행정 규정을 제정하는 등 적극적으로 뛰어들었다. 그 덕분에 서구풍의 근대 건축, 개화기 고급 주택 지구, 100년이 넘은 도로, 개항을 상징하는 항구 등이 여전히 그 역할을 하고 있다.

「**뱅크아트 1929**」는 1929년 요코하마 시에 설립된 구 제일은행 건물을 최초의 베이스캠프로 삼았기 때문에 그런 이름을 붙였다고 한다. 오래된 건물을 전시장으로 활용하는 것은 기본 중의 기본이며, 범죄 예방 프로젝트부터 지역 맥주 브랜드 디자인까지 진행하고 있다.

'뱅크아트 스튜디오'에 들어가 보면, 공간 활용술에 집중하게 된다. 겉으로 보기엔 3층의 허름한 창고에 '뱅크아트 스튜디오 BankART Studio'라고 쓴 네온만 하나있고, 창고와 부두 시설이 모여 있는 주위 환경도 썩 좋은 편은 아니다. 하지만 그 안에서는 마치 북적이는 개항장처럼 갖가지 일이 벌어진다. 전시장과 공연장, 아트숍, 도서관, 자가 레지던스(오피스텔 같은 주거시설), 강의실, 카페, 심지어 술집까지. 시민들은 작가와 더불어 이곳에서 먹고 마시고 공부하고 공연과 전시도 관람한다. 그 중심에는 '요코하마를 어떻게 변화시킬 수 있을까'라는 물음이 자리 잡고 있다. 예술가와 범죄 예방 프로젝트를 도모한다든지, 부랑자를 배려하는 도시 개발 콘셉트를 전시한다든지, 지역 맥주 브랜드의 B·I Brand Identity를 디자인한다든지…. 뭔가 도시에 도움이 될 만한 프로젝트[3])가 동시나발로 일어나고 있나.

요코하마 시는 「**뱅크아트**」를 위해 어차피 오래되어서 처치 곤란한 건물을 무상 임대해주고, 연간 약 8000만엔 약 8억9800만원의 운영 예산을 지원한다. 그리고도 운영에 관한 모든 것은 「**뱅크아트**」에 일임한다. 기발한 예술적 아이디어로 도시가 살아나고, 시민들은 거리낌 없이 「**뱅크아트**」에 찾아와 예술을 향유하며, 도시 브랜드 가치는 상승하고 있으니 손해 볼 일이 아닐 것이다. 그 결과, 투자 금액도 회수되고 있다 한다. 투자로 본다면, 미래를 내다본 투자행위라 할 수 있다. 「**뱅크아트**」는 전시와 작품을 위한 전시장이 아니라 시민과 도시를 위한 전시장이라는 점에 충실하고 있는 것이다.

우리나라도 최초로 개항하거나 또는 각종 문물이 최초로 도입된 의미있는 지역은 많다. 그리고 그러한 도시들도 이미 도시재생의 중요성을 인지해서 과거의 시설을 활용하는 방식의 재생을 너나없이 하고 있다. 그 결과, 각종 아트스페이스나 재생사례 등이 많이 생겨났고, 저마다 그 시설을 자랑하는 일에 나서고 있

---

3) 뱅크아트는 한 해 평균 1000개가 넘는 제안서를 받고 그중 3분의 1을 실현시킨다고 한다.

다. 그런데 이때 답답함이 생긴다. 각종 문화지구, 창조지구, 문화 특구, 00아트스페이스에서 여러 가지 다양한 문화행사들이 정부와 지자체의 지원을 받아 진행되는데, 문제는 그 도시의 특징을 전혀 모르겠다는 것이다. 서울에서 지방의 소도시까지 비슷한 성격의, 시설과 행사들이 넘쳐나는 것이다. 왜 그 지역에서 하는 이유도 모르는 행사가, 전혀 어울리지 않는 시설들이 자리 잡고 있는 것일까? 영화제, 비엔날레, 문화제 등 비슷한 성격이 여기저기 차별화가 없이 진행되는 것이다. 우리가 할 일은 그 지역에 그 시설이 자리잡을 이유가 있는 시설을 만들거나, 그 지역에서 벌어져야 할 이유가 있는 행사들을 해야 하거나 아니면, 그 시설이나 행사가 그 지역성과 어울리는 이유를 찾아내야 할 것이다.

어느 시설이나 행사나 그 비용면이나 효용측면에서 지속적으로 운영되어야 하는 것이 전제이다. 그런데 아직까지는 오픈이나 실시에 초점이 맞추어지고 있다. 많은 시설과 행사들의 계획서를 보면, 전체 계획 10여개 장에서 운영분야는 1개의 장을 차지하고 있다. 물론 운영의 중요성을 감안하여 최근에는 공모시나 평가시에 운영분야에 점수비중을 높이고는 있다. 그러나 시설은 지어놓으면 최하 20년을 움직여야 한다. 그러한 점에서 사용연한에 어울리는 운영계획이 디테일하게 계획되어져야 함에도 불구하고, 겉핥기식 제시에 그치고 있다는 것이다. 한번 만들고 그만둘 것이 아닌데도 말이다.

문화의 힘으로 부활한 도시, 영국 게이츠헤드

문화공간이 사람을 모은다

영국 잉글랜드 북동지역 '뉴캐슬 New Castle'과 타인강 River Tyne 사이에 위치한 인구 20만의 작은 소도시 「게이츠헤드 Gateshead」는 조선도시로 유명했다. 한때 조선, 철강산업과 그에 종속한 사람들로 이루어진 나름 알찬 중공업 도시였다. 그러나 2차대전 이후 시대적 패러다임이 변하면서 제조업 몰락 등의 영향으로 공장들이 속속 문을 닫고 다른 곳으로 옮겨가면서 생계를 잃은 사람들도 차츰 떠나가고 오염된 환경에 실업자들과 노인만 남은 웃음을 잃은 도시로 전락해버렸다.

이에 웃음을 잃고 죽어버린 도시를 소생시키기 위한 첫 프로젝트는 '문화'를 테마로 한 도시재생사업 Culture-led Urban Regeneration이었다. 「게이츠헤드」 시의 문화를 바탕으로 한 도시재생 프로젝트의 주요 내용을 시기적으로 보면, ① 공공미술 프로젝트를 추진하여 시각적·문화적 변화 홍보, ② '다리'라는 기능의 고정관념을 깬 디자인의 '밀레리엄 브리지' 개통, ③ 철거하려던 공장을 리모델링하여 문화공간으로 만든 '발틱현대미술관' 개관, ④ 지역민 문화향유와 예술교육을 위한 '세이지 음익딩' 개관이다. 특히, 이 성공적인 도시재생 프로젝트의 총감독은 건축가나 도시계획가가 아니라 연극을 전공한 예술가 '피터 스타크 Peter Stark'가 맡아 진행했다.

1998년 시의회는 「게이츠헤드」 외곽 남쪽에 80만 파운드 약 16억 원를 들여 '북쪽의 천사 The Angel of the North'라는 대형 야외 조형물을 건립했다. 조각가 '안토니오 곰리 Antony Gormley'가 1만개의 빈 코카콜라 깡통을 이용해 만들어낸 것으로 아래 그림처럼 날개가 달린 거대한 우주인과 같은 모양이다. 이 조각의 설립을 처음 제안하였을 당시에는 시민들의 반대가 만만치 않았다. 빈민구제도 모자란 판국에 돈을 들여 쓰레기를 유치하는 바보짓이라며 거센 비아냥이 쏟아졌다. 그 돈으로 차라리 학교를 짓고 병원을 건립하자고 시민들은 제안했었다.

그러나 지금은 '북쪽의 천사'를 보기 위해서도 연간 수백만의 관광객이 이 도시를 찾고 또 재생예술의 세계적인 본보기가 되었다. 「게이츠헤드」의 모든 주민들 또한 이제는 이 조각을 자랑스러워하고 사랑스러워한다. 파리의 '에펠탑'도 건립초기에는 도시의 미관을 해친다는 이유로 환영받지 못했으나 지금은 에펠탑 없는 파리는 상상하기도 힘들다. '북쪽의 천사'도 도시의 흉물로 불리우던 것이 도시의 이미지를 상징하는 랜드마크 Land Mark로 변모한 성공적인 사례다.

❚ 그림 3-2 | 북쪽의 천사(The Angel of the North)

문화에 투자, '도시재생 프로젝트'로 살려낸 게이츠헤드

'21세기는 문화의 시대' 너도 나도 다 아는 얘기다. 세계의 도시와 기업들이 부가가치가 높은 디자인과 문화, 예술에 승부를 걸고 있다. 도시의 상징도 경제나 상업보다는 지역축제나 예술을 주제로 캐치프레이즈를 내건다. 「게이츠헤드」의 성공도 도시의 특성을 충분히 고려한 후에 철저한 연구를 중심으로 한걸음씩 나아간 의지의 결과였다. 직업이 예술가인 프로젝트의 총감독은 개발에 앞서 지역의 문화와 역사, 정체성을 철저히 연구했다. 그리고 대부분의 도시재생에서 볼 수 있는 외부관광객을 유치하는데 신경을 쓰기 보다는 주민들을 위한 문화서비스를 우선적으로 제공하는데 중점을 두었다. 살고 있는 지역민들이 만족하는 도시여야만 관광객들도 만족한다는 생각이었다. 정말 부러운 발상이다. 주민공동체들과의 수많은 아이디어 회의가 이어졌다. 다양한 의견들이 수렴되었고 받아들여졌다. 그리고 마지막으로 호텔과 교통, 요식업 등의 문화 인프라를 먼저 확충한 뒤에 많은 예산을 들여 세계 최고 수준의 공연과 전시를 유치했다. 처음에는 관심이 저조하던 언론도 세계적인 예술가들이 이곳에서 공연과 전시를 펼치자 관심을 보이기 시작했다. 질 좋은 문화행사가 지속되자 언론의 유명세를 타면서 관광객들이 몰려오기 시작했다. 그 결과, 지역경제가 활성화 되면서 20%에 육박하던 실업률도 4%대로 떨어졌다. 힐튼호텔을 비롯한 유명 호텔들이 들어서고 이에 관련된 종사자들이 새로이 생겨나면서 고용창출도 크게 늘었다. 그야말로 문화가 도시를 살리는 전형적인 모습이 된 것이다. 현재 이웃한 도시 '뉴캐슬'과 더불어 약 6만 명이 문화산업에 종사하고 있다. 1년에 2,000만 명의 관광객들이 이곳에서 이루어지는 세계적인 수준의 음악공연과 미술전시회를 향유하기 위해 찾아오고, 연간 100만 명 정도의 예술가와 여행객들이 장기투숙을 하며 문화생활을 즐긴다. 이에 따른 부가가치도 엄청나서 관광수입만으로 연간 40억 파운드 약 8조4000억 원를 올린다고 한다. 「도시재생」을 원하는 도시들에게는 하나하나 곱씹어야할 항목들의 집합소이다.

죽은 밀가루 공장이 세계적인 미술관으로 다시 살아나다

특히 2002년 7월에 개장한 '발틱 현대미술관'은 밀가루공장을 개조해 '예술공장'을 표방한 현대 미술관으로 만들었다. 철거비용이 많이 들기 때문에 방치해두었던 공장이 도시 재생 프로젝트로 부활한 것이다. 5년에 걸친 리모델링으로 5개의 갤러리, 예술인들의 스튜디오, 영화관, 강의실, 도서관과 자료실, 기념품샵과 레스토랑이 생겼다. 독특한 점은 예산 부족으로 미술작품이 없어서 운영이 어렵다는 주변의 기관과는 달리 지역민 예술체험 교육과 소장품 없이 새로운 창작작품 생산을 지향하는 21세기형 미술관으로 운영해 개관 첫 해에만 100만 명의 관람객이 다녀갔고 매년 250만 명의 관광객이 찾고 있다.

'발틱 미술관'은 작가들이 작품 활동을 하며 몇 개월간 머무를 수 있는 레지던스 residence프로그램을 진행하고 필요할 때는 '세이지 음악당'과 연계한 아트 프로그램도 선보인다. 또한 지역민과 연계하여 지역예술인을 발굴하여 양성하고 주말에는 가족들을 위한 전시를 연다. 관광객은 밀레니엄 브릿지와 바깥의 풍경이 훤히 내려다보이는 투명한 엘리베이터와 계단을 통해 관람을 한다. 한 때는 밀가루 공장이었던 곳에서 "작품을 보고, 가족나들이를 하고, 도슨트의 설명을 귀담아 듣다가, 벤치에 앉아 강을 바라보며, 도시락을 까먹는다."는 너무나 여유로운 모습이 펼쳐진다. 그리고 집으로 돌아가면서 전시되었던 작가의 기념품을 사가는 지극히 '문화적이고', '여유로운' 행동이 이루어진다.

소라고동을 모티브로 한 아름다운 공연장

'세이지 음악당 Sage Music Center'은 영국의 친환경 건축가이자 건축가의 노벨상이라는 "프리츠커상"을 수상한 건축가 노먼 포스터 Norman Föster의 디자인으로 1,400억 원을 들여 2004년에 개장했다. 세계적인 수준의 음향시설을 갖춘 1,700석 규모의 대공연장과 400석의 소공연장, 세미나실, 리허설 룸, 주민들을 위한 음악학교, 음악 정보센터 등으로 이루어져있다. 공연 외에도 갓난아기부터 70세까지 다양한 계층을 대상으로 지역민 예술교육 프로그램을 활발히 운영 중이며 공연과 교육이 각각 50%씩 비중을 차지한다.

그림 3-3 | 소라 껍데기 모양의 세이지음악당

이제는 이 도시를 벤치마킹하고자 하는 타지의 공무원들과 각자의 목적을 가진 수많은 방문객들이 '소라껍데기 모양'의 세이지 음악당을 구경하기 위해 끊임없이 몰려든다. 멀리서보면 애벌레가 구불구불 기어가고 있는 것 같기도 하고 우주선 같기도 하다. 내부는 매우 현대적으로 꾸며져 있어서 통유리로 조망권을 시원하게 확보하였고 전망이 가장 뛰어난 곳에는 커피숍이 자리하고 있다.

「**게이츠헤드**」의 성공은 지역주민들의 복지지원에서부터 이루어졌다. 그 결과는 「**게이츠헤드**」 사람들은 참 행복하겠다는 타지사람들의 부러움이다.

쇠락해가던 이 도시가 화려하게 부활하게 된 것은 「**게이츠헤드**」 시청 '아트팀'의 기지였다. 이들은 중앙정부에 문화도시 개발과정과 사례를 제출하고 투자를 요청하였다. 이에 정부는 문화 복권 사업 수입금으로 투자금의 일부분을 지원하였다. 도시 재생 프로그램이 성공적으로 전환되면서 기업 등 외부의 투자도 활발해지고 옆 도시 '뉴캐슬'과 함께 2030년까지 100억 파운드 유치계획을 세웠다고 한다.[4] 죽어가던 공업도시인 「**게이츠헤드**」시는 현대적 개념의 '문화예술도시'를 탈바꿈하게 된 것이다.

예술가들이 살면 땅값이 오른다?

예술가들이 모이는 지역의 땅값이 오른다는 부동산 시장의 법칙이 있다. 영국의 로스 글래스(Ruth Glass)가 주택재고의 변화를 연구하며 고안한 결과로 "예술가 주도의 Gentrification 고급화"이라고 한다. 재개발 정책은 낡은 건물을 다 부수고 새로운 건물을 돈을 들여 짓는다. 도시 재생 프로젝트는 그보다 적은 돈을 들여 리모델링을 한다. 그리고 예술촌의 재개발은 예술가들이 직접 만들었기 때문에 하나밖에 없는 독특함이 경쟁력이다. 그러나 무턱대고 따라하기 식으로 성공을 보장할 수는 없다. 지역의 정체성의 파악과 반영을 통해 주민들의 욕구가 반영된 모습이어야만 한다.

4) 피그말리온의 예술과 여행(http://good4452.blog.me)

언더그라운더 '뱅크시', 런던의 살길을 열어주다.

거리의 화가 「**뱅크시** Banksy」는, 그래피티로 호평을 받아 온 인물이다. 아슬아슬한 익살, 경우에 따른 불법적 표현은 그를 항간에 떠도는 기이한 이야기의 주인공, 또는 각종 신문 칼럼의 비판 대상으로 만들었다. 이 칼럼들에서 그의 작품은 반달리즘 Vandalism 파괴행위으로 폄하되었다. 스스로를 '아트 테러리스트'로 규정한 그의 가장 큰 무기는 무허가 담벼락에 스텐실 기법을 이용하거나, 보통은 스프레이를 뿌려 그림을 그리는 것이다. 이는 기차나 지하도 벽면 같은 공공시설에 누군가의 이름을 휘갈기거나 낙서하는 '태깅 tagging'에서 기원을 찾을 수 있는 행위이다.

영국의 그래피티 아트 작가인 「**뱅크시** Banksy」는 허름한 주택가 벽에 그림을 그리기 시작했다. 그것도 저녁에 남몰래 벽화만 그리고 사라지기때문에 아무도 뱅크시의 정체를 아무도 알 수 없었다.

「**뱅크시**」의 벽화는 미술계를 풍자하는 그의 천재적인 창의성 덕분에 오히려 인정을 받기 시작한다. 벽에 그림 그리는 것을 불법으로 간주했던 런던 시청이 초기에는 범인을 잡으려고 모든 수단을 동원하였으나 이후에는 사람들이 그의 그림에 집중되자, 태도를 바꿔 이제는 「**뱅크시**」 관광지도까지 따로 제작했고, 건물주와 동네 주민들은 그가 남긴 흔적이 훼손되지 않게 플라스틱판으로 보존하고 있는 상황이다. 이에 영국 런던에는 「**뱅크시**」 그림 루트를 찾아가는 "관광상품"까지 등장하여 운영 중이다. 유명 여배우인 '안젤리나 졸리'가 21억원을 주고 그림을 구입하고, 가수인 '크리스티나 아길레라'도 그의 작품을 소지할 정도로 그의 작품은 새로운 문화코드로 자리잡게 되었다.

저항운동의 대표적 행태인 그래피티작가로서 자본만능주의에 쌓인 미술계를 풍자하고, 비난하는 퍼포먼스를 일삼던 「**뱅크시**」가 유명해지자 그림값이 오르게 되는 해프닝이 벌어지게 된 것이다. 특히 그가 런던 슬램가 핵크니에 남긴 벽화 작품으로 인해 집값이 상승하는 현상이 일어나기도 한다. 또한 「**뱅크시**」가 그린

벽화가 통째로 뜯어져서 미술품경매에 나오기까지 하였다. 그러자 런던시민들 중에는 「뱅크시」가 와서 자기 집 벽화를 그려주기를 바라기까지 하였다. 그가 이같은 상황에 일침을 놓고자 미국 샌트럴파크 주변에서 똑같은 그림을 60달러에 팔았는데, 그나마도 구입한 10명도 안되었다는 일화가 있다. 아래 그림은 이러한 「뱅크시」의 벽화작품 중 하나이다. 우측의 그림은 게이들이 많기로 유명한 동네에 그려진 작품으로 그 방향성을 알 수 있다.

그림 3-4 | 영국 그래피티 작가 뱅크시가 그린 벽화 (©Banksy)

그는 '아트 테러리스트'라는 별명에 걸맞게 팔레스타인 분리 장벽 위에 그림을 그리고, 대영박물관에 자신의 작품을 몰래 걸어 도둑 전시를 하는 등 파격적인 행보로 연일 화제를 일으킨다. 그가 주목을 받는 이유는 단지 그 유별난 행보 때문만은 아니다. 그의 작품은 간단하면서도 확실한 사회·정치적인 메시지로 세상에 돌직구를 날려 많은 이들의 공감과 사랑을 받는다. 그러면서도 「뱅크시」라는 태그네임 외에는 그 어떠한 신상정보도 밝혀진 바가 없는 미스테리한 인물이다. 그런 그가 영화를 만든 적도 있다. 일명, 세계 최초 스트릿 아트 테러 무비 '선물가게를 지나야 출구 원제: Exit Through the Gift Shop'이다. 이 영화는 국내 예술극장에서 상영된 적이 있다.

한편 「뱅크시」는 자신의 작품과 고급 예술과의 비교를 자청하기도 했다. 한 예로, 그는 자신의 '파괴된 유화'를 테이트 미술관과 루브르 박물관, 뉴욕의 '메트로폴리탄', '현대미술관' 외 4개 미술관에 비롯한 기타 명망 있는 미술관에 몰래 갖고 들어간 뒤, 이들 미술관 내 컬렉션 옆에 몰래 걸어놓았다. 이러한 그림들 중에는 '헬리콥터나 CCTV 신호탑이 불쑥 끼어든 19세기 전원 풍경화 혹은 어울리지 않는 스프레이 통 내지 방독면을 소유한 굳은 표정의 초상화 등' 하나같이 장난스러운 내용이었다. 뱅크시의 예술 작품 대부분의 실제적 역할은 전복의 기능에 있었음을 보여준다.

「뱅크시」는 풍자적인 행동과 어두운 유머로서 알려진 거리의 작가이지만, 그 결과는 '미술'이라는 영역을 넘어, 지역을 살리는, 도시를 살리는 영역까지 진출하였다. 이 사례는 부정적이고, 단순하다고 여겨진 거리미술도 얼마든지 하나의 문화로서 도시와 접목될 수 있음을 보여준다는 의미이다. 그리고 그 핵심은 『메시지』라고 할 수 있다.

2. 상업시설! 물건을 파는 공간을 넘어 '문화'를 판다.

오늘 하루도 신문을 펴보면, 정말로 다양한 상가들이 분양을 알리고 있다. 단지 내 상가, 트랜짓 몰, 전철역 앞 상가, 테라스 상가, 복합 상가, 스트리트형 상가, 몰링형 상가, 앵커테넌트 입점상가 등 저마다 다양한 이름을 가지고 각자의 장점을 자랑하고 있다. 여기에서 나아가 각각의 상가들은 '풍부한 유동인구 확보 가능', '배후고정수요 흡수', '광역 잠재수요 확보', '단지설계' 및 '동선의 신개념 도입', '집객유도에 유리한 배치' 등으로 제각각 포장하고 있다. 상가의 구성 면에서도 4면이 개방되어 가시성과 접근성이 높으며, 에스컬레이터가 설치되어 상가의 외부에서 2층으로, 3층으로 바로 올라올 수 있다고 한다. 또한, 상가의 중정 中庭 특화를 통해 자연 채광 및 개방감을 극대화, 전망용 엘리베이터를 배치, 내부 수직 동선의 자연스러운 연결 구조를 적용했다고 한다. 이처럼 우리 주변에 자리잡은 상가들은 저마다 다양한 방식으로 차별화 노력이 더해지고 있다. 그 결과, 상가 투자자들은 그 선택이 더욱 힘들어지고 있다.

이 같은 상업시설의 구성차원에서 미국 「뉴욕 프라다 매장」 사례가 시사하는 바는 크다. 「뉴욕 프라다 매장」은 공간 구조면에서 매장의 활용도를 높인 사례이다. 유명한 건축가인 「램 쿨하스 Rem Koolhaas」가 설계한 곳으로 뉴욕 소호 Soho의 매장은 상품전시공간이 갤러리와 콘서트를 겸할 수 있게 설계되었다. 계단 형태의 구두전시공간은 최대 200명까지 수용할 수 있는 무대와 객석으로 쉽게 바꿀 수 있어서 쇼핑만이 아닌 문화를 즐기고자 하는 소비자의 욕구까지 충족시켜주고 있다. 즉, 핸드백과 신발, 의류라는 프라다 고유의 상품에 더해 공연과 전시 등의 충족을 더하여 결국 브랜드의 이미지를 높이고 있다. 「뉴욕의 프라다 매장」은

그림 3-5 | 뉴욕의 프라다 매장 모습 (ⓒ prada/ 정희기)

물건 판매 장소로서의 의미도 있지만, 여기에 문화적인 역할까지 하고 있는 새로운 매장인 것이다. 또한, 매장에서는 고객이 옷을 입고 한 바퀴 돌면, 3초간 지연되어 자신의 뒷모습을 볼 수 있는 매직미러가 설치되어 있으며, 피팅룸의 액정유리는 일반적인 피팅룸처럼 문을 여닫는 것이 아니라 발로 누르는 버튼을 통해 밖에서 볼 수 있거나 또는 보이지 않도록 작동되는 것으로 첨단의 이미지도 더하고 있어서 방문객이 늘어가고 있다.

한편으로 접근성이 최우선이었던 상업시설이, 들어설만한 장소가 아닌 곳에, 어떤 시설인지도 모르게, 은밀한 장소로 만들어져 오히려 또 다른 상업시설의 공간가치를 창조한 사례도 있다. 바로 뉴욕에 있는 의류업체인 「꼼데가르송 Comme des Garçons 매장」이 그렇다. 뉴욕의 「꼼데가르송 매장」은 과거의 도살장 거리에 있는 전혀 매장같지 않은 공장같은 허름한 건물에 매장을 알리는 간판도 없이 자리 잡고 있다. 그래서 이 곳에 가면 기웃거리는 사람들이 많다. 매장을 가려면 굴처럼 되어있는 입구를 한참 들어가야 한다. 여기까지는 물건을 보여주지도 않는다. 그리고 문이 어떻게 해야 열리는 지 알 수 없다. 유리문을 열고 들어가면, 온통 하얀 색으로 꾸며져 있어 방문객으로 하여금 신비감을 주어 전문가와 관광객 사이에 화제의 매장으로 자리 잡고 있다.

그림 3-6 | 뉴욕의 꼼데가르송 매장 입구 (©최미경)

「꼼데가르송」 매장을 빗대어 생각하면, 최근 상업시설의 흐름은 과거처럼 입지나 상권분석을 우선으로 접근하면 안 된다. 지금은 입지의 시대가 아니다. 『컨텐츠』의 시대이다. 얼마든지 『컨텐츠』만 좋으면, 입지가 좋지 않은 곳이라도 찾아올 수 있어서 접근을 달리해야 할 것이다. 그런데도, 아직도 예전의 상권 분석, 입지를 주입시키고 있다. 안타까운 일이다.

이처럼 최근 상업시설 변화의 가장 큰 흐름은 과거의 상업시설이 물건을 파는 장소였다면, 지금은 물건 외에 서비스, 경험, 문화, 거기에 전혀 다른 물건까지 파는 장소로 변하고 있고, 그래야만 경쟁력을 갖는 상업시설이 되고 있다는 것이다.

이러한 변화의 대표적 사례로 일본의 고도 古都인 교토에는 동네서점을 넘어 지역의 대표관광지가 된 서점인 「케이분샤 京都 恵文社」가 있다. 교토에 가는 관광객들은 유네스코에서 선정한 세계문화유산이 수없이 많은데도 이러한 문화 유산과 어깨를 나란히 할 정도로 꼭 들러야 하는 장소가 된 아름다운 서점이다. 외관과 간판이 카페처럼 생긴 「케이분샤 이치죠지점」은 책만 취급하는게 아니라 전세계의 다양한 잡화와 CD · DVD 등 책과 어울리는 소품이라면 뭐든지 판매하는 편집샵 셀렉트 샵 개념으로 운영되고 있다. 이 곳에서는 서점의 주요상품인 책 뿐 아니라 그 외 소품을 통해서 책에 대한 즐거움이 배가되고 책을 통해 생활이 풍요롭게 될 수 있다면, 어떤 소품도 판매할 수 있다고 한다.

그리고 신간이나 베스트셀러 위주로 잘 보이는 장소에 진열하는 다른 서점들과는 달리 「케이분샤」와 어울릴 수 있는 책이라면 신간이나 베스트셀러 관계없이 소개하고 있으며, 또 책의 기능을 지식이나 정보를 얻는 도구만이 아닌 장식으로서의 기능도 중요하다고 생각해서 표지가 예쁜 책은 공간을 많이 차지하더라도 표지가 잘 보이게 진열하는 것을 원칙으로 한다고 한다.

「케이분샤」의 공간은 서점코너 외에 크게 3가지로 구성되어 있다. 잡화를 파는 '생활관', 또, 서점내의 미니갤러리 'Enfer'는 작가들의 책소개 장소로, 학생들이나 무명 아티스트의 기획전과 미니 콘서트 등이 개최된다. 한편 이벤트 공간인

'Cottage'도 다양한 용도로 대여 이용되고 있다.

이처럼 「**케이분샤**」는 교토의 문화, 예술적 자부심을 느낄 수 있는 척도로서 단순한 서점의 기능을 넘어 다양한 문화 갤러리로서 사람들이 모여드는 장소로 자리잡고 있다. 그 결과, 「**케이분샤**」는 교토대와 근처의 교토조형예술대학 학생들, 그리고 동네 주민들이 타고 온 자전거가 서점 앞에 죽 늘어서 있는, 동네 사랑방이자 카페 같은 이곳에서 책을 사서 자전거 앞 바구니에 넣고서 페달을 밟는 그림 같은 풍경이 자주 그려지는 곳이라고 한다.

이렇게 동네 주민은 물론 해외 관광객에게까지 사랑받는 동네 서점인 「**케이분샤**」는 방문객들이 자신도 모르게 생각지도 않았던 책이나 물건을 산다고 한다. 이는 대형 서점과 인터넷 서점에 밀려 설자리를 잃어가는 우리의 동네 서점들에게 그 나아가야할 방향을 제시해주고 있다. 다행히도 교토의 「**케이분샤**」를 롤모델로 삼고 있는 서울 홍익대 앞의 '땡스북스' 등 국내에서도 다양한 시도가 이루어지고 있는 점은 고무적이다.

또 하나, 최근 상업시설의 대표적인 트렌드가 '경험'을 제공한다는 것이다. 이

그림 3-7 | 교토의 케이분샤 서점 모습 (ⓒ정희기)

는 단순히 물건을 파는 'push'방식이 아닌 제품에 대한 경험을 제공하여 자연스러운 'pull'방식의 마케팅을 제공하는 것을 의미한다. 미국 시애틀에 가면, 등산용품 등의 아웃도어 상품 전문업체인 「REI」 매장건물이 있다. 이 건물에 가면, 방문자들의 시선을 한 번에 잡는 19.8m높이의 거대한 실내 암벽장이 자리 잡고 있어서 확실하게 매장의 성격을 보여주고 있다. 그리고 실내암벽장을 중심으로 암벽등반교실이 운영되고 있다. 건물후면에는 숲이 조성되어 있어서 아웃도어활동을 그대로 시연할 수 있으며, 점포안에는 신발을 시험해볼 수 있도록 자갈바닥 등 실험용 바닥이 다양하게 구성되어 있다. 건물의 활용도면에서 본다면, 값비싼 1층에 여러 층의 매장면적을 포기해야 하는 쉽지 않은 선택을 하였지만, 그 결과는 점포의 이미지 확립과 자연스러운 매출 연계를 통해 더 많은 가치를 창조하고 있는 것을 알 수 있다.

그림 3-8 | 시애틀의 REI 매장내 인공암벽 모습 (©REI)

테마로 문화를 파는 레인포레스트 카페

테마식당의 대표적인 업체로는 「**레인포레스트 카페**RainForest Cafe」를 들 수 있다. 「**레인포레스트 카페**」는 1994년 처음 생긴이래 미국과 캐나다를 중심으로 하여 전 세계적으로 체인을 가지고 있으며, '열대우림'을 테마로 해서 운영되는 패밀리 레스토랑이다. 내부 인테리어가 모두 '열대우림'같이 꾸며져 있어서 식당입장객은 모두 열대우림에 있는 듯한 분위기에서 시간을 보내게 된다.

그림 3-9 | 레인포레스트 카페 사인물 (©http://en.wikipedia.org/wiki)

입구에는 몸을 일으켰다 누웠다하고, 입도 벌리는 '악어'가 놓여있고, 머리를 좌우로 흔들어대고, 혓바닥도 낼름거리는 뱀, 빽빽이 들어선 나무와 원숭이 등이 있어서 특히 어린이들의 경우 그냥 지나치기가 어려운 곳이다. 가슴을 두드리는 고릴라, 말하는 나무와 개구리, 수족관 등이 있으며, 뭐니뭐니해도 압권은 10여 분마다 한번씩 울리는 빗소리, 천둥소리, 쳐 내리는 번개로서 어두운 곳에서는 실제와 같은 분위기를 자아낸다. 천정에서는 별이 보이는 등 모든 상황을 실제

정글속에 와있는 느낌이 들도록 환경을 조성해놓았다.

어린이들이 가면, 나눠주는 크레용과 색칠공책, 그리고 Kids Menu, 그리고 디저트 볼케이노(쵸콜릿 브라우니와 아이스크림으로 화산모양을 만들고, 초콜릿시럽으로 용암이 흘러내리는 모양으로, 실제 불꽃이 튀기면서, 종업원들이 "볼케이노"라고 외치면서 가져다 주는)까지. 여기에 이곳은 또 다른 세계를 체험한다는 의미를 부여해서 '어드벤쳐 패스포드'까지 발급해주어서 입장객들로 하여금 더욱 더 경험속으로 빠져들게 해준다. 특히 부모와 같이 「**레인포레스트 카페**」에서 식사를 하고 나오는 어린이는 식사 내내 열대우린 속 분위기에서 가끔 울려대는 동물들의 울음소리 등을 통해서 정글속에 있는 것처럼 느끼게 된다. 그리고 식사를 마치고 나오면, 식낭입구 쪽에는 그동안 보고, 들었던 동물관련 상품들 캐릭터가 그려진 티셔츠와 인형 등이 기다리고 있어서 부모들로 하여금 그냥 나오기 어렵게 만든다.

그림 3-10 | 레인포레스트카페의 내부와 '볼케이노 메뉴'를 즐기는 가족의 모습 (ⓒRainforestcafe)

이처럼 「**레인포레스트카페**」는 식사를 하는 패밀리레스토랑에 열대우림이라는 테마를 부여하여 이용자로 하여금 실제로 정글에 있는 듯한 환경을 조성하고, 거기에 더하여 관련 상품판매를 통하여 매출까지 올리는 그야말로 철저하게 잘 짜여진 '경험'을 판매하는 장소인 것이다. 또한 「**레인포레스트 카페**」는 주로 대형쇼핑몰 중심부에 위치하여 중심부 등 길목이 좋은 곳을 이용하여 쇼핑 중간에 식사를 하거나 음료수를 마시기 위해 매장을 찾는 고객들을 활용하고 있다. 문화나 엔터테인먼트적 요소를 결합한 식문화수요가 점차 늘고 있어서 앞으로도 다양한 형태의 테마레스토랑들이 늘어날 것으로 보인다. 그리고 판에 박힌 시설과 공급자 입장의 '경험'이 아닌 고객이 원하는 '경험'이 따라야 할 것이다.

쌀가게 편집샵, 아코메야 (Akomeya)

일본 도쿄의 긴자에 있는 「아코메야 Akomeya」. 가게입구에 다양한 쌀포대들이 놓여있고, 새로 입하되었다는 등의 안내문이 붙어있는 의류편집샵이 아닌 '쌀 편집샵'이다. 실제로는 최근 유행하는 점포의 형태인 라이프스타일 편집샵이다.

「아코메야」는 쌀만 파는 곳이 아니다. 다이닝 라이프스타일을 제안한다는 점에서 요리와 관련된 조리 기구, 주방 용품 등도 판매를 한다. 세워서 보관하는 주걱 등 아이디어 제품부터 솥, 그릇, 젓가락, 이쑤시개 등 장인들이 제작한 전통도구까지 주방의 가치를 높여주는 제품들을 제안하고 있다.

그림 3-11 | 아코메야 정면 모습 (©정종현)

1층에는 일본 각 지방의 쌀을 전문적으로 파는 코너와 식료품샵이 있고, '아코메야주방'이라는 식당이 있다. 점포에는 전문안내원이 스시에 어울리는 쌀이나 솥에다 밥을 할 경우 등 밥 종류에 따라 적합한 쌀을 추천해주고 있다. 용도에 맞게 고르면, 쌀의 분도를 정해서 그 자리에서 도정을 해준다. 갓 도정한 쌀은 예쁜 포장지에 포장되어 손님에게 전해진다. 2층에서는 라이프스타일샵이라는 것을 보여주듯이 그릇이나 조리도구 등 다양한 관련 물건들을 판매한다. 예쁜 도자기 솥을 비롯, 다양한 그릇들을 구비하고 있다. 여기에서는 쌀, 음식, 주방기구, 일본주 사케, 악세사리, 식기류와 잡화, 선물, 요리 관련 책, 식당, 벼룩시장까지 열리고 있는 곳이다.

「**아코메야**」의 운영 회사에서 쌀에 주목한 것은 "유행을 앞서가는 것"만이 라이프스타일이 아니라 "일본 본연의 문화"도 라이프스타일이 될 수 있다는 판단에서였다 한다. 그래서 일본 식문화의 중심에 있는 쌀을 테마로 다이닝 라이프스타일 매장인 「**아코메야**」를 만든 것이다. 시장성 혹은 성장성에 초점을 맞췄다면 쌀에 관심을 갖지 않았겠지만, 라이프스타일을 제안하는 소재로 쌀을 선택한 것이다. 갓 지은 쌀밥이 담긴 밥 그릇이 주는 행복을 전하고, 그 밥을 중심으로 한 새로운 일상을 제안하겠다는 의도이다. 주변 제품, 서비스 경험 등이 영역까지 포함해 업 業을 재정의하겠다는 뜻이다. 그렇다면 「**아코메야**」는 일반 쌀가게와 구체적으로 무엇이 다른 걸까?

일반 쌀집은 보통 포대 단위로 판다. 그러나 밥을 매일 먹는 사람들에게 있어 효율적인 포장 단위이나 밥맛의 다양함을 경험으로 본다면, 이야기가 달라진다. 한 종류의 쌀을 오랜 기간 먹기보다 여러 종류의 쌀을 짧은 기간 동안 맛볼 수 있어야 한다. 그래서 다품종 소량판매 방식을 택해서 재배 지역과 재배 방식에 따라 맛이 다른 20여 종류의 쌀을, 한 식구의 한끼에 해당하는 2~3인분 단위로 포장해 판매한다. 또한 같은 쌀이어도 정미도에 따라, 그리고 쌀을 불리는 물량과 시간에 따라 밥맛이 달라진다는 점에서 쌀 판매에서 그치는 것이 아니라 고객이 원하는 수준으로 현장에서 직접 정미를 해주고 정미도별로 밥을 짓는 적절한 방식까지 설명해준다. 「아코메야」에서는 쌀을 추천하기도 한다. 스시, 솥밥 등 어떤 밥을 지을 건지에 따라 적합한 쌀을 골라주고, 새롭게 판매를 하는 쌀 또는 햅쌀의 정보를 안내해준다. 쌀 추천을 통해 고객의 기호와 상황에 맞는 쌀을 고를 수 있도록 돕는 것이다.

한편, 밥을 완성하는 것이 반찬이라는 점에서 쌀의 가치를 높이기 위해서 반찬류를 판매한다. 단, 일반 마트와는 달리 식탁에서 밥보다 더 주인공 역할을 할 수 있는 생고기, 날생선 등의 신선제품은 취급하지 않고, 밥맛을 살리는 반찬류를 중심으로 반찬 코너를 구성하고 있다. 또한 1층 한쪽 코너에서는 프리미엄 사케를 와인처럼 보관해 판매한다. 쌀 가게에서 술을 판매하는 게 낯설게 느껴질지도 모르나 결국, 사케가 쌀로 만드는 술이라는 점에서 쌀을 주제로 한 라이프스타일샵의 주제에 어울리는 선택인 것이다.

조금 더 「아코메야」를 경험해 보자. 입구를 들어서면 밥짓는 코너가 있어서 이 곳에서는 쌀을 재배한 농부가 밥을 지어 샘플처럼 제공한다. 문의를 하면 쌀의 특성을 상세히 설명해준다. 제품 정보와 경험 제공이 밥짓는 코너의 주역할이지만, 매장의 고객 경험 측면에서도 중요한 의미를 갖는다. 밥짓는 과정에서 고소한 밥내음이 매장에 은은하게 번지기 때문으로 이는 후각이 식욕을 자극한다

그림 3-12 | 아코메야 점포내의 물건과 쌀 판매 모습 (ⓒ정종현)

는 '냄새마케팅'도 사용하고 있는 것이다. 또한 매장내에는 '아코메야 주방 厨房'라는 식당이 있다. 아코메야에서 판매하는 쌀과 반찬류를 직접 맛볼 수 있는 곳으로. 점심은 1인당 2000엔, 저녁은 4000엔 정도로 높은 가격이지만 '돈내고 먹는 시식 Paid tasting'을 하려면 대기는 필수다. 보통의 식당과 크게 다르지 않은 모습이지만, 한상차림을 먹다보면 '갓지은 밥이 전하는 행복'이 무엇인지, 밥맛이 다르다는 것이 무엇인지를 경험할 수 있다. 식사를 하다보면 쌀과 반찬을 사고 싶은 마음이 드는 것은 물론이다.

그리고 매월 다양한 이벤트를 진행한다. 이벤트의 구성을 보면 여러 종류의 햅쌀 오니기리 주먹밥를 맛볼 수 있는 바를 운영하거나, 뚝배기를 활용해 지은 밥을 시식하거나, 생산자들이 직접 설명하는 강좌를 열거나, 전통있는 혹은 개성있는 조리 기구나 주방 용품 전시회를 개최한다. 여기에는 쌀에 대한 이해도를 높이고 경험을 제공하기 위한 목적 뿐만 아니라 커뮤니티 형성을 통해 모객 및 재구매를 유도하기 위한 목적도 있다.

홈페이지에는 「**아코메야** AKOMEYA」라는 이름에서 코메야 KOMEYA는 쌀가게라는 뜻이며, A는 접두사로 해석하면 A가 Non의 의미가 있어 '쌀가게가 아닌 곳'이 되어 하나의 쌀가게이면서 쌀가게가 아닌 곳. 모순처럼 보이는 이름에서 쌀가게의 미래를 찾을 수 있음"을 제시하고 있다. 쌀 라이프스타일 숍에 파스타와 라면을 판매라인업으로 제시한 것은 쌀 소비로 시작된 매장 테마에서 먹는 환경과 주거환경으로 의식주를 모두 다룬다는 개념으로 접근하고 있음을 보여준다. 그 결과, 시장성과 성장성만 본다면 쌀가게는 매력적인 사업이 아니지만, 「**아코메야**」처럼 라이프스타일을 제안하는 소재이자 구심점으로 쌀을 바라본다면 쌀가게도 수익성있는 사업을 만들어 갈 수 있다고 한다. 쌀가게를 한다고 했을 때, 우리나라 대부분의 마트에서 볼 수 있듯이 일본 전역에서 생산한 여러 종류의 쌀만 모아두고 판매했다면 지금의 「**아코메야**」는 없었을 것이고, 매출을 늘리기 위해 쌀과 관련없는 다양한 제품을 판매했다면 흔한 잡화점 중 하나에 그쳤을 것이라는 점도 미래에 대한 전제로 설정하고 있다.

이처럼 「아코메야」 사례에서 볼 수 있듯이 아이템을 바라보는 관점을 시장의 성장이 아닌 소재의 속성으로 바꾸고, 소재를 중심으로 사업 영역을 균형감각있게 재정의했다는 점이 쌀의 소비량이 줄어드는 시대에도 「아코메야」가 쌀가게로 살아남을 수 있게된 것이다. 즉, 접근을 달리한다면 지는 산업 속에서도 뜨는 시장 기회를 발견할 수 있다는 것을 알 수 있다. 이를 통해 국내에서 도입되는 라이프스타일숍들이 패션테마위주로 진행된다는 점에서 이를 발상의 전환을 통해 얼마든지 다양한 접근이 가능할 것이다.

편집샵, 편집매장

특정 아이템에 관한 모든 브랜드를 갖춰 놓은 매장으로 아직까지 국내에서는 머리끝에서 발끝까지 모든 패션 아이템 구색을 갖춰 놓는 경우가 대부분이다. 이 같은 형태는 전문적이고 깊이 있는 소비를 선호하는 고객의 취향으로 점차 이용객이 늘어나고 있어 상업시설의 유력한 형태로 자리잡고 있다. 멀티샵, 셀렉트샵, 컨셉트스토어 등 다양한 이름으로 불리우고 있는 편집매장은 점차 타인과는 다른 자신만의 다름을 추구하는 자기 지향적 소비가 각광을 받게 되면서, 단일 브랜드보다는 멀티 브랜드로 구성되어 인기를 더해가고 있다.

우리나라에서 편집숍이 본격화된 것은, 2004년 '신세계 인터네셔널'이 도입한 "분더숍 Boontheshop"으로부터 라고 알려져 있다. 1세대 편집매장은 디자이너나 상품기획자들이 자신이 지향하는 컨셉에 맞는 옷을 팔기위해서 만들어진 관계로 다소 과감하거나 한정판 제품의 판매가 이뤄지거나 수입브랜드, 명품을 중심으로 구성되어 소수의 사람들만 드나들던 공간이었지만, 점차, 사람들이 접근하기 쉬운 곳에 자리를 잡거나, 제품별 가격 구성을 다양화해 몇 만원대부터 구성되는 경우가 많아지고 있다.

최근 서울의 명동과 가로수길을 중심으로 다양한 편집샵들이 생겨나고 있다. 편집매장의 장점은 소비자의 입장에서는 물건을 살 때 편집매장을 이용할 경우, 여러 장소를 돌아다니지 않아도 된다는 점에서 시간도 절약되고, 번거로움을 줄일 수 있다는 점이다. 여기에다 쇼핑목적이 아니더라도 다양한 볼거리를 제공하고 있어 '편리함'과 '복합문화 공간의 기능'까지 제공되고 있어서 인기를 모으고 있으며, 기업 입장에서도 저성장 시대에 단일 브랜드에 막대한 마케팅 비용을 투자하기보다는 인지도가 있는 다양한 브랜드로 구성된 편집매장을 운영함으로써 위험부담을 줄이고, 안정적인 유통채널을 확보할 수 있는 장점이 있다고 할 수 있다. 아코메야처럼 패션을 넘어서 다른 다양한 아이템, 예를 들어 자동차나 이불, 화장품, IT 등도 얼마든지 편집샵이 들어설 수 있으리라 생각된다.

골목, 최고의 상권이 되다.

상가를 운영하려면, 우선적으로 상권을 따지고, 입지 좋은 곳을 찾게 된다. 그러나 비싸고, 좋은 자리는 있지만, 싸고 좋은 자리는 찾기 힘들다. 그런데, 최근 좁고 구불구불하거나 언덕에 위치하고 있어 어려운 입지임에도 사람들이 몰리는 기현상이 심심찮게 벌어지고 있다. 특색 있는 골목길만의 분위기를 즐기려는 사람들이 증가하면서 「골목길 상권」[5]이 새로운 트렌드로 자리매김하고 있는 것이다.

이처럼 최근에는 기존 상권으로 분류하기 힘든 새로운 형태의 「골목길 상권」이 증가하고 있다. 일반적인 상권 형성을 위해 요구되던 조건들이 「골목길 상권」에서는 통용되지 않는다. 즉, 유동인구를 형성시킬 집객시설을 기초로 한 편리한 교통과 주차, 대로변 중심의 평지 등이 안정적인 상권형성 조건으로 언급되는 부분이 들어맞지 않는다. 「골목길 상권」의 경우 별도 집객시설 없이, 지하철역 등 대중교통과의 접근성이 떨어지는 것은 물론 주차시설도 없거나 협소하다. 하물며, 특히 상권 형성이 어려운 언덕길 또는 이면도로를 중심으로 상권이 형성되고 있는 것이다.

5) 골목상권은 학술적인 용어는 아니며 '주거지역을 중심으로 생필품을 공급하는 영세소매업 또는 주민밀착형 사업'으로 일반적으로 정의할 수 있다.

▌그림 3-13 | 골목의 모습(유럽: 좌)과 골목상권을 즐기는 시민의 모습(한국: 우)

여기에 더해 대기업 계열 할인점과 기업형 슈퍼마켓SSM: Super Supermarket이 급격히 늘어나면서 기존 골목상권의 터줏대감이었던 지역 재래시장과 소규모 슈퍼마켓이 생존 위기에 봉착했다. 경쟁과 효율성차원에서 본다면, 이들 대기업 유통업체의 경쟁적인 골목상권 진입은 소비자에게 원스톱 쇼핑의 편리함과 다양한 선택의 즐거움을 동시에 주고 있으나 골목의 소상인들에게는 큰 타격이 될 수밖에 없다.

골목상권은 대로변도 아니고 그렇다고 사람들이 많이 사는 신도시도 아니다. 입지나 상권을 봐도 이상한 현상이다. 여러 면에서 기존의 상권과 입지이론과는 맞지 않다. 그렇다면, 골목길이 뜨는 이유는 뭘까?

우선, 골목길은 숨이 막힐 듯 빽빽한 빌딩과 고층 아파트에 적응된 현대인에게 사람의 눈높이를 벗어나지 않는 '휴먼 스케일'을 전해준다. 이를 통해 신선함과 안정감을 동시에 느끼게 해 준다. 이러한 추세에 힘입어 실제로 보행자의 눈높이에 맞춰 골목길을 재정비하는 사례도 늘고 있는 것이다. 걸을 때 눈높이에서 자연스럽게 마주칠 수 있는 것들에 새로운 요소를 더하는 방식은 골목은 물론 더 나아가 도시 전체에 생명력을 불어넣는다.

다음, 경제적 측면에서 「골목」의 장점은 저렴한 임대료 덕에 고정 비용을 낮출 수 있어, 대로변이나 상가에 비해 매출은 작지만 수익률이 높다는 데 있다. 물론 최근 흐름에 따라 번창하여 임대료가 많이 오른 골목상권도 있지만, 우선은 대로변 잘 꾸며진 곳보다 임대료가 싸서 점포를 운영하고자 할 때, 진입장벽이 낮은 것이다.

그 결과, 비교적 적은 투자비용으로 업주가 추구하는 과감한 실험과 다채로운 개성을 표현하고 이는 곧바로 새로운 것을 찾는 소비자들에게 신선한 소구점이 된다. 즉, 고객과 점주가 서로 '윈-윈Win-Win'할 수 있는 것이다. 요즘 젊은 사람들, 특히 'SNS 세대'들은 가볼 만한 곳이라면 그곳이 어디든 발품 팔기를 마다하지 않는다. 외려 숨겨진 새로운 곳을 찾아 소개하면 친구들 사이에서 '트렌드세터'로 여겨진다. 불편을 감수하더라도 만족감을 느낄 수 있는 요소만 존재한다면 그곳이 어디든 찾아가는 사람들 덕에 골목길이 감성과 창의성의 원천으로 통하기 시작했다.

요즘 소위 뜨는 「골목」에 가면 훌륭한 서양식 정찬부터 커피는 물론 유명한 디저트에 쇼핑까지 한 번에 해결할 수 있다. 복잡하게 돌아다니지 않아도 「골목」 한 곳에서 다채로운 먹거리와 볼거리를 충족할 수 있다는 점은 젊은 사람들뿐 아니라 나이 지긋한 사람들도 저항감 없이 찾게 만드는 이유다. 바야흐로 「골목」은 상권의 입지와는 무관하게 엄청난 매출은 아니지만 안정적인 매출을 올리는 곳으로 자리매김하고 있다. 카페 창업 역시 프랜차이즈를 좇던 분위기에서 소규모 카페로 전환되고 있는 모양새다. 좁은 골목길에서만 느낄 수 있는 독특한 구조와 인테리어, 소박하고 따뜻한 분위기가 대기업 프랜차이즈에서는 볼 수 없는 감성을 주기 때문으로 볼 수 있다.

한편, 이 같은 「골목상권」의 또다른 성공요인에 대해 "근거리 도보쇼핑과, 제품을 소량씩 구입이 가능하도록 하는 것이며, 소비자와 판매자가 활발한 의사소통에 의하여 소비자들이 존중 받고 있다는 기분을 들게끔 하는 것"을 들고 있다. 실패요인에 대해서는 "쾌적하지 못한 쇼핑환경, 서비스부족, 매우 작은 취급 진열면적과 회전율이 저하된 제품의 진열 등"이 제시되고 있다. 「골목상권」은 분명한 장점이 있다. 진입장벽이 낮다는 점에서 일자리 창출과 안정적 유지 면에서 유리한 분야이다. 「골목상권」은 하나의 상권이라는 인식하에 놓이기 때문에 서로의 영향 속에서 운영할 수 있는 곳이다.

'SNS'는 또 다른 기회요인이다. 기존 상권 형성의 틀을 깨고, 골목길 상권이 새로운 트렌드로 부상하게 된 이유에는 스마트폰을 이용한 '지도 앱'과 '소셜미디어'를 통한 공유 문화 발달이 있는 것이다. 구체적으로는 맛집 정보와 볼거리, 이색 구매거리 등 개인이 경험한 정보와 그에 대한 평가를 서슴없이 게재하는 블로그, SNS 등 소셜미디어의 활용이 급증하고 있다. 특히, 소셜미디어의 경우, 유명 블로거나 트렌드세터 Trend Setter들의 활동을 스마트폰을 통해 미리 습득하고, 그 정보를 본인이 직접 체험 후 다시 소셜미디어에 재공유하는 형태로 지속적인 정보의 재생산이 이루어진다. 실제 최근 소비자의 상품 및 서비스 구매 시 정보습득에서부터 비교와 구매 후 경험 공유까지 블로그 등 소셜미디어의 영향력은 점차 강화되는 추세인 것이다.

기술적으로는 「골목길」이라는 특성상 필연적으로 발생되는 접근성 문제를 스마트폰 지도 앱의 '위치검색'을 활용하면서 상당부분 극복할 수 있다. 소셜미디어 등 정보 공유 시 위치정보도 같이 공유하면서 이전에 가본 경험이 없는 지역이더라도 지도 앱을 기반으로 어렵지 않게 접근 가능하게 된 것이다.

하지만, 「골목길 상권」의 성장은 매매가격 및 임대료의 급등으로 연결되면서 새로운 문제점을 야기하게 된다. 즉, 골목길 상권의 대중화로 부동산가격과 임대료가 급등하면서 상권을 형성시킨 임차인이 이탈하는 문제, 일명, '젠트리피케이션'이 발생하고 있다. 또한, 「골목길 상권」의 경우 중심상권이나 배후상권과 같은 고정 상권이 아니기에 상권축의 이동이 나타날 경우 급격한 상권 쇠퇴의 위험도 상존한다. 따라서 해당 지역에서 부동산 투자나 창업을 고려할 경우에는 가격 적정성 여부와 상권 변동에 대한 세밀한 검토가 필요할 수밖에 없다.

이처럼 새롭게 성장하는 상권의 중심에는 「골목길」이 있음을 알 수 있다. 20~30대 젊은층의 소비상권으로 「골목길 상권」이 최근 급격히 성장하고 있는 것이다. 새로운 장소를 탐색하는 '찾아가는 재미'와 더불어 이국적이거나 전통적인 분위기의 까페 및 특색 있는 수공예품 등 골목길 속에서 새로운 가치와 문화를 공유하는 것이다. 통상 상권이 명동이나 강남역 등 풍부한 유동인구를 기반으로 발달한 대형상권과 역세권 등 교통발달 지역을 중심으로 하는 역세권상권, 그리고 주거지 인근에서 생활 필수적 요소를 해결하기 위한 배후상권 등으로 구분되어 발달된다는 점에서 「골목상권」은 분명 이색적이다. 「골목상권」이 뜨는 이유에는 "몰링 개념"도 한 몫을 한다. 2000년대 중반의 코엑스몰이나 용산 아이파크와 같은 "몰링 Malling" 개념의 상권이 확대되면서, 한 장소에서 쇼핑과 볼거리, 먹거리, 놀거리 등 모든 것을 해결하는 상권이 발달하여 한 때, 상업시설을 주도한 것이 "몰링"개념이다. 「골목상권」은 또 다른 차원의 몰링으로 골목을 하나의 브랜드로 보아서 여기저기를 다니면서 이용하는 것을 의미한다. 차이는 하나의 건물이 아니라는 점이다.

그렇다면, 장기적으로 「골목상권」을 살리고, 활성화시키기 위해서 할 일은 무엇인가? 단기적으로 떴다가 사라지는 「골목상권」도 많다. 차별화되지 못하고, 주변의 더 큰 상권으로 흡수되고 마는 것이 대부분이었다. 「골목상권」이 살아야 풀뿌리 경제가 살아난다는 것은 아무리 강조해도 지나침이 없다. 「골목상권」을 활성화하기 위한 노력들을 주도하는 것은 사람이다. 정책결정자는 비전을 제시하는 역할을 vision provider, 골목상권 상인은 시장을 창출하는 역할을 market creator, 전문가들은 전문지식을 공급해 주는 역할 specialized supplier을 열정을 가지고 충실하게 수행해 갈 때 「골목상권」은 생존의 돌파구를 찾을 수 있을 것이다.

최근의 유통환경은 외국의 유통기업은 물론 국내 대기업들이 직영하는 백화점, 대형할인점 등의 대형소매점포와 편의점과 슈퍼 슈퍼마켓 SSM 등의 대자본과 글로벌 경영시스템을 갖춘 신유통업태가 급속도로 확산되고 있어, 유통구조가 전통시장과 중소 슈퍼마켓 등 자영업자 중심에서 백화점과 대형할인점 등 글로벌 기업형 중심으로 빠르게 전환되고 있다. 또한 인터넷 보급과 확산에 힘입어 국내 전자상거래 시장 규모는 2011년 999조2,500억 원으로 10배 가까이 성장했는데, 그 중에서 B2B의 전자상거래 규모가 912조 5,620억원으로 전체의 91.3%를 차지하고 있다. 이는 전년대비 22.1%가 증가한 수치이며, B2C거래액은 29조 620억원으로 전년대비 15.3% 증가하였다. 이러한 유통환경 변화에 따라 SSM, 할인점, 무점포판매, 편의점 등의 업태와 도매 배송업 등의 신업태는 큰 폭으로 성장하고, 슈퍼마켓, 백화점, 전통시장 등의 구업태는 그 성장 잠재력이 대폭 축소되고 업태 간 경쟁이 격화되고 있다.

한편 소비자는 편리하고 쾌적한 쇼핑환경을 선호하며, 소비자의 가치추구 및 웰빙 선호 성향으로 가격과 양 위주의 구매에서 탈피하여 고품질, 친환경, 명품 브랜드, 소포장단위를 선호하는 등 소비자 니즈 및 라이프스타일이 변화하고 있다. 또한 소비자의 쇼핑패턴의 변화에 부응하고 업태 간 경쟁격화에 따른 대응전략으로 대고객 서비스가 강화되고, 타 업체와 차별화를 위해 앤터테인먼트형 점포, 체험형 점포 등이 출현하고 있다. 또한 소득수준의 향상과 급속한 정보화 사회의 성숙으로 인해 '상품 가치', '시간 가치', '서비스 가치', '분위기 가치', '가격 가치' 등 가치가 중시되는 사회로 변화하고 있는데, 이러한 환경변화는 「**골목상권**」이나 전통시장의 매출증대에 매우 어려운 조건이라 할 수 있다.

최근 대한상공회의소가 이같은 「**골목상권**」의 생존 키워드로 제시한 것은 'SUPER'다. 즉, '근거리 입지 활용 Short distance', '상점 간 연계 Union', '상품 · 가격경쟁력 확보 Price & Product competitiveness', '혁신을 위한 자구노력 Effort', '소매지원체계 구축 Retail support system' 등을 생존 키워드로 제시한 것이다.

물론 이에 따르면 좋은 결과가 있을 테지만, 필자 생각은 우선 집중할 한 가지를 선정하는 것이 최우선과제라 생각한다. 대표적인 것이 근거리에 입지하고 있다는 점과 상점간 연계가 중요하다.

예를 들면, 관광객들의 접근성이 편리하도록 주차장을 확보하고, 관광객들이 구입할 수 있는 맞춤형 상품 구비와 전통시장다운 시설 및 환경조성에 의한 향수마케팅과 먹거리, 살거리, 즐길거리를 갖춘 문화관광형 시장으로 컨텐츠를 갖출 필요가 있다. 또한, 지속적인 「골목상권」의 존속을 위해서는 「골목상권」별로 차별화된 핵심상품을 중심으로 골목의 특성을 포지셔닝할 수 있는 특화된 상품군의 취급도 절대적으로 요구된다. 이와 관련해 얼마 전 재미있는 문구를 봤다. 동네 1등이 전국 1등이 된다는 것이다. 여기에 맞춰 보자. 얼마든지 해법은 나올 수 있을 것이다. 앞에도 언급했듯이 도시는 24시간 살아 있는 유기체라는 점에서 상권내의 영업시간을 다른 곳보다 늘려서 집객력을 높이고, 주말 시장 등 요일별 특화도 좋은 방안이 될 것이다. 그리고, 대면마케팅이 가능하다는 점에서 지역밀착마케팅 강화로 단골 고객층을 확충하고, 상품의 다양성과 신용카드 사용률을 지속적으로 제고시켜 갈 필요가 있다. 또한 유통환경 변화에 적극 대응하기 위해서는 골목을 하나로 보아 온라인 홈페이지를 통한다면, 훨씬 집객력을 키울 수 있을 것이다. SNS 마케팅도 앱을 이용하여 위치를 알려주는 수준에서 벗어나 젊은 층의 호기심과 기대감을 자극하고, 무작위로 할인 상품이 바뀌고, 할인율 또한 파격적으로 제시하는 등 소셜커머스 마케팅을 더욱 활성화 할 필요가 있다.

또 하나의 해법을 제시해본다. 해법 중 하나로 디벨로퍼의 화답을 제시한다. 사회적 문제로 떠 오른지 오래되는 '젠트리피케이션'을 걱정 날릴 방법으로 지자체나 민간 기업, 펀드 등이 나서서 골목상권 전체를 보유하여 하나의 브랜드로 활용하는 것도 가능할 것이다. 추가하여 한 개발회사의 움직임이 시사하는 바도 크다. '네오밸류'라는 회사는 "앨리웨이"라는 브랜드를 만들었다고 한다. "앨리웨이"는 '골목'이라는 의미의 자연어로 앨리웨이는 '골목'이라는 의미의 자연어로 골목 사이를 다니면서 느끼는 호기심과 즐거운 감성을 담고 있는 골목길 성격의 상업시설을 운영하겠다는 것이다. 그리고 앨리웨이의 공간은 지루하지 않은 몰링을 위해 각각의 공간마다 색다른 감성을 느낄 수 있고, 어른과 아이 모두 즐거운 시간을 누릴 수 있도록 구성하겠다는 것이다. 물론 실제구현시 문제점과 내용적으로 준비할 일이 훨씬 많겠지만, 이 정도면 필자가 얘기하고자 하는 바는 전달되었으리라 본다. 이제 우리 주변에서도 가고 싶은, 가족, 친구와 함께 하루를 보내고 싶은 그리고 10년, 20년 후에도 존재하는 「골목상권」이 많아지기를 바란다.

한편으로 이 같은 「골목길 상권」 확대에 따른 영향은 다음과 같다. 「골목길 상권」은 기존 형성된 상권 인근 주택가를 파고들면서 확장되는 형태에서 최근에는 기존 상권이 없던 지역까지 상권을 형성시키는 형태로 발전하고 있다. 그에 따라 기존에는 상권이 없거나 일부 배후상권만 존재했던 성수동 수제화거리, 후암동 야경길 등은 각 골목길만이 가지는 특색 있는 문화와 조망 등을 기반으로 상권이 신규로 형성되고 있다. 건강과 휴식에 대한 인식 변화로 이전보다 걷는 공간에 대한 선호가 높아지면서, 이러한 특색 있는 「골목길 상권」의 발전은 당분간 지속될 전망이다.

그림 3-14 | 앨리웨이의 개념 투시도 (ⓒ네오밸류)

이처럼 상업시설은 진화하고 있다. 많은 상업시설이 물건 판매를 벗어나 문화와 경험 제공을 통해 도시의 얼굴이 되고 있고, 최종적으로는 관광객들이 방문하는 관광지가 되고 있는 것이다.

최근 서울의 명동을 중심으로 전국이 중국관광객의 영향권하에 놓여있다. 이는 동남아 등 다른 나라의 관광객 증가로까지 이어지고 있는 상황이다. 그리고 그들은 '쇼핑'이 필요하게 된다. 그리하여 여행전문채널인 "CNN TRAVEL"이 발표한 세계의 쇼핑관광도시에서 서울이 12위를 당당히 차지하고 있다. 그런 점에서 도시의 경쟁력으로서 "상업시설"을 생각해볼 필요가 있다. 그러나 아직까지 우리나라의 상업시설은 부족함이 많다. 몇몇 시장이나 건물의 경우는 이제 외국관광객의 수준을 리드하기는커녕, 후퇴하고 있어서 관광객들의 불만이 쌓이고 있는 상황이다. 서비스, 상업시설의 구성, 판매 물건, 주차장 등 많은 부문에서 과제가 남아있다. 미래의 산업으로 인정되는 관광산업의 유치와 활성화를 위해서는 필연적으로 상업시설과의 연계가 요구된다. 그런 점에서 앞의 사례들과 같은 민간의 상업시설 개선에 대한 노력 못지않게 까다롭기로 유명한 우리의 인허가 과정의 개선과 도시의 경쟁력으로서의 상업시설에 대한 '지자체'와 '정부'의 사고 전환도 필요하게 된다. 그리고 상업시설은 1~2년 잘해서 이뤄지는 것이 아니라는 점을 명확히 해야 할 것이다.

3. 스포츠 시설, 文化가 되다

최근 스포츠인구가 급증하고 있다. 그 어느 때보다 스포츠를 통하여 다양한 즐거움을 얻고 있다. 우리의 삶에서 기쁨을 주고, 생활의 활력을 불어넣어주는 요소로서 자리 잡고 있다. 직접 경기에 참여하면서, 다른 사람들의 경기를 보면서, 더 나아가 듣는 스포츠, 읽으면서 느끼는 스포츠, 스포츠 복장 등 입는 스포츠, 마시는 스포츠까지 유행하고 있다. 그동안은 직접 행하는 스포츠가 주된 관심이었으나 각종 매체의 발달과 건강에 대한 관심까지 더해져 스포츠 현상에 대한 인식이 다양화되면서, 스포츠에서 창출되는 '다양함'이 주된 관심사로 자리 잡고 있다. 이는 프로야구, 프로축구 등 스포츠의 관람과 팬으로의 참여 확대, 다양한 스포츠상품에 대한 관심, 레저활동과 유명 선수에 대한 관심 등으로 표출되고 있는 것이다. 스포츠에서 창출되는 볼거리, 만족감, 성취감, 그리고 짜릿한 감정까지 갖게 되는 행위로서 갈수록 그중요성이 커져서 관련 산업으로 스포츠산업은 갈수록 그 규모가 커지고 있다.

이 같은 현상은 스포츠를 직접 즐기는 문화, 경기관람은 보고 즐기는 문화로, 관련 상품을 구입하여 팬들끼리 즐기는 문화로 자리 잡았으며, 그 정도는 더욱 확대되고 있다.

'스포츠산업'을 이해하는데 있어, 공식적인 자료로 매년 문화체육관광부가 발간하는 스포츠산업관련 백서가 있다. '2015 스포츠 산업 백서'에 따르면, 한국의 스포츠 산업은 43조원 규모인 것으로 추산된다. 스포츠의 천국이라는 미국은 569조원의 시장을, 중국은 221조원(2014년), 일본은 125조원(2012년)의 시장을 가지고 있다. 한국 시장은 미국의 8%에 불과하지만. 최근 5년 동안 국내시장이 연 5%씩 성장하고 있고, 산업 종사자와 업체도 꾸준히 증가하는 추세라는 점에서 그 잠재력은 매우 높다고 볼 수 있다.

여러 종목 중 최고 인기 스포츠인 프로야구가 국내 스포츠 산업의 성장을 이끌고 있다. 2015년을 기준으로 프로야구는 입장수입 730억원, 중계권료 수입 360억원, 머천다이징 수입 60억원 등을 보이고 있다. 2013년 587억원이었던 프로야구 입장수입은 2년 만에 730억원으로 늘어서 축구 · 농구 · 배구 입장수입 총합인 195억원의 3.7배에 이르고 있다. 관람객은 2008년 500만명 시대를 맞은 이후 2016년은 833만명을 달성해서 이제 1,000만명시대를 앞에 두고 있을 정도다.

스포츠 시설의 의미

우리가 접할 수 있는 「스포츠 시설」[6]은 정말 다양하다. 흔히 볼 수 있는 올림픽 경기장이나 월드컵경기장 같은 대형경기장과 정부나 지자체에서 운영하는 체육시설 등이 다양하게 배치되어 있고, 거기에 민간이 지은 체육센터나 당구장, 무도장 같은 체육시설까지 포함하면 그 종류는 일일이 꼽기 어려울 정도이다. 수영장이나 골프장, 스키장, 자동차경주장, 체육도장, 요트장, 빙상장, 골프연습장, 체력단련장, 썰매장, 무도학원, 승마장등에 대회개최와 선수훈련에 필요한 시설, 국민이 쉽게 즐길 수 있는 생활체육시설 등 형태가 굉장히 다양하다. 스포츠 시설은 스포츠 활동에 필요한 지리와 물리적인 조건의 운동 장소이다. 그곳은 스포츠 활동이 일어나는 공간이고 더 나아가서는 건강과 즐거움을 추구하는 공간인 동시에 스포츠 이벤트와 프로그램이 열리는 곳이다.

스포츠 시설과 도시경제

그런데, 이 같은 「스포츠 시설」은 그 활용여하에 따라 지역경제를 살린다고 한다. 이같은 판단하에 자치단체들은 월드컵이나 올림픽 등 대형 국제 스포츠 이벤트를 유치하여 지역발전을 위한 생활환경과 문화인프라를 구축하여 활용하고 있다. 이는 전 세계적으로 마찬가지 현상이다. 그렇다면, 스포츠 시설이 어떻게 경제를 살릴까? 단지 스포츠 시설만 있다고 해서 경제가 스스로 살아나지는 않을 것이다.

「스포츠 시설」에 대한 목적이 명확해야 할 것이다. 그 목적은 바로 건강을 증진시키고, 경제적으로는 고용창출과 주민의 소득 증대, 넓게는 산업발전에 기여

---

6) 법과 개설방법에 따라 등록체육시설업(골프장, 스키장, 자동차경주장)과 신고체육시설업(수영장, 체육도장, 요트장, 조정장, 카누장, 빙상장, 골프연습장, 체력단련장, 당구장, 썰매장, 무도학원, 무도장, 승마장, 종합체육시설)으로 구분.

하며, 환경적으로 도시 환경을 개선하고 편의시설을 확충한다는 것이다. 실제로 이런 「스포츠 시설」이 들어섬으로 인하여 경제적 이익을 본 지방자치단체가 '경북 경주시'이다. 경주시는 대표적인 스포츠 시설로 자리매김한 15면의 천연인조잔디 축구장이 있다. 여기에서는 각종 전지훈련과 대회를 치를 수 있는 시설이다. 경주시는 전지훈련팀 유치와 각종 전국대회 개최를 통해 연간 약 170억원 이상의 경제효과를 내고 있다고 한다. '강원도 태백시'의 고원 체육도시도 효과를 보고 있다. 태백종합경기장을 비롯한 지역 내 체육시설들은 해발 1,000m대의 연화산과 함백산 등지에 위치, 여름철에도 기온이 서늘해 각종 체육단체들 사이에서 인기가 높다고 한다. 그 결과 2015년에 태백종합경기장과 고원체육관 등에서는 제46회 전국 추계 대학 축구 연맹전을 비롯한 27개 체육대회가 개최되고, 대한체육회 태백 선수촌과 가덕산 고지대 훈련장 등지에도 전지훈련 선수단이 찾아서 연인원 21만1,000여명의 선수단이 오투리조트 등 지역 내 숙박업소와 음식점 등을 이용, 지역경제를 419억원가량 경제적 효과를 보였다고 발표했다. 전국 최초의 스포츠 종합타운인 남해스포츠파크와 실내종목 훈련에 최적화된 실내체육관 등 지역 곳곳에 다양한 체육 인프라가 잘 갖춰져 있는 '경남 남해군'도 겨울 전지훈련에 적합한 온화한 기후 역시 많은 팀들을 남해로 불러모으고 있다. 이외에도 많은 지역자치단체들이 스포츠 시설을 유치하여 다양한 스포츠마케팅 실적을 올리고 있으며, 이를 위해 노력중이다. 결국 지역 특성에 맞춘, 수요가 있는 시장에 대한 대응만 갖춰진다면, 충분히 지역도시들에게도 기회가 있다고 볼 수 있다.

그러나 시설 자체로 본다면, 아직까지의 운영 실태는 암울하다. 전국의 대형체육시설 92곳 가운데 87곳이 지난 2007~11년 5년간 적자운영이었다고 한다. 이 수치는 월드컵경기장과 야구장을 포함해 관중 1만 명 이상 수용할 수 있는 전국 대형체육시설 가운데 95%가량이 적자운영이라는 것이다. 반면 흑자를 낸 곳은 서울 월드컵경기장(2007~2011년, 470억원), 잠실야구장(2007~2011년, 16억원), 광주월드컵경기장(2009~2011년, 100억원), 안산와~스타디움경기장(2007~2008, 2011

년 7억원), 마산종합운동장(2011년 1억8000만원) 등 5곳 정도로 나타났다. 결국 스포츠 시설의 긍정적 역할과 전망으로 개발과 확장이 예상되는 가운데, 스포츠 시설의 수익적 차원은 스포츠 시설의 확대에 걸림돌이 되고 있는 것이다.

한편으로는 흑자를 본 경기장 등 「**체육시설**」은 이용객의 접근이 쉬운 도심에 있거나 대형 쇼핑몰, 영화관 등을 시설 내에 운영하는 등의 공통된 특징이 있다는 점에서 전시행정이나 1회성 행사만을 위해 「**체육시설**」을 만들면 안 된다는 것은 이미 충분히 알려진 사실이다. 따라서 체육시설을 건립할 때 이용률을 높인다는 차원에서 선진국처럼 인근에 주요 운동시설 및 여가시설 등을 포함시키거나 복합테마파크 형태로 만들 수도 있다. 물론 이때, 「**스포츠 시설**」의 본래 취지와는 다른, 스포츠 자체의 아이템으로서 시설을 운영하지 못한다는 점은 아쉬우나 다른 한 편으로는 「**스포츠 시설**」은 단지 해당 종목만이 아닌 문화나 상업시설과의 결합을 통해 지속가능하다는 점을 알 수 있다.

상암 월드컵 경기장 사례

각 도시마다 도시를 상징할만한 대형 종합경기장을 갖고 있다. 월드컵이나 올림픽 등 대형 국제행사 개최와 맞물려 훨씬 다양한 경기장들이 산재해 있는 것이다. 그러나 대형 행사를 대비하여 지어진 경기장들이 경기이후 활용방안이 마땅치않아 적자에 놓이는 등 각 도시들의 골칫거리로 자리 잡고 있다. 이는 계획 당시에 경기장 활용에 대한 대안이 제대로 마련되지 않은 탓으로 볼 수 있다. 따라서 각 도시마다 지어진 대형스포츠경기장을 활용하는 고민에 빠져 있다.

활용 면에서 사각 방패연과 황포돛대를 본 뜬 서울 「**상암 월드컵 경기장**」 사례는 시사하는 바가 크다. 「**상암 월드컵 경기장**」은 건립 당시부터 찬반양론이 거듭되는 반전 끝에 극적으로 지어졌다. 97년 10월 서울시에 의해 마포구 상암지구가 건립 대지로 선정된 이후 총 3년 2개월의 공사 끝에 2001년 11월 서울월드컵경기장이 그 모습을 드러냈다. 그런데 우여곡절 끝에 탄생하기는 했지만 재미있는 상황이 벌어졌다. 결과적으로 당시의 논란이 오늘날 흑자 구조를 만들어내는 긍정적인 구실을 하게 됐다고 한다. 우선, 설계 당시부터 건설비 최소화와 사후 활용을 염두에 두고 지어졌다. 특히 스탠드 하부공간을 수익시설로 최대한 활용할 수 있는 구조로 설계되어 이후 지어지는 다른 경기장들의 모델로 자리 잡게 되었다. 결과적으로 「**상암 월드컵 경기장**」은 2002한 · 일월드컵이 치러진 후 연간 100억원 가까운 흑자를 내는 상황이다. 기존의 많은 경기장들이 운영문제로 적자에 빠져 고민한다는 점에서 이례적 사례로 등장한 것이다. 이에 같이 월드컵을 개최한 일본에서도 경기장 사후 활용과 관련해 서울월드컵경기장을 벤치마킹하려는 시도가 있을 정도이다.

그림 3-15 | 상암 월드컵 경기장 모습 (ⓒ모카)

하층부의 수익시설 운영

우선적으로 상업시설의 활용이 가능하다. 「**상암 월드컵 경기장**」이 흑자기조로 돌아서는 데 가장 큰 몫을 한 것도 상업시설인 월드컵 몰이다. 경기장 동쪽 1 · 2층에 들어선 대형할인점 홈플러스(1만 3,368평)와 CGV 복합상영관, 예식장, 스포츠센터 등 모두 8개 업체가 월드컵 몰에 입점해 강북 최대의 쇼핑 · 엔터테인먼트 센터로 자리잡은 것이다. 이밖에도 주경기장 및 보조구장을 활용한 각종 체육 · 문화행사 수입도 일어나고 있어 총수입이 150～160억원을 상회하고 있고, 매년 80～90억원의 흑자기조가 유지되고 있다 한다. 이같은 결과는 설계될 당시부터 고려되지 않았다면, 나오기 어려운 상황이었을 것이다.

경기 외의 체육 · 문화행사 운영

경기장이 상시 사용되는 공간이 아니라는 점에서 비활용시간의 활용방안이 고민되어 져야 한다. 「**상암 월드컵 경기장**」은 축구경기로서의 A매치 운영과 '피스컵' 등 관련 경기가 벌어지고, 문화행사로는, 빈필 하모니 오케스트라, 오페라 '투란도트' 등 대규모 문화 행사가 잇따라 열려 축구경기 이외의 축구경기장 활용에 나서고 있다. 이를 통해 넓은 면적, 많은 좌석 등의 특징을 지닌 경기장 활용도를 높이려는 노력이 병행되고 있다.

경기장 본연의 역할

경기장의 설립 목적에 충실한 기본 활동이 있어야 한다. 경기장을 놀리면서 다른 시설물에서 돈을 버는 것은 경기장 건립의 의미가 없다. 그리고 시민들이 즐겨 찾을 수 있는 체육 문화공간으로서 기능을 해야만 한다. 「**상암 월드컵 경기장**」은 축구 전용구장으로 본 용도를 살리려면 무엇보다 축구경기가 많이 열려야 할 것이다.

관광명소로도 기능

「상암 월드컵 경기장」은 한국의 월드컵 4강 진입 이후 한국 약진의 심벌이 돼 국내인과 외국인들에게 관광명소로도 주목받고 있다. 특히 과거 쓰레기 매립지였던 곳에는 상암 택지개발지구가 들어섰고, 주변 105만평의 대지에 월드컵공원이 조성돼, 「상암 월드컵 경기장」과 연계하여 관광 명소로도 자리잡았다는 점도 스포츠 시설 설치시 고려해야 할 것이다.

스포츠복합개발사례: LA라이브와 Staples Center

지을 때부터 스포츠복합시설로 계획되어진 「LA 라이브」가 있다. 「LA 라이브 단지」는 2008년 12월 오픈한 37만m^2 규모의 스포츠·엔터테인먼트 복합 단지이다. 여기에는 유명 레스토랑과 클럽, 프랜차이즈 커피 전문점 등이 들어서면서 활기찬 젊은이들의 장소로 자리잡고 있다. LA 최대 규모로 7100석을 갖춘 노키아 극장, 전시실, 소극장, 테라스 루프탑을 갖춘 그래미 박물관 등이 지어지면서 엔터테인먼트 중심지로 각광받고 있다. 「LA 라이브 단지」는 2010년 완공된 JW 매리어트 호텔 로스앤젤레스, 리츠칼튼 클럽 호텔 등이 초고층으로 들어선 이후 더욱 주목받는 다운타운의 핫 플레이스가 된 것이다.

한편, 옆에 있는 미국 최대 규모를 자랑하는 경기장으로 쓰이는 「스테이플스 센터 Staples Center」를 중심으로 다양한 활동이 벌어지고 있다. 수용 인원이 2만 명에 달하는 실내 스타디움으로 우주선처럼 생긴 거대한 건물이 독특성을 더해주며, 경기장 입구에는 미국 NBA프로농구 LA 레이커스의 전설적인 선수 매직 존슨의 동상이 서있다. 「스테이플스 센터」는 이미 세계의 스포츠 및 엔터테인먼트 센터로 자리 매김하고 있다. 네 개의 프로 스포츠 프랜차이즈의 홈구장(프로농구 NBA

의 LA 레이커스와 LA 클리퍼스, 아이스하키 리그 NHL의 LA 킹스와 여자 농구 리그인 WNBA의 LA 스파크)으로 활용되고 있다.

그림 3-16 | LA의 Staples center (©www.axs.com)

하지만 이곳에서 스포츠 경기만 열리지는 않는다. 「Staples Center」는 애초에 단순 스포츠경기장이 아닌 스포츠와 엔터테인먼트의 중심지를 목표로 만들어졌다. AEG가 소유하고 운영하는 '아레나 ARENA'는 최근 십 삼년간 열두번의 그래미상 시상식과 2004 년 및 2011 NBA 올스타 게임, 2002 NHL 올스타 게임 2000 년 민주당 전당 대회와 2009 세계 피겨 스케이팅 선수권 대회 등을 개최하는 등 국내 및 국제적 행사를 개최하고 있다. 또한, 유명 가수인 '아델, 테일러 스위프트, 마돈나, 롤링 스톤즈, 프린스, U2, 폴 매카트니, 핑크, 어셔 , 제이 지, 카니예 웨스트, 로저 워터스, 브리트니 스피어스, 비욘세, 저스틴 비버, 저스틴 팀버레이크' 등의 공연 등을 통해 국제적 위상을 다져왔다. 그 결과, 「**스테이플스 센터** Staples Center」는 프로 스포츠, 라이브 음악, 롤이라는 컴퓨터 게임을 활용한 롤월드컵, 권투와 특별 행사에 이르기까지 매년 250개 이상의 이벤트와 4 백만 이상의 방문객이 방문하고 있는 장소이다. 다양한 수익구조는 세계적 수준의 시설, 기능 및 서비스와 고객 경험의 품질에 대한 개선으로 타의 추종을 불허하는 경기장으로서의 명성을 갖게 된 것이다.

마찬가지로 세계 최대의 스포츠시장인 미국의 다른 스포츠 시설들에서도 수익성을 높이기 위해 노력을 기울이고 있음을 볼 수 있다. 뉴욕의 'Madison Square Garden'의 경우도, NBA의 New York 닉스, NHL의 New York 레인저스, WNBA의 New York 리버티, College Basketball의 New York St.John's 네 팀의 홈구장으로 사용되고 있으며, 연간 좌석당 $10,543의 수익을 얻고 있다. 이외에도 수많은 스타의 공연과 테니스 · 복싱 · 레슬링 등 강종 경기 및 아이스쇼 같은 이벤트를 개최함으로써 수익을 내고 있다.

벤치마킹 차원에서 좀더 「**LA 라이브**」의 개발과정을 살펴보자. 이상에서와 같이 「LA Live」는 '서부의 타임스퀘어 프로젝트'로서 「Staples Center」를 포함해 공연 감상, 스포츠 관람, 외식, 오락, 주거공간까지 갖춘 원스톱 엔터테인먼트 센터가 자리하였고, 특히 「Staples Center」는 지역 경제에 큰 발전을 이끌고 있는 사례로 자리 잡았다.

원래 LA 다운타운에는 고층건물 사무실 빌딩, 패션 디스트릭트와 도매시장이 밀집한 지역으로 상업적인 이미지가 매우 강한 지역이었다. 그러나 상업의 중심이 되고 있는 것에 비해서는 주거인구가 없어 노숙자, 치안문제들이 심각하게 제기되던 지역이었다. 몇 년 전까지 LA 다운타운은 대낮에도 사람들이 찾기를 꺼렸다. 관광객들은 할리우드나 디즈니랜드 같은 LA 교외만 보고 다운타운에는 들르지 않았다. 보고 즐길 게 없는 데다 슬럼가여서 치안도 불안했기 때문이다. 그러나 'AEG'는 과감하게 도심 한복판에 「LA 라이브」를 개발해 죽었던 도심을 되살려냈다. 'AEG'는 「스테이플스 센터」로 몰려드는 스포츠팬을 하루 종일 묶어둘 수 있는 기능을 찾았고, 그게 바로 '엔터테인먼트'였다. NBA 경기가 열리는 시즌이면 톱스타들이 노키아에서 축하 공연을 한다. 낮엔 「LA 라이브」에서 농구 경기를, 저녁엔 콘서트를 구경하고 밤늦게까지 바와 나이트클럽에서 즐긴 뒤 호텔에서 잠을 잔다. 그 결과, 「LA 라이브」는 다운타운을 24시간 깨어 있는 명소로 만들어 도시 이미지까지 바꾸는 데 기여했다. 「LA Live」 같은 스포츠중심 복합개발은 지역경제에도 도움이 되고 있다. LA 시 측은 이와 같은 프로젝트들이 지역 경제 활성화와 LA 이미지 개선에 도움이 될 것으로 보고 조세감면, 지원금 제공 등 다양한 인센티브를 제공하였나.

첼시피어(미국 뉴욕: 항구가 스포츠센터로)

도시재생 프로그램으로 진행되어 쓸모가 없어진 항구인 「첼시피어 Chelsea Piers」의 창고건축물이 복합스포츠센타로 개조한 사례에서 우리도 얼마든지 개발의 가능성을 엿볼 수 있게 된다. 「첼시피어」는 창고건축물을 복합스포츠센타로 개조한 곳으로 미국 맨하탄 서측 허드슨강변의 17번가와 23번가 사이에 위치한 약 30에이커(3만7천평)에 이르는 유서 깊은 항구였지만 지금은 항구로서의 기능이 정지된 곳이다. 특히 1900년도 직후 거대한 호화 유람선 '타이타닉'호의 마지막 도착지로도 유명하다. 1910년부터 1930년대까지 고급 정기선이 정박하는 곳[7)]이었다가 고급 정기선의 크기가 점점 커지면서, 새로운 부두의 필요성이 증가했다. 결국 1935년 고급 정기선의 부두는 뉴욕 크루즈 터미널 New York Cruise Terminal로 옮겨졌고, 「첼시피어」에는 화물터미널의 기능만 남게 되었다. 기존의 창고들은 애물단지로 변하고 말았다. 건물의 벽과 지붕이 무너져 내리고, 깨어진 유리창이 주

---

7) 출처: 네이버 백과사전.

▌그림 3-17 | 복합스포츠센터로 운영되는 첼시피어센터 (ⓒ최미경)

변에 널려있는 이곳을 완전 철거한 뒤 그 위에 고속도로를 건설 하려는 계획을 세웠다. 그런 지역에 대해 1992년 5월 '첼시피어 경영회사 Chelsea Piers Management, Inc.'가 이 지역을 복합 스포츠 위락센타로 개발하겠다는 야심찬 사업계획을 세워 뉴욕 주정부에 제안을 하게 되면서 변화의 계기를 맞게 되었다. 뉴욕 주정부에서는 이 계획안을 채택하게 되고, 정부로부터 개발 및 운영권을 얻어 낸 회사는 1994년 5월에 사업인가 및 건축허가를 얻어낸다. 그후 전면적인 리노베이션을 끝내고, 마침내 1995년 10월에 「첼시피어」는 골프연습장, 아이스링크, 암벽타기, 롤러링크, 서핑, 볼링경기장, 스포츠클리닉 등이 완비된 복합 스포츠센터로서 새롭게 태어나게 된다. 첼시 피어 스포츠와 엔터테인먼트 종합관에 있는 시설로는 영화, TV 제작 시설, 헬스클럽, 스파, 농구 경기장, 골프 클럽, 댄스 스튜디오 등이 있다. 이로써 문화 복합 스포츠센터로 자리 잡게 된 것이다.

그 결과 지금은 이용하는 사람들이 없는 창고지역에서 뉴욕시민들이 가장 많이 이용하는 문화와 스포츠의 복합시설이 되었으며, 레스토랑 등도 자리잡게 되어 뉴욕의 명물로 자리잡고 있는 것이다. 특히 이 곳에 있는 '첼시 피어 체조학교 Chelsea Piers Gymnastics'는 2만3천스퀘어피트나 되는 규모로서 유아부터 성인반까지 골고루 갖춘 체조 교실은 몇 년 전 미국의 배우인 톰크루즈와 케이티 홈즈 부부의 딸 수리 크루즈가 등록했다고 알려진바 있다. 또한 CBS스포츠 네트워크와 푸드네트워크 스튜디오도 이곳에 자리잡고 있으며 드라마 '법과 질서 Law & Order'나 '스핀 시티 Spin City'의 촬영장소가 되기도 했다.[8)]

우리가 여기에서 생각해볼 수 있는 것은 우리나라에도 이와 같이 못 쓰게 된 창고나 항구시설들이 많이 있다는 점이다. 도시재생차원에서도 완전히 시설을 철거하고 다른 시설로 개발하는 것이 우선시되는 국내 환경에서도 이렇게 창고 건물을 그대로 살린 상태에서 얼마든지 활용방안이 나올 수 있다는 점이다. 그 내용으로는 스포츠센터를 지어 지역민들의 건강관리시설로 자리 잡고 여기에 "문화"시설까지 복합되어 새로운 '도시공간'으로 자리 잡을 수 있음을 보여준다.

또 하나의 기회: 스포츠관광

스포츠는 관광 산업의 성장하는 분야이자 도시살리기 차원에서도 또 하나의 기회로 떠오르고 있다. 스포츠는 관광객들에게 경험 또는 체험을 제공하여 관광발전을 촉진시키는 세계에서 가장 큰 사회적 현상이며, 또한 관광은 다양한 스포츠 활동을 지원하면서 세계의 주요 산업으로 간주 되고 있기 때문에, 스포츠와 관광 산업 간에는 상호 밀접한 관계가 존재하며 유기적인 기능과 역할을 하고 있다. 국민 삶의 질 증대, 여가의 시설, 복지수준의 증대 등이 가속화되고 이를 바탕으로 스포츠관광에 대한 관심이 증가될 것이며, 「스포츠관광」의 영향은 매우 크기 때문에 「스포츠관광」의 정치적 역할은 지방 자치제의 정착으로 더욱 증대되고 있다.

8) 문화가 부동산을 살린다(2013), 교육과학사, p.172.

「**스포츠관광**」은 쉽게 정의하면, 스포츠에 참여하거나 관람을 목적으로 관광에 참여하는 것이라 할 수 있다. 이에 더해 관련 시설을 개발하고, 마케팅하는 과정까지를 생각하면 된다. 다양한 요소들로 구성되어지는데, 우선적으로 스포츠관광 시설, 스포츠관광 프로그램, 스포츠관광 상품 가격, 스포츠관광과 연계한 일반 관광 상품으로 구성된다.

그런데 「**스포츠관광**」은 스포츠 활동에 직접적으로 참여하면서 관광활동으로 연계되는 수요보다는 스포츠를 관람하고 관광활동으로 연계되는 수요가 훨씬 대중적이며 큰 잠재시장으로 더 크게 성장할 수 있을 것으로 받아들이는 추세이다. 즉, 여기에서 관심을 두고자 하는 분야는 "직접 경기 및 경기장 관련 시설 등을 관람하기 위해 이동하며, 당일 혹은 1박 이상 경기 관람 및 주변 지역에서의 관광 활동까지 하는 형태인 관람형 스포츠관광"이다. 전 세계 스포츠관광시장은 전체 관광시장의 14% 수준인 연 6,000억 달러 규모의 시장을 형성하고 있을 정도이다. 국내에서도 스포츠를 여가로 활용하는 소비층이 확대되고 있어 생활 스포츠 참여와 프로스포츠 관람을 통한 신관광수요도 증가 추세에 있음을 알고 있다.

스포츠가 주는 기회: 도시 이름 알리기와 지역주민의 심리적 소득

스포츠산업이 주는 또 하나의 장점은 빅 이벤트 혹은 전통 있는 이벤트를 개최하거나, 프로구단 보유 시 언론의 주목을 받을 수 있다는 점이다. 예를 들면, 소치올림픽이 열린 인구 약 33만 명의 러시아 크라스노다르Krasnodar 지방의 휴양도시 소치Sochi에 대한 세계 언론의 보도와 워싱턴 D.C에서 레드 스킨스가 연고지 변경을 시도했을 때 있었던 '만일 팀을 놓치면 미국 지도상에 워싱턴이라는 도시가 지워지는 것"이라고 까지 하는 점 등에서 스포츠의 도시 알리기 역할을 이해할 수가 있게 된다. 또한, 지역민들에게 많은 자부심을 안겨 준다. "세계최대 규모의 노래방"을 보유했다는 부산의 롯데 자이언츠 팬이나 올림픽 경기 유치시의 시민들의 자부심 역시 스포츠가 주는 긍정적 영향이라 할 수 있다. 자부심은 지역사회의 “이미지 구축” 수단으로 까지 연계[9]되어 작용한다.

「**스포츠산업**」에는 평화산업 peacetime industry 이라는 이미지가 있고, 도시이미지를 향상시키는 것으로 인식되어 있어서 시설건설은 계속 이루어지고 있다. 실내체육관, 축구 또는 야구 경기장, 종합경기장 등은 한 번 만들어지면 수 십년 동안 지역사회의 랜드마크 역할은 함은 물론 지역경제에 큰 영향을 미치게 된다. 이러한 대형 스포츠 시설과는 다르게 상대적으로 그 규모가 작은 헬스장, 볼링장, 스케이트장 등도 이용자들의 여가선용과 취미활동을 담당하며 그 자리를 차지하고 있다.

똑같은 듯 다른 다양한 종류의 스포츠 시설들은 이렇게 규모에 따라, 목적에 따라, 위치에 따라 비전과 목표가 다르고 그에 맞게 운영 방식 또한 각기 다르게 적용해야 할 것이다. 2만명 이상이 수용되는 야구장과 100명도 수용하기 버거운 볼링장, 각종 스포츠 이벤트 및 문화공연을 개최하는 종합경기장과 동네 주민들의 건강증진을 위한 지역 스포츠센터, 유동 인구가 매우 많아 항상 붐비는 도심의 헬스장과 사람이 없어 걱정인 교외 및 농어촌 지역의 체육시설 등은 서로 다르게 태어났으며 다르게 살아가야 하는 것이다.

지금까지 살펴본 바와 같이 「**스포츠산업**」은 도시에 많은 기회를 주게 된다. 그리고 「**스포츠산업**」은 새로운 성장 산업으로 각광을 받고 있는 다른 분야들과 융복합으로 더욱 그 영역을 확장시켜 나갈 것이며, 장기적으로는 전체 산업 발전에도 기여할 수 있을 것이다. 국민들의 건강과 여가 활동에 대한 관심 증가, 국가 복지정책으로서 스포츠 산업의 육성 필요성, 자본력이 막강한 기업들의 스포츠를 이용한 마케팅 커뮤니케이션 참여 증가, 그리고 현대사회에서 가장 강력한

---

9) 미국의 잭슨 빌 시장은 도시가 보유한 메이저리그 팀은 “도시를 상징하는 문양”이라 하였으며, 산 호세 시장은 “프로구단을 보유하지 못한 도시는 대도시가 아니다“라고 까지 말함.

영향력을 가진 미디어의 적극적인 스포츠 개입 등은 장차 「**스포츠산업**」의 전망을 더욱 밝게 하고 있다.

다른 성공했다고 알려진 사례에서 얻은 결론은 크게 3가지로 볼 수 있다. 하나는 최근 체육시설의 건설이 단독형이 아닌 단지형으로 주변지역과 체육시설을 같이 개발하여 시너지효과를 얻고 있다는 점이다. 또 하나는 스포츠 공원으로서의 체육시설을 공급하여 각 경기장의 연계성을 높이고 있다는 점도 알 수 있다. 그리고 건설 초기부터 공연기능을 복합화하여 체육시설의 이용률을 높이고 있다는 것이다.

스포츠와 이벤트 시설은 인근의 리테일 어메니티를 위해 수요를 만들어내는 핵심 시설로 다른 각각의 시설을 먹여 살리고 감각 있는 장소를 창출해낸다. 이 같은 스포츠 시설 복합개발의 성공요인에 대해 "ULI"는 '스포츠 시설 복합개발은 여러 시설이 연계되어 개발되어질 것과 사람들이 스포츠와 이벤트시설에서 400m반경 이내에 걸어다닐 수 있게 하는 것'이 중요하다고 제시하고 있다. 또한, 엔터테인먼트시설 들이 섬같이 고립된 곳에서는 성공을 할 수 없기에 이미 개발된 외부환경이 갖추어 진 것이 성공을 위한 중요요소라고 제시한 점은 우리에게 시사하는 바가 크다.

4. 안전한 도시 만들기

최근 과학기술과 각종 산업의 발달로 인한 출생률과 사망률의 감소, 평균 수명 증가 등의 요인은 보건의료 수요구조도 변화시키고 있다. 즉, 과거의 전염성 질환 중심에서 비전염성이나 만성퇴행성 질환과 함께 운수사고, 낙상 추락, 자살과 같은 사고로 인한 손상 Injury[10]에 대한 관심이 높아지고 있는 상황이다.

---

10) 불의의 사고(accident, 교통사고, 추락 등) 혹은 의도적 손상(폭력 violence, 자살 등)으로 인해 초래되

우리나라 인구의 사망원인 중 각종 사고 등에 의한 손상으로 인한 사망은 암, 뇌혈관 질환 및 심장질환으로 인한 사망 다음으로 비중이 높으며, 40대 이하의 연령층에서의 사망원인으로는 1위를 차지하고 있다. 특히, 손상으로 인한 인적·물적 피해, 의료비와 생산성 손실 등 손상으로 인한 사회적 비용 등이 발생되어 이로 인한 경제적 부담 또한 가중 되고 있다. 이와 같은 흐름 속에 도시 기류 중 하나로 「안전한 도시」가 제시되고 있다.

안전 도시

「안전한 도시」는 도시에 살고 있는 도시민들에게 모든 지역사회 구성원들이 사고로 인한 손상을 줄이기 위해 지속적이고 능동적으로 노력하는 도시를 의미한다. 「안전 도시」의 개념은 1989년 9월 스웨덴 스톡홀름에서 열린 제1회 사고 accident와 손상 injury예방 학술대회의 "모든 사람은 건강하고 안전한 삶을 누릴 동등한 권리를 가진다."는 선언에 기초하고 있으며, 세계보건기구 WHO에서 지역사회 손상예방 및 안전증진사업으로 권고하고 있는 모델이다. 이에 여러 선진도시들을 중심으로 「안전도시 만들기」가 진행되고 있다. 세계보건기구는 1980년 스웨덴의 스톡홀름에 위치한 카롤린스카 연구소 Karolinska Institute 의과대학 사회의학과를 WHO 지역사회 안전증진센터로 지정하였다. WHO 지역사회 안전증진 협력센터에서는 WHO 안전도시 승인센터 및 WHO 안전도시 지원센터를 지정하고, 안전도시 사업을 추진하는 모든 기관과의 네트워크 구축을 통해 지역사회 안전증진 사업에 대한 포괄적인 사업을 추진하고 있다.

「안전 도시」를 지향한다면, 다음과 같은 '안전도시 공인기준'에서 얻을 수 있는

는 신체·정신 건강상의 해로운 결과(health outcome)로 사고 그 자체와는 구별되는 개념이다. 손상은 어떤 예기치 못한 사고나 폭력에 의한 우연한 결과가 아니라 일반적인 질병과 같이 고위험군과 위험환경, 위험요인, 위험 매개체가 있으며, 이를 적절히 통제함으로써 충분히 예방이 가능하다.

것이 많다. 먼저, 지역공동체에서 안전증진에 책임이 있는 각계각층으로부터 상호협력하는 기반 마련과 남성과 여성, 모든 연령, 모든 환경, 모든 상황에 대한 장기적이고 지속적인 프로그램이 있어야 한다. 또한, 고위험 연령과 고위험 환경 및 고위험 계층의 안전을 증진시킴을 목적으로 하는 프로그램, 그리고 손상의 빈도나 원인을 규명할 수 있는 프로그램과 손상예방 및 안전증진을 위한 프로그램의 효과를 평가 가능성, 국내외적으로 안전도시 네트워크에 지속적인 참여를 들고 있다.

한편으로 '국제 안전도시 공인 실태'는 다음과 같다. 2016년 12월 현재 전 세계적으로 33개국 365개 도시가 세계보건기구로부터 「안전 도시」로 공인을 받았다. 한국의 국제안전도시는 2016년 9월 현재 11개 도시가 국제안전도시로 공인 받았다. 경기도 수원시는 2002년 국내 및 아시아에서는 최초로 공인을 받았으며, 제주특별자치도는 2007년 7월 공인, 2012년 10월 재공인 받았다. 서울시 송파구는 2008년 6월에 서울시 최초로 공인을 받았으며, 2013년 5월 재공인을 받았다. 2009년 4월 원주시, 2009년 10월 천안시, 2013년 5월 서울시 강북구, 2013년 11월 과천시, 2014년 1월 삼척시와 창원시, 2014년 5월 부산광역시가 차례로 공인 받았으며, 365번째 도시로 광주광역시가 공인을 받았다.

이와는 별개로 2015년 1월 영국의 이코노미스트지는 국가별 정치 · 사회 · 경제 중장기 분석에 정평이 난 이코노미스트 계열의 '세계경제분석기관 EIU'에서 선정한 "세계에서 가장 안전한 주요 도시 랭킹 50"을 발표[11)]한 바 있다. "사이버보안"과 "의료건강 환경의 안정성", "인프라의 안전성", "개인의 안전성" 4가지 항목이 랭킹의 기준으로 하였다고 한다. 그 결과, 일본의 도쿄, 싱가포르, 일본의 오사카가 1,2,3위를 차지하여 아시아지역 도시가 상위권을 휩쓸고 있다. 이어서 4위는

---

11) 각 도시의 평균수명과 생활비 등 정성, 정량 지표 44개를 조합해서 산정. 시민이 개인정보 침해나 신분 도용두려움 없이 인터넷과 다른 디지털기술 사용 보장위해 투입된 재원의 규모를 나타내는 **디지털 보안 지수**, 도시의 물리적 환경과 시민이 이용할 수 있는 치료 수준 나타내는 **건강 보장 지수**, 도시의 건물과 도로 안전 및 도시 재해에 대한 회복력 등 고려한 **시설 안전지수**, 도난과 폭력 등 범죄에 대한 시민의 신변안전 고려한 **개인 안전 지수** 등 4가지 지수마다 평가, 합산, 순위

스웨덴의 스톡홀름, 5위는 네덜란드의 암스텔담이 차지하였다. 서울의 경우, 세계 주요 도시 안전지수는 70.90점으로 세계 50개 도시 중 24위로 평가되었다. 세부적으로는 국민 건강 보장분야는 세계 18위, 개인의 신변 안전은 세계 19위 상, 건물과 도로 안전 및 도시 재해에 대한 회복력은 세계 15위로서 상위권을 유지하였으나 디지털 안전, 온라인 보안이 세계 47위 최하를 기록하였다. 전체적으로는 남북한이 대치하는 게 불안 요소지만 밤거리를 활보할 수 있고, 심각한 테러가 한 건도 발생하지 않았다고 평가하고 있다.

이후 2016년에도 'EIU'가 선정한 세계에서 가장 안전한 도시 5곳에는 ① 오사카 일본: 일본에서 가장 긴 상점가를 가진 오사카는 주로 상업도시로 각인돼 있지만 이에 못지않게 평화롭고 친절한 도시로서 커피숍에서 소지품을 둔 채 자리를 비워도 물건을 잃어버릴 위험이 전혀 없다거나 여자 혼자 한밤중에 지하철을 타도 아무 일 없을 정도로 안전한 도시로 전했다. ② 암스테르담 네덜란드: 길거리 곳곳에서 흘러나오는 악사의 연주가 마음을 편하게 만드는 도시로 거주민도 81만 명 정도로, 다른 주요 도시에 비해 적은 편이라 여유를 가질 수 있는 도시로 들고 있다. ③ 시드니 호주: 거리를 걷다보면 더 걷고 싶게 만드는 도시라고 표현하며, 시드니의 가장 큰 매력은 마치 뉴욕 번화가에 와 있는 듯한 기분을 선사하면서, 뉴욕보다 깨끗하고 안전하다는 것이다. ④ 싱가포르 싱가포르: 동남아시아에서 치안 좋기로 손꼽히는 곳으로 범죄시에 받게 될 형벌을 사람들이 잘 인지하고 있으며, 불교, 기독교, 이슬람교 등이 골고루 포진한 싱가포르에선 길거리에서 타 종교에 대해 수근거리는 것도 범죄가 될 수 있을 정도라 한다. ⑤ 스톡홀름 스웨덴: 다른 대도시처럼 복잡거리는 느낌을 덜 주는 도시로 고요하지만 새로운 테크놀로지나 트렌드에서 뒤쳐지는 법도 없는 도시라 표현했다. 특히 아이들의 안전을 위해서 도로와 떨어져 아이들이 안전하게 뛰어다닐 수 있는 광장이 많은 게 가장 만족스럽다는 시민의 생활도 전하고 있다. 한편 위험한 도시로 꼽히는 곳도 있다. 프랑스 파리와 벨기에 브뤼셀은 몇 년 전만해도 안전한 도시였으나 최근 이슬람국가IS 등 극단주의 무장단체가 활개치면서 더 이상 안전한 곳에서 멀어진 도시가 되었다.

NUMBEO

Select City (Crime) | What are you looking for?

Cost Of Living · Property Prices · Crime · Health Care · Pollution · Traffic · Quality Of Life · Travel

Crime › Index by City

Crime Index 2016

Like 16 · Tweet · G+1 59

You are looking at Crime Index 2016. These indices are historical and they are published periodically.

To access current rankings (updated continuously) please visit Crime Index Rate (Current).

Click to see this on a map · Explain these indices

Select date: 2016

Select Region: Africa · America · Asia · Europe · Oceania

Search:

Rank	City	Crime Index	Safety Index
1	Incheon, South Korea	9.11	90.89
2	Kyoto, Japan	10.62	89.37
3	Seoul, South Korea	14.28	85.72
4	Eskisehir, Turkey	14.38	85.62
5	Munich, Germany	15.74	84.26
6	Singapore, Singapore	15.81	84.19
7	Abu Dhabi, United Arab Emirates	16.71	83.29
8	Boise, ID, United States	17.57	82.43
9	Osaka, Japan	18.12	81.88
10	Bern, Switzerland	19.02	80.98
11	Bergen, Norway	19.45	80.55

그림 3-18 | 통계사이트 '넘베오'의 2016년 범죄 및 안전지수

또 우리나라의 인천이 세계에서 가장 안전한 도시 1위라는 결과도 있다. 세계 최대 도시 · 국가 비교 통계 사이트인 넘베오Numbeo가 실시한 '2016년 세계 범죄 및 안전도 조사' 결과[12]다. 조사 대상 118개 나라 342개 도시 가운데 한국의 '인천'이 안전지수 90.89, 범죄지수 9.11를 각각 얻어 세계에서 가장 안전한 도시로 이름을 올렸다. 인천 다음으로 안전한 도시는 일본의 '교토', 한국의 '서울', 터키의 '에스키세히르', 독일의 '뮌헨' 순이었다. 가장 안전하지 않은 도시로는 온두라

12) 각 평가항목별 지수는 0~100 구간을 척도로 안전지수는 높을수록, 범죄지수는 낮을수록 각각 치안이 잘 유지된 도시로 분류된다.

스 북부 도시 '산 페드로 술라'가 선정됐다. 세부적으로 본다면, 인천은 범죄지수 평가에서 자동차 도난사고(7.69)와 인종 · 종교적 차별로 인한 신체적 학대(8.33) 지수는 낮은 반면 부정부패와 뇌물 수수지수(40.38)는 비교적 높았다. 또 '낮과 밤 시간에 혼자 다녀도 안전한가'를 평가한 안전지수에서 낮 시간 안전지수는 90.38, 밤 시간 안전지수 84.62로 높은 수치를 기록했다. 한편, 넘베오는 전 세계 웹사이트 방문자를 대상으로 국가 조사와 유사한 방식의 설문조사를 실시해 순위를 매기고 있다.

이제는 「**안전한 도시**」가 가장 살기 좋은 도시의 조건이 되고 있다. 그리고 국제안전도시라는 제도가 있고, 많은 지자체들이 시의 안전성을 알리기 위해 국제안전도시 인증에 나서고 있다. 그리고 우리나라에도 벌써 11개 도시가 인증을 받은 상태이다. 그러나 정작 중요한 것은 그 지역에 살고 있는 시민들의 마음상태가 아닐까 싶다. 아무리 살고 있는 도시가 국제안전도시 인증을 받은 곳이라도 시민 개개인이 느끼는 안전심리가 안정적이지 못하다면, 다시 생각해봐야 할 것이다. 정말 시민들이 안전한 삶을 살기위해서는 진정 그 도시가 나의 안전을 지켜주느냐라는 문제가 관건이라는 점에 집중할 때다.

방재도시

최근 기후 변화는 우리의 삶과 생활패턴을 바꾸고 있다. 엘니뇨 현상 등 기후 변화로 태풍과 호우, 기온 상승을 불러 국내에도 많은 피해를 주고 있다. 집중호우와 태풍으로 인한 피해는 우리나라 도시가 재해에 얼마나 취약한 가를 보여주고 또한 도시방재에 대한 대책이 불충분할 경우 피해규모가 더욱 확대된다는 사실을 보여 주었다. 정말 문제로 지적되는 것은 이같은 기후변화 영향으로 도시에서 재해가 점차 다양화되고, 피해 규모가 대형화되고 더 나아가 도시재해가 일상화되고 있다는 것이다. 특히, 기후변화 영향에 따른 태풍, 폭우로 인해 전 세계 곳곳에서 과거에 유례가 드문 초대형 홍수가 발생하고 있다. 여기에 대구지하철 중앙로역에서 발생한 방화에 의한 화재사건과 성남 판교 환풍구 사건 등 그 취약성은 여러 곳에서 나타나고 있다.

그런데 이같은 재해예방을 위해서 비교되는 사례가 있다. 2003년 9월 발생한 태풍 "매미"는 산림이나 농경지뿐만 아니라 사람이 밀집하여 거주하고 있는 도시지역에 막대한 피해를 발생시켜 우리나라에서 기상관측을 실시한 이래 중심부 최저기압이 가장 낮은 950hPa을 기록했다. 인명피해 130명, 2006년 환산가격기준으로 재산피해 4조 2,225억원이 발생했다. 하지만 우리나라와 동시에 태풍 "매미"가 강타한 일본은 사망 1명이라는 중소규모 태풍의 인명피해를 기록해 재해재난에 대한 예방대책 및 응급복구가 얼마나 중요한 가를 다시 한번 입증하였다는 것이다.

물론 일본의 이러한 재난예방시스템이 단시간 내에 이루어진 것은 아니다. 꾸준한 재난재해 예방대책에도 불구하고, 1995년의 대지진은 막대한 피해를 남겼다. 이를 계기로 일본에서는 이전부터 추진해오던 도시 방재시스템에 대한 재검토를 시작하였고, 근본적으로 지진에 강한 건축물의 내진설계, 재해가 발생할 경우 피해저감 대책 등 다양한 방재대책을 수립하고 있다.

일본의 도시방재시스템 중 특이한 사항은 「**방재도시 만들기**」 프로그램이다. 「방재도시 만들기」란 재해에 강한 도시를 만들기 위하여 모든 행정역량, 계획역량을 재해에 대비한 시스템으로 바꾸는 것이다. 「**방재도시 만들기**」 프로그램은 도시 시설계획, 토지이용계획, 시설내진화, 물자비축 등 물리적인 계획과 정보제공, 방재활동 체계 구축, 주민조직 구축 등 소프트한 계획프로그램을 포함하는 총체적인 도시방재대책이다. 예를 들어, 공원을 한 곳 지정하여 조성하더라도 여기에는 모든 방재에 필요한 구성요소를 갖추도록 설계된다. 재난발생 시의 피난로 등이 공원을 중심으로 펼쳐질 수 있도록 공원을 디자인하는 것이다.

이와 같이 도시지역의 각종 재해가 갈수록 늘어나고 또한 앞으로도 예상되는 상황에서 정부는 국가재난청의 신설 등 재해대책방안을 마련하고 있으나 이들 대책이 재해대응이나 재해복구 등에 치중하고 있어 사전예방적 조치인 재해예방에는 부족하다고 할 수 있다. 특히 최근 들어 빈발하고 있는 도시지역의 재해에 대처하기 위한 도시방재, 이 중에서도 도시계획 측면의 방재대책이라고 할 수 있는 「**방재도시 만들기**」는 더욱 소홀히 취급되고 있다고 할 수 있다. 그러나 이와는 달리 풍수해나 화재 등 많은 부문에서 유사한 재해를 입고 있는 일본의 경우 동일한 재해에도 피해규모는 상대적으로 작게 나타나고 있는데, 이는 철저한 도시 방재대책의 마련에 기인한다고 할 수 있다.

최근 발생한 '세월호 침몰 사건'을 계기로도 안전문제에 대한 반성의 목소리가 커지고 있다. 특히, 기후변화에 따라 발생하는 재해로 인해 대규모 인명과 재산 피해가 늘어가고 있는 상황에서 기존의 재난예방 방식을 바꿔야 한다는 인식의 변경을 요구하고 있는 것이다. 도시재해의 경우, 도시 내 토지이용의 고밀·복합화로 인해 재난에 대한 리스크가 높아지고, 대형복합재난으로의 위험성도 커지고 있기 때문이다. 따라서 그동안의 재해후 수습위주에서 근원적인 관점에서 도시계획을 통한 「도시방재계획 urban disaster prevention planning의 필요성과 함께 사전 예방이 필요하게 된 것이다. 이제는 도시의 방재기능을 강화하고, '안전불감증'을 불식시킬 수 있는 도시방재계획에 관심을 가져야 할 시점인 것이다.

흔히 도시의 구성요소는 "시민 Citizen, 활동 Activity, 토지와 시설 Land & Facility 등"이라 한다. 도시가 하나의 조직체로서 성립하기 위해서는 여러 가지 구성요소가 결합되어야 한다. 이 같은 구성요소 중에서도 아무래도 가장 중요한 것은 도시에서 삶을 펼쳐가는 『**시민**』이 아닐까 싶다. 따라서 시민들이 그 도시에 살면서 느끼는 안전감은 갈수록 중요해질 수밖에 없다. 이같은 「**안전한 도시**」, 「**방재도시**」 개념의 구현을 통해서 시민들이 안정적으로 삶을 유지할 수 있다면, 그리고 그 결과 그 도시에 거주하는 시민들 모두가 자부심을 갖는다면, 그 도시가 가장 살고 싶어하는 도시가 될 것이다.

5. 도시의 창조적 공간 만들기

장소만들기와 도시의 미래

근래에 와서 우리는 고령화, 저출산 문제와 마주하고 있다. 그 정도는 갈수록 심해지고 있다. 이에 따라 많은 위험이 강조되고 있으며, 이에 대한 대비가 필요함을 지속적으로 강요당하고 있다. 그렇다면, 많은 전문가들이 경고하는 모습대로 환경이 변화되면, 어떻게 될까?

2015년 7월 발표한 통계청의 〈세계와 한국의 인구현황 및 전망〉에 따르면, 한국의 고령인구가 15년 후에 24.3%에 달하고 2060년에는 40%를 뛰어넘을 것으로 예측됐다. 사실상 세계에서 가장 나이 든 국가가 된다는 것이다. 다음 표는 1960-2060년 사이 세계와 한국의 고령인구 비중을 보여준다. 구체적으로는 한국의 고령인구 비중은 2015년 13.1%로 1960년(2.9%)에 비해 4.5배로 증가한 수준이며, 이후에도 계속 증가하여 2030년에는 24.3%, 2060년에는 40.1%로 높아질 것으로 전망하고 있다. 고령인구 비중 순위는 1960년 152위에서 2015년 51위, 2030년 15위, 2060년에는 2위 수준으로 높아질 전망이다.

또한 출산율을 보면, 세계의 합계출산율은 2010~2015년 2.5명으로 1970~1975년 4.4명에 비해 1.9명 감소한 수준을 보이고 있다. 그렇지만, 한국의 합계출산율은 1970~1974년 4.21명으로 세계에서 73번째로 낮은 수준이었으나, 2010~2014년에는 1.23명으로 세계에서 4번째 낮은 수준을 보이고 있다. 그 결과, 출산율 예측을 보면, 세계 인구는 2015년 73억 2천만 명에서 2060년 99억 6천만 명으로 증가할 전망임이지만, 한국 인구는 2015년 5천 1백만 명에서 2060년 4천 4백만 명으로 감소할 것으로 전망되고 있다. 급기야는 '옥스퍼드 인구문제연구소'의 데이비드 콜먼 교수는 지구촌에서 사라지는 최초의 국가로 한국을 꼽으며 "코리아 신드롬"이라고 명명하고 있다. '유엔미래포럼예측'은 한국은 2305년 정도에는 남자 2만명, 여자 3만명 정도만 남는 것으로 예측하고 있다.

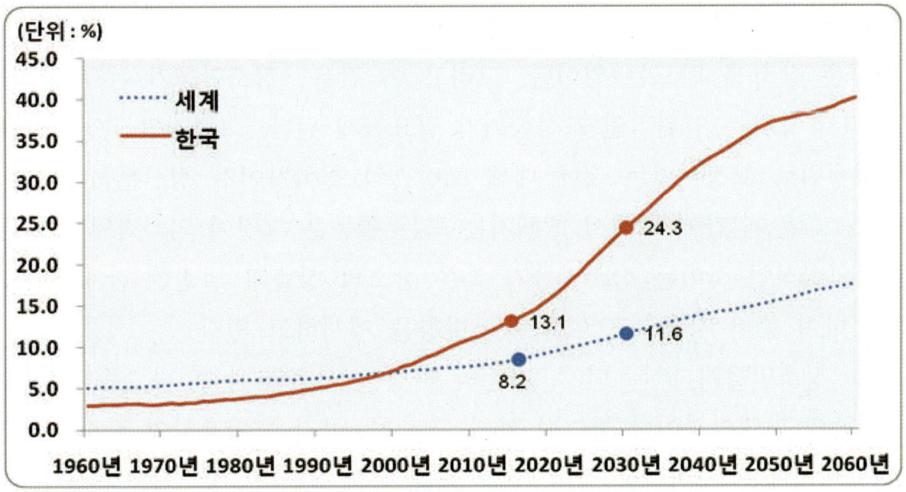

그림 3-19 | 1960-2060년 세계와 한국의 고령인구 비율 (ⓒ통계청)

그렇다면, 이 시점에서 우리가 해야할 일은 무엇이 있을까? 아기를 많이 낳는 일일까? 그 문제는 제쳐놓기로 하자. 일단은 우리의 상황이 많이 바뀔 것이므로 이에 대한 대비는 매우 중요하다. 도시의 모습에서 본다면, 산업이 바뀌면, 이에 따라 쇠퇴하고, 인구는 줄어든다는 면에서 기존의 시설에 대한 미쓰매치가 심각해 질 것이다. 따라서 그동안의 도시의 공간들은 변화에 대응하는 장소로 재구성되어야할 것이다.

도시에서 장소만들기의 중요성

이같은 흐름속에 너도 나도, 그리고 여러 도시, 여러 나라에서 「장소만들기」를 언급하고 있다. 도시의 「장소만들기 Placemaking」란 도시 내의 '특정한 장소'가 단순한 물리적인 공간에 머물러 있던 것을 '살아가는 사람들의 의미와 경험을 부여할 수 있는 장소로 조성하는 것'이다. 그리고 이는 최종적으로 도시의 팽창속에 잃어버렸던 우리의 '삶의 질'을 되찾아가는 행위라고 정의할 수 있다. 결국 「장소만들기」란 공간에 대해 시간요소와 이용자로서 도시민의 활동이라는 요소를 추가하는 '좋은 장소'를 만드는 일이다. 그리고 이 같은 「장소만들기」는 자연적으로 이루어지기 보다는 인위적인 조성행위가 필요하게 된다. 그렇지만, 「장소만들기」를 특정행위로 고정시키는 것에 대해 프랑스의 철학자이자 정신분석학자인 "라깡 Jacques Lacan"은 '인간에 의해서 행해지는 모든 활동은 그것이 의식적인 것이든 아니면 무의식적인 것이든 장소만들기 혹은 장소의 창출과 밀접한 관계를 가지고 있다'고 하여 좀더 자유롭고 여유로운 방향을 제시하고 있다.

한편, 「장소만들기」[13]는 먼저, 기존의 환경을 이용할 수 있다. 즉, '수변공간' 같은 기존의 자연환경이나 물리적 환경, 건축물, 공간을 활용하여 장소를 만드는 것이다. 여기에는 재래시장 같이 경험 등을 통해 인식된 장소를 바탕으로 하는 심리적 장소 형성도 포함된다. 반면, 새롭게 장소를 만드는 유형도 있다. 새로운 도시를 건설하거나 축제를 위한 장소만들기, 미술관 같은 특정 목적을 위해 건축물을 만드는 것이 해당된다.

「장소만들기」의 요소는 이론적으로 ① 장소적 측면, ② 시간 · 공간 · 인간적 측면, ③ 계획 및 설계 측면, ④ 공간 및 시설 하드웨어과 용도 및 운영체계 소프트 웨어이다. 「장소만들기」의 유형은 ① 기존 환경이나 어떤 대상을 이용하는 활동을

13) 이범훈(2011), 구도심 활성화과정에서의 『장소만들기』에 관한 연구, 인하대 석사학위 논문, p.7

통해 그 곳을 하나의 장소로 만드는 행위, ② 기존의 환경 및 대상에 대하여 물리적 환경을 새로이 변화시킴으로써 장소를 만드는 행위, ③ 주어진 환경을 인식하고 이해하는 행위, ④ 새로운 장소를 만들기 위하여 의도적으로 계획하고 설계하는 행위로 구분[14] 할 수 있다.

산업시대를 거치면서 발달되었던 오늘날의 도시를 반성해보면, 특히 도시공간에 대해 많은 연구나 계획에서는 공간을 이용하는 "최종사용자의 참여와 개입"이 부족하였다고 제시하고 있다. 이러한 과거에 대한 비판은 '좋은 장소'를 만드는 노력으로 나타나서 정체성, 역사성을 다루는 지역적 관점, 지속가능성을 다루는 세계적 맥락 관점, 그리고 시장과 규제에 대한 진보된 관점들이 주요 이슈가 되고 있다. 이러한 관점은 결국, 「**장소만들기**」가 사람들을 위해 더 나은 장소를 만드는 과정으로 이해하여 최종적으로 '좋은 장소'가 도시의 경쟁력이 된 상황이다. 따라서 개발 주체들은 다양한 문화의 수용, 양보다는 질에 대한 추구, 그리고 삶의 질에 대한 추구, 지방화 · 세계화의 연계에 따른 도시경쟁력의 강화 등을 주제로 하는 도시문제 해결수단으로 「**장소만들기**」를 시도하고 있다. 여기에 구체적 방법으로 특히 문화를 활용한 지역 활성화 전략이 주목받고 활용되고 있다.

결국 현 시대에서 「**장소만들기**」는 커뮤니티의 정체성 회복과 사람을 위한 장소의 조성, 그리고 최소한의 개발 등으로 바라볼 수 있다. 이러한 움직임은 인간 · 문화중심의 개발을 지향하며, 역사 · 문화 · 환경 등의 지역적 맥락을 중요시하고, 사람을 중심으로 계획한 보행환경으로 조성하며, 문화 · 사회복지시설 등을 확보하여 도시 어메니티를 증진시키는 매력적인 장소로 조성하려는 노력으로 이해할 수 있다.

14) 최강림(2007) 도시정체성과 장소만들기. pp.20-30.

창조적 장소만들기

우리 주변에는 한 때 크게 번성했던 지역이 주력산업이 바뀌고 유행이 지나게 되면서 쇠퇴의 길을 걸어가는 경우를 볼 수 있다. 이처럼 한 지역이 쇠퇴되면, 서서히 지역민도 떠나게 되어 그 곳은 더욱 황폐하게 변하게 된다. 그렇지만, 사람들이 하나 둘 떠나도 그 지역에 남아 삶을 유지하는 많은 사람들이 있기에 지역의 활성화 방안은 도시의 중요한 문제로 다뤄지게 된다. 물론 이런 문제는 국내뿐만 아니라 산업화를 겪은 거의 모든 나라에서 겪는 고민 중에 하나이다. 그런데 이때 지역의 문화예술인과 단체들이 협업하여 새로운 결과를 내기 시작해 지역 사회까지 긍정적인 변화를 이끌어오는 활동이 시작되는데, 이것을 「**창조적 장소만들기** Creative Placemaking」[15]라고 부른다.

PPS에서는 장소만들기에 대응하여 정부가 기업들이 이동하거나 머물도록 유도하기 위해 물리적 사회기반시설과 유인책에 많은 자금을 들였으나 결과는 신통치 않았음을 지적했다.[16] 즉, 물리적 자본투자는 지역 발전에 더 큰 가능성을 가지고 있는 인적 자본에 대한 투자를 밀어낸 것이다. 제공되는 기업들에 대한 유인책은 사업체의 이동을 약화시키기보다는 가속화시켰으며, 장기적인 공공 부문의 수익을 크게 삭감했다.

그러나 경기 재활성화는 예상치 못한 곳에서 왔다. 그것도 아무도 모르는 사이에 미국의 경우, 특이한 파트너들이 다양한 자금 출처로부터 자원을 빌려와 상당한 예술적, 문화적 투자를 감행했다. 그들은 일자리를 창출해 제공하고, 지역

---

15) 특히, 미국에는 다양한 창조적 장소만들기가 진행되어 '마커슨 경제연구 서비스'의 앤 마커슨과 '메트리스 예술 컨설팅사'의 앤 가드너는 미국 내 창조적 장소만들기의 사례와 연구자료를 모아 백서를 만들어 발표한 바 있다.

16) 「창조적 장소만들기」는 실사례와 자료가 축적된 'PPS(Project for public space)'의 "창조적 장소만들기" 자료를 인용토록 한다.

사업체를 육성하며, 파급 효과를 일으킬 뿐만 아니라, 지역 경제를 재활성화하고, 인근 지역을 안정시켰다. 그리고 일자리의 주요 원천인 '문화 산업'에서 국가의 국제적 리더십을 강화했다. 예를 들면, '클리블랜드'에서는 도시의 서비스가 부족한 서쪽 지역에 세 개의 극장이 예술 지구로서 상업적 통로의 재개발을 주도하고 있다. 그리고 수십 개의 크고 작은 도시에서는, 창조적 경제적 활동을 그들의 인근 지역에 투입함으로써 비어 있는 자동차 공장과 창고, 호텔 등이 예술가들의 작업실과 주거지로 변모하고 있다. 버펄로의 '아트스페이스 로프트'가 한 예이다. '포틀랜드'에서는, 새로운 환승역에 각 동네를 반영하는 예술작품을 포함해 환경 친화적인 승객 수의 비율을 늘리고 있고, '산호세'에서 2년마다 열리는 01SJ는 예술과 과학기술을 결합시켜 새로운 경제 부문을 창출하고, 사람들을 시내로 불러들여, 50,000명의 방문객들을 유치하는 한편, 산호세 거주자들의 다양한 문화를 소개하고 있다.

결국, 「**창조적 장소만들기**」는 버려지거나 낡은 '공적 혹은 사적'인 장소에 생기를 불어넣고, 구조물과 가로경관의 활기를 되찾아 주며, 지역 사업체의 생존력과 대중의 안전을 향상할 뿐만 아니라, 다양한 사람들이 어울려 함께 축하하고 영감을 주고받을 수 있는 활동이다. 그리고 창조적 장소를 만들 때, 공공, 민간, 비영리, 지역 사회 부문의 파트너들은 인근 지역이나 마을, 도시, 지역 등의 예술 및 문화 활동의 물리적, 사회적 특징을 전략적으로 형성시키게 된다.

그 결과, 이러한 창조적 장소는 기업가와 문화 산업을 육성하여 일자리와 수입을 창출하고, 새로운 제품과 서비스를 파생하며, 예술과 관련이 없는 사업체들과 숙련된 근로자들을 유치하고 고용하게 한다. 「**창조적 장소만들기**」로 인한 이러한 요소들이 결합해 나타나는 살기 좋은 환경 및 경제 발전이란 성과는 미국의 마을과 도시들의 미래를 급격히 변화시킬 수 있는 잠재력을 갖고 있다.

이러한 「**창조적 장소만들기**」는 새로운 사회 기반 시설과 기존의 사회 기반 시설을 활성화하며, 경제의 활력과 살기 좋은 환경, 지속 가능성에 중대한 기여를 하고 있다. 예술가들과 디자이너들은 발전을 성숙시키기 위한 기업가적인 자산이며, 창조적 장소에서 그들은 자신의 작업과 수입을 향상할 수 있는 비즈니스 기술과 접촉 기회를 서로 발견한다. 문화산업은 창조적 근로자들이 거주하는 단지를 형성하고 번창하게 한다. 특히 예술에 기반을 둔 공간 재활성화는 비예술 부문의 기업과 가정으로 하여금 자신들이 생활하고 일하는 공간을 재구성하는 데 적극적으로 참여하고 전념하게 한다. 그 결과 투자의 성과를 확인한 노년층과 자녀가 있는 가정, 젊은 노동 인구들이 중심 도시들과 예술이 풍부한 작은 마을들로 돌아오고 있다.

미국에 있어 예술을 바탕으로 한 「**창조적 장소만들기**」는 미국의 문화 산업을 보완하고 글로벌 경제 참가자로서의 역할을 지원한다. 미국의 문화 산업은 세계를 주도하며 혁신하고 있으며, 높은 급여수준을 갖는 수백만 개의 일자리를 책임지고 있다. 영화, 텔레비전, 출판, 뉴스 미디어, 음반 클래식, 재즈, 월드 음악, 비디오게임, 소셜 미디어, 광고, 디자인을 비롯해 음악, 현대 무용, 뮤지컬 공연, 드라마 등의 순회공연은 모두 미국의 탁월한 창의성과 디자인, 기량을 보여주는 무대이다. 많은 비예술 부문이 제품을 디자인하고, 업무 프로세스를 향상하는 것은 물론이고, 점점 더 시청각적으로 변해가는 세계에서 기업을 보다 생산적이고 성공적이게 해주는 마케팅 캠페인을 제작하기 위해 예술가들을 고용하고 있다.

성공적인 사례들은 유사한 구성 요소를 보여준다. 먼저, 각각의 사례는 한 명이나 몇몇의 제휴 기획자들의 재능과 비전에 뿌리를 두고 있다. 다음 요소는 비전에 대한 대중의 의사를 동원했고 민간 부문 사업체의 지지와 구매력을 얻었다는 점이다. 또한 각각의 사례는 자신들의 재능과 경험, 자원 등을 제공하는 그 지역의 일부 또는 모든 예술 및 문화 공동체의 헌신을 향유하고 있다. 각각의 경우, 기획자들은 자신들의 목표를 다른 기관과 파트너들의 목표와 맞춰 다양한 공동의 자금을 활용하고 있다.

그렇지만, 문화를 기반으로 한 재활성화 노력은 지역의 환경에 적합해야 하며, "나도"라는 식으로 다른 도시나 마을이 하고 있는 것을 모방해서는 안 된다.

이상에서와 같이 "PPS"의 마크 스턴 Mark Stern과 수잔 자이페르트 Susan Seifert는 "「창조적 장소만들기」는 지역 사회에 이미 존재하고 있는 독특한 특성과 자원을 육성하고 지역 사회 구성원들에게 도움이 될 수 있는 한편 방문객들과 새로운 사업체들을 유치할 수 있다"고 하였다. 아울러 어떤 사례들의 혁신은 너무나 강력해서 다른 도시와 마을에 창조적으로 적용하기 위한 롤 모델이 되기도 하며, 일부 도시의 성공적인 실험은 주정책과 국가 정책의 변화를 유도해 공간만들기와 다양성, 환경 지속성, 경제적 경쟁력을 향상시키는 결과를 보여준다는 점에서 향후 반영할 수 있는 부분이다.

작은도시나 시골지역도 할 수 있는 장소만들기

「장소만들기」가 도 단위나, 여러 시를 합친 지역만큼 큰 규모에서 뿐만 아니라 하나의 시골마을이나 도시의 동네처럼 작은 규모에서도 얼마든지 실행할 수 있다는 점에 주목할 수 있다. 이는 몇몇 작은 마을들은 독특한 창의적 측면을 구축함으로써 유명해졌다는 점에서 충분히 입증되고 있음을 "PPS"에서는 제시하고 있다. 그 내용은 다음과 같다.

> 미국 노스캐롤라이나의 애시빌은 해마다 수공예: 서부 노스캐롤라이나 공예와 건축 및 디자인 엑스포(HandMade: The Western North Carolina Craft, Architecture & Design Expo)를 열어 공예의 도시로 재탄생했다. 오리건 주 "애슐랜드"는 인구 20,255명(2012년 기준)의 우리나라로 따지면 읍면단위의 소도시이다. 그렇지만, 소도시 "애슐랜드"에서 벌어지는 셰익스피어 축제(Shakespeare Festival)는 수년간에 걸쳐 십여 편의 진지한 연극과 다수의 현대 연극을 9개월간의 시즌 동안 상연하여 전국적으로 방문객을 끌어 모으는 거대한 사업이 되었다.

미주리 주 "브랜슨"에서는 상향식의 상업 음악 공연장들을 건설하여, 수십 개의 컨트리 음악 무대로 수많은 관광객들을 끌어 들이고 있다. 루이지애나 주 "아노드빌"은 최근 케이준 문화를 기념하는 예술 무대로 도시 자체를 재구성했다. 이같은 사례들은 모두 독특한 전략을 통해 거주 적합성과 경제 발전을 향상시킨 것이다.

그 외에도 다양한 창조적 장소만들기 활동들은 충분히 활용되고 있지 않은 민간 및 공공의 수용력을 제공할 수 있는 시내와 주거 지역 그리고 산업 지역을 포함한다. 1990년대 초, 시카고 시는 활동 중인 예술가들에게 젊은이들을 견습생으로 삼게 하는 노동력 개발 프로그램인 Gallery37에 비어있는 시내 부지를 내주었다. 이 프로그램은 곧 'After School Matters'라고 이름 붙여져서 시카고 전역으로 확산되었다. 버펄로와 파두카, 프로비던스에서도 비어 있는 산업 공간과 황폐한 주택을 예술가들의 주거지와 작업 공간으로 탈바꿈시키며 마을의 부활에 시동을 걸었다. 클리블랜드 서부에서는 한 지역 사회 개발 회사와 두 개의 극장 운영사가 힘을 모아 고든 광장 예술 지구(Gordon Square Arts District)를 만듦으로써 상업적인 사업과 주택 공급을 활성화했다. 로스앤젤레스에서는 공공과 민간 부문이 협력해 노력한 결과, 할리우드 대로의 지난 영광과 현재의 창의성이 보존되어 왔으며 활기를 되찾게 되었다.

지역 예술이 제공하는 공공 예술과 벽화, 예술 퍼레이드, 예술 박람회와 전시회, 박물관, 공연, 오픈 스튜디오의 밤 등은 사람들에게 즐기고 참여할 기회를 제공한다. 연방 연구는 심지어 다른 요인들을 통제한 후에조차도 예술과 문화 참여자들이 비참여자들보다 자신의 지역 사회에 시민으로 참여할 가능성이 더 높다는 것을 보여준다.

예술 활동은 종종 새로운 환경 기획안과 융합되어, 거리를 청소하고, 자전거 전용 도로와 버스 정류장을 만들며, 보기 흉한 공공시설을 찾아내 개조하는 한편 하수 및 급수 시설을 토대로 조경을 갖춘 도시 공원을 설계한다. 또한 이런 활동을 통해 그 지역의 유산뿐만 아니라 다양한 민족 집단과 인종 집단 출신인 새로운 주민들의 문화와 기술을 소개한다. 여러 구역에 걸쳐 예술과 문화 자원을 분산함으로써 주민들에게 도움이 되고 관광객을 유치하는 활기찬 중심지를 창조한다.

「**창조적 장소만들기**」는 다양한 방식으로 경제적 수익을 창출하기도 한다. 예술과 문화적 투자는 해당 지역의 수입에서 지역 지출이 더 높은 점유율을 차지하도록 돕는다. 오락과 문화생활을 위해 다른 지역으로 이동하거나 쇼핑을 즐기기 위해 대형 할인점 또는 쇼핑몰에 가는 대신, 주민들은 자기 지역의 재능 있는 사람들과 명소에 지출을 늘리게 되므로 지역 경제 안에서 화폐가 보다 빠른 속도로 재순환한다. '비어 있거나 제대로 활용되고 있지 않은 부지와 건물, 사회 기반 시설들을 활용해 창의성에 투자'함으로써 공공재와 민간 부문 생산성도 기여한다. 지방 정부에 납부하는 판매세와 소득세, 재산세 등이 증가함으로 거리와 조명, 위생, 녹지 조성, 치안 등과 같은 공공 기반 시설을 더 잘 정비하고 추가할 수 있다. 예술과 문화 진행자와 제작자가 필요한 '단기 공사와 정규직으로 인해 새로운 일자리와 수입의 흐름이 창출'된다. 추가적인 일자리와 수입이 소매입에서 창출돼 늘어난 주민과 방문객들에게 기여한다. 늘어난 거주민과 방문객들에게 기여하는 추가적인 일자리와 수입이 '소매업'에서 창출된다. 그리고 이러한 활동은 최종적으로 창의적인 사업을 창출하고, 끌어들이며, 이를 유지시켜 줌으로써 도시에 기여한다. 이같은 결과는 향후 「창조적 장소만들기」를 시행하고자 하는 기관이나 단체, 개인들에게 시사하는 바가 지대하다.

공공공간의 의미와 공공공간을 활용한 도시개선 10가지 방안 (PPS: Project for Public Spaces)

「공공공간」은 지역사회 경제와 사회 발전 기회를 만들어내고, 활성화시킬 수 있는 능력으로 인해 점점 더 성공적인 도시를 위한 중요 요소로 인식되고 있다. 그러나 실제로 건강한 「공공공간」을 만들고, 이를 유지하는 방법을 찾는 것은 많은 도시의 자치단체로서는 쉽지 않은 일이다. 공적 영역을 정의하는 거리나 공원, 광장, 마당의 광대한 연결이 종종 부족하거나, 계획이 미흡하거나, 아니면, 디자인 과정에 적절한 시민 참여가 없는 경우가 있게 되기 때문이다.

한편, 이러한 과제를 인식한 세계적인 공공장소 개발집단인 "PPS Project for Public Spaces"에서는 모든 도시에서 요구되는 성공적인 공공 공간의 개발을 통해 지역 사회를 개선시키는 10가지 방법 Ten Ways to Improve Your City을 발표한 바 있다. 이 같은 10가지 방법은 국내의 대도시를 포함, 소도시에서도 얼마든지 이의 적용을 통해 도시의 가치를 개선할 수 있을 것이다.

① 공공공간으로의 거리 개선 Improve Streets as Public Spaces
② 복합 용도 목적지로서 공원과 광장 만들기 Create Squares and Parks as Multi-Use Destinations
③ 실용적 대안으로서 재래시장을 통한 지역 경제 건설
Build Local Economies Through Markets
④ 장소 지원을 위해 건물을 디자인(도시의 상호작용을 위해 중요한 요소)
Design Buildings to Support Places
⑤ 공공 건강 아젠다를 공공 공간 아젠다에 연결
Link a Public Health Agenda to a Public Space Agenda
⑥ 커뮤니티 계획의 재창조 Reinvent Community Planning
⑦ 10가지의 힘: 어떤 도시든 10가지의 갈만한 장소를 만든다면 좋은 도시가 될 준비 완료 Power of 10
⑧ 포괄적인 공공 공간 아젠다 만들기 Create a Comprehensive Public Space Agenda
⑨ 가볍고, 신속하게, 적은 비용으로: 작게 시작하고, 실험한다
Lighter, Quicker, Cheaper: Start Small, Experiment
⑩ 공공공간을 지원하도록 정부나 지자체를 재구성
Restructure Government to Support Public Spaces

일상의 장소성 부여

장소와 공간은 도시를 가꾸고, 가치를 올리는 데 있어 빠짐없이 거론되는 소재이다. 이에 많은 도시 이론가들과 건축가들이 장소 만들기에 대하여 여러 견해를 밝히고 있으나, 대개는 특별한 장소와 공간에 대한 중요성을 강조하기 위할 뿐 일상의 소소한 공간에 대해서는 고려되지 않는다. 하지만 최근 다양한 분야에서 「일상과 장소성」의 중요성에 새롭게 주목하고 있다. 이제 건축이 다루고 만들어 내는 공간과 장소 역시 건축가만의 문제나 건축적 미학을 넘어 우리 삶 저변에 짙게 깔린 일상의 문화 현상을 말해야 하는 시점에 들어선 것이다.

사회가 복잡해질수록, 일상 속 다양한 장소의 즐거움에 대해 관심을 가져야할 것이다. 건축이 만들어내는 장소는 장소 자체가 도드라지는 '그림 positive'이 될 수도 있고 여러 행위와 활동의 '배경 negative'이 되기도 한다. 그러한 점에서 공간과 장소는 때로는 예상보다 큰 정서적 힘을 발휘하기도 한다.

「**창조적 장소만들기**」는 복잡하고, 사건사고가 많은 도시에서 살아가는 우리에게 즐거움과 감동을 주면서, 주변의 풍경까지도 변화시킬 수 있는 잠재적 힘이기도 하다는 점에서 향후 도시만들기의 중요요소가 될 것이다. 그런 측면에서 관련자들의 대비가 필요하게 된다.

6. 공사 가림막, 도시 문화의 척도가 되다.

「**공사현장 가림막**」이라면 소음과 먼지를 막아주고 공사현장에서 오는 여러 가지 시각적인 불편함을 가릴 수 있는 게 일반적이다. 건물을 새로 짓거나 리모델링 하는 공사는 그 높이나 부피만큼이나 공사기간도 길다. 먼지가 풀풀 날리는 공사현장에 허술한 천막으로 또는 주변을 압도하는 벽으로 공사현장과 인도를 구분해 놓은 가림막은 우리를, 그리고 도시를 숨막히게 한다. 그런 가운데 최근에는 아무렇게나 세워진 듯한 많은 가림막 사이에서 눈길을 끌 뿐 아니라 그 길을 지나는 동안은 기분이 좋아지게 만드는 가림막을 발견하게 된다. 「**공사현장 가림막**」이 공사현장의 광고는 물론 이젠 예술적인 요소까지 가미가 되어 우리의 눈을 즐겁게 해주고 있다. 각 지자체도 부족하지만, 공사장 가림막 디자인 가이드라인을 제시하고 있다.

한 번은 서울 도심의 재개발 현장을 지난 적이 있다. 공사장을 막기 위한 가림막을 보고는 벌어진 입을 다물 수가 없었다. 도로 양편으로 '가림막 산성'이 쌓여 있었다. 안전도, 미관도, 사람도, 삶의 흔적도 필요 없었다. 숨이 턱 막혔다. 공사 현장에 물어 보니 훨씬 더 한 현장도 많다고 한다. 그냥 지나가는 주민들에게 미안한 마음 뿐이었다.

그림 3-20 | 공사 현장 가림막 (ⓒJune)

한편, 「**공사장 가림막**」도 관점을 달리 하면, 기회 요인이 많다. 건물을 새로 짓거나 리모델링을 하더라도 공사는 최소 6개월에서 몇 년까지 장기간이 소요될 수밖에 없다. 그 기간동안 공사장을 가리는 가림막은 높이 5m에 길이 수십, 수백 m의 어마어마한 면적의 여백이 존재하는 것이다. 빠르게 진화해가는 현대사회에서 건물주나 공사를 집행하는 사업자는 이 여백을 이용해 리모델링의 경우, 건물을 잊혀지지 않게 하기 위해, 또는 공사를 집행하는 기업의 홍보의 장으로 활용할 수 있는 것이다. 어쩌면 가장 저렴한 값으로 엄청난 옥외 광고의 효과를 보고 있는 것이다. 가장 중요한 것은 이해할 수 있는 예산으로 최대의 효과를 낳을 수 있는 공사 가림막이 진행되야 모든 사람이 공감할 수 있을 것이다.

「**공사장 가림막**」을 광고로만 활용하자는 것은 아니다. 그 공간을 좀 더 다양하고, 아름답게 활용한다면, 도시의 격을 높일 수 있을 거라는 것이다. 공사 현장은 전 세계 어느 도시를 가도 볼 수 있는 장면이다. 특히 오랜 역사 속에 신축보다는 재생이 많은 유럽의 도시들에 가면, 우리와는 조금 다른 모습을 보게 된다.

이탈리아나 프랑스 등 유럽의 관광도시에 가면, 도시의 오래된 성이나 궁전, 교회 등에서 건물 전면에 건물사진이나 건물 모양의 그림을 크게 확대해서 붙여놓아 멀리서 보면, 사진이 건물인 것처럼 보이게 된다. 유럽의 경우, 오래된 건물이 많다보니 1년 내내 리모델링이 진행 중인 건물들이 많다. 심지어는 몇 년씩 걸려 리모델링을 하게 된다. 이때, 그 건물을 찾아 온 사람들은 공사현장을 볼 수밖에 없다. 이때 사용되는 것이 원래 건물모습을 사진으로 확대해서 같은 크기로 붙여놓아 건물을 보지 못하는 아쉬움을 달래준다. 아니면, 새로운 건물을 짓는 현장의 경우, 우리처럼 지자체의 선전을 해놓는 펜스가 쳐있는 것이 아니라, 지역의 특산물이나 지역의 명소를 크게 그려놓거나 하여 지나가는 보행자들의 기분을 전환시켜 준다. 그런 모습을 우리의 현실과 비교하면서 도시의 격格을 생각하게 된다. 여기에 스토리를 추가하여 재미를 주기도 한다. 네덜란드 암스테르

그림 3-21 | 씨에나의 두오모성당과 로마 만국박람회장 건물 리모델링 가림막 (ⓒ일하는 하윤맘: fontgirl.egloos.c

담의 어느 오래된 건물에서는 리노베이션 이전에 그 곳에 실제 생활하던 사람들을 발코니나 창가에 주인공으로 등장시켜 재미를 주기도 하였다. 워낙 재미있는 작품들이 많아서 건물의 실제 모습을 프린팅 하거나 정교하게 그려서 뒤집어 씌우는 형태의 가림막도 이미 진부한 느낌마저 들 정도이다. 이는 아마도 공공예술이 사람들의 관심과 주목을 받기 시작한 것과 적지 않은 연관성을 가지는 것이 아닐까 생각한다. 적어도 거대한 괴물과도 같았던 도심의 「공사장 가림막」들이 근사한 캔버스로 바뀌어 예술작품으로 재탄생하고 있는 것만은 확실하다.

어느 샌가 우리 주변에서도 경관과 어울리도록 자연스러운 느낌을 살린 가림막에서부터 명화를 프린팅한 것, 그리고 가림막 전문작가가 설치한 예술작품까지 점점 다양해지는 것을 본다. 도시환경을 꾸미는 조형요소로 가림막의 역할이 대두되기 시작한 것이다. 서울을 중심으로 진행되던 「공사장 가림막」은 지방에서도 다양한 시도를 하고 있어 그 변화 가능성을 보여준다.

서울의 어느 지역에서는 지역주민과 대학생, 예술가가 함께 벽을 꾸미는 프로젝트도 이루어지고 있고, 초등학교의 학생들 그림으로 공사장 가림막을 꾸민 곳도 있다. 서울문화재단 리모델링 공사 때 쓰인 가림막은 화려한 색상으로 눈길을 끌었다. 주민들이 직접 그림을 그리고, 여러 가지 색깔의 천으로 가림막을 만들어 예술가 뿐 아니라 지역주민이 함께 참여한 큰 화폭이 됐기 때문이다. 광화문 철거·복원시 사용되었던 가림막도 화제가 됐다. 논란거리는 되었으나 미래의 삶을 상징하는 바코드로 광화문을 형상화해 볼거리를 제공하고 많은 사람들의 관심을 유도했다는 점에서 바라볼 수 있을 것이다.

이 같은 예술적인 「**가림막**」 앞을 지나면 그 안의 건물도 상당히 멋질 거라는 기대감이 들고, 공사현장이라는 불쾌한 느낌도 사라지게 된다. 「**가림막**」은 안전장치의 역할과 동시에 시민들에게 새로운 예술 체험 공간인 것이다. 공사현장 앞을 지나다니는 행인들은 무슨 죄로 시끄러운 소음과 먼지를 참아야만 하는가? 이제는 시민들의 눈과 마음이 즐거울 수 있도록 다양하고 우리의 삶과 함께하는 한 가림막으로 우리의 도시를 바꿀 수 있다면, 도시의 가치는 한껏 높아질 수 있다는 점에서 접근했으면 한다.

국립현대미술관의 아트펜스

「**국립현대미술관**」은 경복궁 옆의 (구)기무사 부지에 오픈한 국립서울미술관의 공사장 가림막을 파격적인 현대미술작품 전시 공간으로 탈바꿈시켜 선보였다. 2010년 첫 번째 아트 펜스 프로젝트를 시작하여 '정서영 작가'의 작품을 설치했고, 2011년 두 번째 아트 펜스 프로젝트로 광고계에서 두각을 나타내고 있는 '이제석씨'의 작품을 설치했다. 미술관 내, 외부 공간의 현장 제작 설치 작품들이 순수 예술가들에 의해 제작되어지는 경우는 많았으나, 광고 전문가의 작품으로 벽면을 꾸미는 것은 이례적인 일로 받아들인다.

국립서울미술관의 「**아트 펜스**」는 주제 구역에 따라 두 가지로 나뉘었다. 미술관 정문을 중심으로 좌우로 길게 나열된 미술관 정면의 가림막에는 미술관의 오튼을 티져 형식으로 알리는 "벌거벗은 미술관 Naked Museum"이 전시되고, 코너를 돌아 오른쪽으로 꺾어지는 측면 벽면에는 "이게 정말 한국이야? Amazing Korea"라는 외국인 관광객들에게 놀랄 만큼 눈부시게 발전한 한국을 홍보하는 작품이 설치되었다. 이 작품은 대중들에게 놀라움과 파격의 모습을 보여주는 현대미술의 전형적인 이미지이자, 대중들을 향해 권위와 위엄을 벗어던지고 친근하게 다가서는 국립서울미술관의 미래를 상징적으로 보여준다.

이 프로젝트는 흉물스러운 공사 가림막을 미술작품으로 탈바꿈했다는 점에서 의미를 찾을 수 있다. 제작비 절감으로 저비용 고효과를 가져온 것도 의미가 있다. 통상적으로 가림막 전체를 거대한 실사 인쇄물 매핑으로 하는 대신 위 아래로 간단한 구조들만으로 담벼락을 탈의실 커튼처럼 재치있게 연출해서 보는 이들에게 상상의 즐거움을 주었다. 이와 비슷한 사례는 일전에 "탈의 중"이라는 제

그림 3-22 | 국립현대미술관 서울관의 공사장 벽면을 장식한 아트펜스 (ⓒ국립현대미술관)

목의 광화문 이순신 장군상 가림막 디자인 등이 있었다.

담장을 넘어 눈을 똥그랗게 뜨고 놀란 외국인들의 사진은 몰라보게 성장한 한국의 모습을 세계인들의 놀람을 표현한 것이며, 지리적으로 외국인 관광객이 많이 다녀가는 길에 설치가 되기 때문에 한국을 알리고 홍보하는 역할을 하는 공익성 예술 작품이다. 출연진으로는 전 세계인의 이미지를 활용하여 동서양, 백인, 흑인, 노인, 어린이 등의 모습을 활용하였다.

가설 울타리의 변화와 아트펜스

아름다운 「**가설 울타리**」는 도시 미관을 향상시키는 것은 물론이고 건설 단계에서부터 신축건물에 대한 기대감을 높이는 효과를 가져온다. 또 기업 브랜드 가치를 높이는 마케팅 도구로도 한몫을 하고 있으며 훌륭한 광고판 역할도 한다. 기업들이 돈을 들여 「**가설 울타리**」를 꾸미는 이유는 공사현장 주변을 다니는 시민들의 불편을 덜어 주는 효과 뿐 아니라 기업과 건물에 대한 이미지를 높일 수 있는 다양한 효과가 기대되기 때문이다. 가설 울타리를 꾸미는 데는 일반적으로 수백만 원에서 수천만 원의 돈이 든다. 명화를 사용할 경우 저작권료를 지불해야 하기 때문에 작가의 명성에 따라 비용은 억대를 넘어갈 수 있다. 서울 중구의 신세계백화점 본점 리노베이션 공사장 가설 울타리에는 '르네 마그리뜨의 골콘다'가 사용되었는데 저작권료만 1억원을 지불했다고 한다.

그러나 변화는 이루어지고 있으나 아직은 지자체를 알리는, 정책을 알리는 내용이 들어간 회색이나 아이보리색의 펜스가 대부분이다. 공사중인 현장의 가림막이 다양한 변화로 「**아트펜스**」라는 개념으로까지 확장되고는 있으나 기회차원으로 보면, 기업이나 공공건물에서 공사하는 기간은 그냥 버리는 기간이 아니라 널리 알릴 수 있는 기회이다. 다양한 공간가치 올리기가 가능하게 된다. 명동이나 강남역 같은 번화가에선 대형 의류 매장이나 레스토랑, 카페가 수시로 입점과 폐점을 반복한다. 새로운 매장이 들어서기 전 내, 외부 수리는 필수로 어김없이 세워진 가림막 광고는 고객들을 향해 '커밍 순 Coming soon'을 외친다. 가림막은 적은 비용으로 광고효과를 누릴 수 있는 훌륭한 옥외광고판이다. 광고에 별 관심이 없는 사람이라도 가림막에 그려진 큼지막한 브랜드로고나 매력적인 모델에 자주 노출되다 보면 은근슬쩍 개점 날짜가 궁금해지기도 한다. 소비자의 환상을 묘하게 자극하는 가림막 광고와 오고 가는 고객들 사이의 밀당은 공사를 끝내고 가림막을 걷어내는 순간까지 계속된다. 디자인 작품이 입혀진 공사 가림막은 그 자리에 새로 들어설 세련된 빌딩보다 먼저 아름다움과 멋을 도시에 선사한다. 입 · 코 · 귀를 다 틀어막고 지나쳐야 했던 시끄럽고 지저분한 공사현장이 예술을 만나 「**아트펜스** Art Fence」로 진화하는 것이다. 유명 디자이너의 작품이나 입체 조형물이 툭 튀어나온 아트펜스를 행인들은 발걸음을 멈추고 바라본다. 바쁜 현대인의 지친 눈과 마음을 사로잡는 가림막은 거리의 갤러리다.

환경그래픽 디자인의 의미

도시 공공디자인의 한 축으로 「**환경그래픽 디자인** Environmental Graphic Design · Urban Space Graphysm」이 있다. 유럽에서는 "월 그래픽 아트 Wall Graphic Art · 뮤럴 아트 Mural Art" 등으로 예술적 의미를 지닌 건물 내 · 외부의 벽화를 의미하는 것으로 사용되고 있으며, 일본에서는 "스페이스 그래피즘 Space Graphysm"으로 도시공간에서 일어나는 그래픽 활동을 통칭하고 있다. 우리나라에서는 "Super Graphic"이라는 용어로 거리벽화의 의미로 사용되어지고 있다. 「**환경그래픽 디자인**」은 도시공간의 모든 공간에 적용이 가능하지만, 주로 건축물의 내 · 외부, 건물담장, 건물표피, 유리창, 셔터, 지하철 벽면, 공사장 가림막 등의 공간에서 그려지거나 만들어진 그림, 사인 등으로 공공적인 성격의 도시공간과 사적인 공간을 대상으로 하는 디자인 활동이라고 할 수 있다

프랑스 파리는 다양한 소재와 여러 공간에서 「환경그래픽 디자인」이 이루어지는 대표적인 도시이다. 개선문 근처의 토지회사 "블리커"는 건물 리뉴얼 공사기간에 용암이 흘러내리는 것과 같은 영상이미지를 가림막으로 설치하여 도시미관에 기여하는 예술작품 및 공공 디자인으로 역할을 담당한 바 있다. 이 가림막은 세계적인 관심의 대상이 되었으며, 그 결과, 한 기업의 Image Making 작업에서 도시를 넘어 국가 이미지의 상승을 가져온 생산적인 예술 활동 및 공공디자인 활용의 부분이라고 볼 수 있다. 공공 공간의 「환경그래픽 디자인」은 시민들에게는 예술과 디자인의 다양함을 만나는 기회를 제공하며, 공사장의 가림막, 거리의 담장 등은 도심의 곳곳을 거리미술관으로 조성되어 문화와 예술, 디자인이 살아 숨 쉬는 도시를 만들고 삶의 여유와 질을 느낄 수 있도록 하는 자원에서 활용되어지고 있다. 캐나다 퀘벡시의 어퍼타운과 로우타운의 건물벽화는 실제 그들의 역사와 생활상을 실물스케일로 그렸으며, 눈이 내리는 겨울, 가을의 단풍, 봄과 여름 등 4계절별로 변하는 모습을 잘 나타내고 있으며, 퀘벡의 중요 인물 등을 포함, 지역의 이미지를 표현하고 있다. 미국 나이아가라 폭포의 인근 쇼핑몰의 경우도 지역의 특색에 맞게 폭포를 배경으로 하는 벽화를 디자인 하여 지역성을 잘 표현하고 있다.

공사장 가림막 광고, 메가포스터

유럽에선 「메가포스터 Megaposter」로 칭하는 공사장 가림막 광고가 최근 각광받는 광고매체로도 떠오르고 있다. 이에 독일의 여러 유명 중심가에 기아차동차가 슬로바키아 공장에서 생산한 신제품 홍보를 위해 초대형 실사연출물을 공사장 가림막을 이용해 설치하여 현지 시민들의 많은 관심을 끌었다. 이벤트가 벌어져서 공연형식으로 공사장을 활용한 경우도 있다. 네덜란드 암스테르담에서 대규모 공연과 팝스타들의 투어 콘서트가 자주 열리는 '지코 돔' 앞에서 일어난 이벤트이다. 공연 몇 시간 전부터 사람들이 입장을 기다리며 줄지어 서있는 중에 바로 옆 건물 외벽 공사장에서 전기톱과 전동 드릴 등으로 유난히 시끄럽게 작업하는 인부들이 있다. 그런데 중구난방 울려 퍼지던 온갖 공사장 소음들이 서서히 신나는 리듬과 흥겨운 하모니를 이루기 시작한다. 어느새 즐거운 표정으로 이들을 지켜보며 들썩들썩 리듬을 타는 사람들!, 그러자 기다렸다는 듯 공사장 가림막 뒤에서 DJ와 댄서들까지 나타나 분위기를 한층 더 고조시킨다. '지코 돔' 바로 인근에 개관을 앞둔 한 호텔이 콘서트 입장을 기다리는 사람들을 위해 호텔 공사장 철골 구조물을 즉석 무대로 바꾸고 깜짝 뮤지컬 공연을 선사한 거라 한다.

공사장 가림막에서 얻을 수 있는 효과

안전 수준 향상

구인 사이트를 확보하고 직원의 안전을 보장하는 데 있어 건설 용 배너를 배치하는 것보다 중요한 것은 거의 없다. 간판은 외부 시야의 수준을 줄이고, 절도의 기회를 줄이는 역할을 한다. 또 잘 만들어진 야외 배너는 근로자가 경험하는 산만한 공사장 분위기를 줄이고 보다 안전한 장벽을 조성하여 해당 지역의 보행자 통행량이 감소하지 않도록 할 수 있다.

이웃과의 유대 관계 확대

건설 현장은 결코 그 지역에서 항상 환영받는 것은 아니며 주민들은 종종 그들이 겪게 되는 모든 추가 발생 소음에 회의적이다. 이 때, 건축주가 '메쉬 배너'로 공사 현장을 장식하기로 결정하면, 이것은 부정적인 의미를 감소시키고 지역 주민들이 건설 현장을 긍정적으로 볼 수 있게 한다. 미래의 결과를 생각나게 하는 것은 지역 주민들이 건설 과정에서 불안해지는 것을 막을 수 있는 좋은 방법인 것이다.

브랜딩 기회 추가

현대 기업은 브랜드를 알리는 기회를 포기해서는 안 된다는 점에서 공사장 가림막은 멋진 옥외 배너와 비닐 배너를 사용하여 건물 소유 회사는 자신을 광고하고 타겟층에게 홍보할 대형 광고판을 만드는 독특한 기회를 활용할 수 있다. 무엇보다도, 이러한 광고판의 위치는 경쟁 업체 대비하여 강력한 알림의 기회를 갖게 된다. 물론 이같은 상황은 지자체나 공공기관, 정부 입장에서도 같은 상황일 수밖에 없다. 6개월 이상 최대 몇 년 동안 광고판으로 활용할 수 있다면, 정말 매력적인 결과일 것이다.

미래를 엿볼 수 있는 기회 제공

지역 주민이 건설 현장을 볼 때, 미래의 건물이 어떻게 생겼는지에 대한 개념에 자연스럽게 그려진다. 완성 된 제품의 렌더링을 제공하는 건축 배너를 작성함으로써 회사는 점점 더 혼잡 한 시장에서 눈에 띄는 제품 및 서비스에 대한 관심을 높일 수 있다. 이처럼 잠재 고객과 소통한다는 것은 하는 것은 추진자 입장에서도 재미있고 영리한 방법이 아닐까 싶다.

공동 작업자의 참여 증진

건축업자, 금융업자 및 미래의 임차인, 테넌트 등 수많은 당사자의 도움이 있어야 건설 프로젝트는 완료될 수 있다. 건설 간판을 사용하여 공동 작업자를 표기하거나 같은 멤버로서의 역할을 어필한다면, 훨씬 고차원의 사업추진방법이 되는 것이다. 그것은 건설 현장을 더욱 열성적으로 보이게 하고, 건축주가 파트너와의 우호적인 관계를 구축 할 소중한 기회를 제공한다.

도시 가치 증대

어느 도시마다 다양하게, 이 시간에도 벌어지고 있는 공사 현장, 시끄럽고, 먼지 날리는, 왠지 부정적인 이미지의 공사현장을 덮고 있는 공사 가림막 하나만 바꿔도 지나가는 행인들에게 즐거움과 쾌적한 분위기를 만들 수 있다. 이 같은 관점에서 그 도시의 가치는 달라지고, 외지의 관광객은 도시의 풍경을 볼 때, 유쾌한 기억을 기업하게 될 것이다. 현재 공사관련 인허가권을 가진 지자체는 다시 한 번 고민해보자. 적은 비용으로 도시 가치를 올릴 수 있는 좋은 소재가 기다리고 있다.

이상과 같이 여러 가지의 공사가림막의 효과와 관련되어 시도되는 다양한 방안 중 의미있는 방향성을 제시하는 연구결과가 있다. 연구 결과[17]는 공사가림막에 대한 상징적이거나 실험적, 홍보성이 있는 조형물보다는 시설물이 가지고 있는 주변과의 맥락성이나 조화성, 융화성있는 조형물이 더 높은 점수를 얻었다고 밝히고 있다.

7. 다리와 다리 아래

다리(교량), 도시를 특화하다.

미국 샌프란시스코의 상징 금문교, 400년 역사를 자랑하는 프랑스 퐁네프다리, 그리고 서울의 랜드마크인 한강 대교들. 그동안 무심히 지나쳐온 그 자리를 말없이 지켜온 교량들을 통해 우리는 사람과 도시를 연결하는 길을 만들어왔다. 그리

17) 이혜연(2012), 도시경관 구성요소로서의 공사가림막의 물리적 특성에 관한 연구, 한국공간디자인학회 논문집 제7권 2호.

고 그곳에서 문화와 사회를 이루며 살아간다. 교량이나 터널, 옹벽, 사면 등은 도시 기반시설로서 설치가 불가피한 상황에서 기능적이고 안전한 구조물이 되도록 함은 물론, 심미적으로 아름답고 쾌적감을 창출할 수 있는 디자인이 되도록 한다. 우리 주변에는 셀 수 없는 다리가 있다. 강이나 시냇물, 바다를 연결하기 위해서, 높이가 다른 곳을 연결하거나 지형상 떨어진 곳을 연결하는 정말 다양한 다리들이 우리 주변에 놓여 있다.

수천 년간 인류는 교통의 편리를 추구하기 위해 다리를 건설해왔다. 이로써 다리가 생긴 도시와 국가는 번창할 수 있었다. 하지만 다리는 그저 이곳과 저곳을 잇는 역할만 하는 건 아니다. 그 형태와 용도에서도 멋진 구조물의 역할을 한다. 세계에서 가장 독창적인 다리로 꼽히는 건축물들은 공통점이 있는데, 예술의 경지에 달하면서도 지역의 특징을 잘 살린다는 점이다. 시드니의 하버브리지, 샌프란시스코의 금문교 등 경관이 수려한 도시에는 늘 아름다운 교량이 있다. 당대의 첨단기술과 조형감각이 집약된 교량은 도시의 아이콘이 되고, 기념비적 가치를 갖게 된다. 이에 최근 많은 지자체들이 도시 브랜딩에서 비교우위를 차지하기 위해 상징적인 교량을 만들고자 애쓰고 있다. 교량 설계는 재료와 구조 간의 역학적인 관계를 장소에 맞게 미학적으로 결합시키는 고도의 작업이지만, 주변 환경과의 맥락을 결여한 채 무조건 눈에 띄어야 한다는 식의 사고가 만연되어 있는 것이 현실이다. 안전하고 경제적인 교량을 건설하기 위해 정부가 고시한 '도로교설계기준'이 마련되어 있지만, 이는 역학적 관점의 구조 설계에 대한 지침일 뿐 주변 상황과의 관계를 고려하여 조화로운 경관을 완성하는 것은 설계자와 시행자의 몫인 것이다.

역사적으로 그 도시를 대표하는 다양한 다리들은 다양한 모습으로 우리에게 다가온다.

해외를 본다면, 우선 스페인 마드리드 근교의 세고비아에 있는 「**수도교**」를 들 수 있다. 역사책에서 본듯한 「**세고비아의 수도교**」라 불리는 이 거대한 구조물은 광장 사이를 가로지르며 기념비처럼 우뚝 서 있다. 그런데 사람들을 감탄시키는 이 구조물의 용도는 기념비도, 신전 神殿도 아닌 상수도 시설이라는 것이다. 다소 생소한 수도교는 수로 aqueduct를 연결하는 다리를 말한다. 물을 끌어올리기 위한 동력이 없던 시대에는 물의 낙차를 이용해 수원 水源으로부터 도시로 물을 가져온 곳이다. 이 때 로마인들은 아래 그림처럼 지형을 극복하고 물이 일정 낙차를 유지하며 흐르게 하기 위해 수도교를 건설했던 것이다. 수로는 로마의 발명품은 아니지만 로마인들이 뛰어난 도시 건설자라는 점에서 상수 공급을 위해 수로와 수도교를 건설하고 도시 상하수도 시설을 체계적으로 구축했다. 아직도 유럽 곳곳에는 로마시대 수로와 수도교 유적이 남아있고 이 중 「**세고비아의 수도교**」는 약 2000년 전 건설하던 때의 모습을 유지해 당시 건설 역량을 웅변하고 있다.

그림 3-23 | 세고비아의 수도교 (ⓒ용현승)

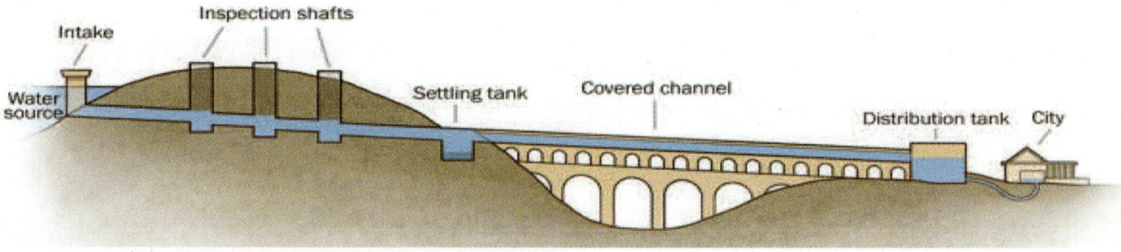

그림 3-24 | 수도교의 원리(상수원에서 물을 뽑아올린 뒤 산속의 물 저장소에서 불순물이 걸러진 상수가 수도교를 타고 도시로 공급)

「수도교」는 총 길이 728m, 최대 높이 28.5m에 이른다. 2만 400개의 화강암이 사용됐다는데 가장 큰 화강암은 무게가 2t이나 된다고 한다. 규모뿐 아니라 건설 방식도 현대인에게 놀라움을 준다. 화강암을 쌓아올린 120개의 기둥과 75개의 1층 아치, 44개의 2층 아치로 구축되어 있는데, 시멘트를 사용하는 로마의 다른 건축물과 달리 여기에는 시멘트, 꺽쇠 같은 접착 부재가 사용되지 않았다. 기둥과 아치의 커다란 화강암들은 정교하게 쌓아올려져 오로지 중력에 의해 서 있는 것이다. 접착 부재가 사용되지 않은 교량은 부재의 변형에 유연성을 가지게 돼 작은 지진이나 바람, 온도 변화에 더 강한 구조물이 됐다. 또한, 「수도교」에서는 상수 공급이라는 실용적인 목적때문인지 장식을 거의 찾아볼 수 없는데, 장식이 제외되면서 오히려 자체의 구조적 웅장함이 더욱 강조되고 있다. 장식에 치중하지 않는 건축 방식은 구조적 아름다움을 부각시켜 도시의 상징물로 남아있으며, 1985년 유네스코 세계문화유산으로 지정되었다.

사람이 만든 것이 아닐 것이라는 생각에서 '악마의 다리'라는 별칭이 붙어 있다고 한다. 이 별칭은 악마가 다리를 지어줬다는 이야기에서 유래한다. 물을 길어오기가 너무 힘들었던 한 여인이 "물을 길어주면 영혼이라도 팔겠다"고 혼잣말을 하자 악마가 찾아왔다. 악마는 닭이 울기 전까지 하룻밤 동안 다리를 놓아주고 여인의 영혼을 가져가겠다고 했다는 이야기가 전해진다. 도시를 뒤덮고 있는 현대의 수많은 건축물 중 대다수는 2000년 뒤에는 시간의 흐름을 이기지 못하고 무너지거나 더 이상 사람들에게 감동과 쓸모를 주지 못해 사라지게 될 것이다. 그러나 「세고비아의 수도교」는 현대 기술로도 감당하기 어려운 긴 시간 동안 아름다움과 유용함을 선사해 왔다는 점에서 위대함을 인정받게 된다.

아울러 다리를 지키고 보호하려는 노력 역시도 잊어서는 안될 것이다. 유명한 관광지로 자리 잡은 상태에서 지속적인 관리를 위해 1997년부터는 근처를 지나다니는 차량들을 다른 곳으로 돌아가게 하는 등의 보존노력 역시 우리가 지켜봐야 할 부분인 것이다.

다음으로 다리하면 떠오르는 대표적인 곳이 미국 샌프란시스코의 「금문교 GOLDEN GATE BRIDGE」이다. 남안의 샌프란시스코와 북안의 마린반도를 연결하는 「금문교」는 1933년에 착공하여 1937년에 준공되었다. 험악한 조류와 짙은 안개가 많은 발생하는 날씨, 그리고 수면 아래 지형이 복잡하여 건설이 불가능할 것으로 예측되었으나 4년 만에 완공하여, 미국 토목학회에서 7대 불가사의의 하나로 꼽히고 있다. 그리고 '인터네셔널 오렌지'라는 붉은색으로 칠해져 있는 「금문교」는 샌프란시스코의 풍경과 너무나 잘 어울려 연간 900만 명의 관광객들을 불러들이는 명물이다. 관광객들이 다리를 보기위해 온다는 말이 과언이 아닐 정도이다. 특히 금문교의 색깔은 주변 자연환경과의 조화, 그리고 안개낀 날에도 선박에서 눈에 잘 띄도록 하는 역할을 한다. 1937년에 처음 공개되었을 때는 길이가 1.3.km로 세계 가장 긴 현수교였다. 지금은 샌프란시스코가 자랑하는 가장 유명한 인공 기념물로 자리 잡았다. 금문 해협 Golden Gage을 가로지른다고 「금문교」라는 이름을 얻게 되었는데, 샌프란시스코와 북부 마린 반도 지역을 이어준다. 독특한 주황색은 캘리포니아의 따뜻한 기후를 상징한다. 개장 첫날엔 약 20만 명이 축하의 의미로 다리를 건넜다.

「금문교」는 미서부의 대표적인 관광지로 자리잡았다. 당시 세계 최대의 현수교로서의 의미를 담아 별도의 교량기념 및 홍보관이 조성되어 관광지로서 스토

▌그림 3-25 | 금문교(Golden Gate)의 모습

리를 더하고 있다.

다음으로 규모는 작지만, 그 아름다움으로 널리 알려진 다리가 있다. 이탈리아 베니스의 「리알토 다리 Rialto Bridge」다. 베니스 대운하를 가로지르는 「리알토 다리」는 3년의 공사기간을 거친 후 1591년에 개장했다. 다리를 주제로 한 설계 대회에서 안토니오 다 폰테가 유명한 미칼렌젤로 부오나로티와 건축가 안드레아 팔라디오를 제치고 우승을 차지해서 만들어진 다리이다. 이 다리를 유명하게 만든 것은 베네치아의 첫 번째 다리와 아치 모양의 아름다움, 그리고 다리 위에 있는 아케이드 점포이다. 「리알토 다리」는 세 개의 육교로 구성되어있는데 두 개 육교는 바깥을 볼 수 있게 설계되어있고 나머지 한 개는 실내 상점을 지나간다. 이 상점에서는 주얼리, 리넨 등을 판다. 오랜기간 「리알토 다리」는 상권의 중심으로 자리하고 있다. 이 다리는 베니스 여행객들에게 가장 유명한 장소로 꼽히고 있다.

이같은 다리의 역할에 주목하여 국내에서도 세종시에서 다리를 이용한 도시 특화를 선언했다. 「행복도시」에는 금강 · 미호천을 가로지르는 장대교량 9곳을 비롯해 제천 · 방축천의 소교량 등 총 83개의 교량이 건설된다고 한다. '행복청'과 'LH'에서

▌그림 3-26 | 이탈리아 베니스의 리알토 다리

는 이들 교량에 창의적인 디자인과 다양한 공법 · 신기술 등을 적용해 교량 하나하나를 특성화시키고 이를 통해 도시전체가 하나의 커다란 교량박물관 기능을 하도록 할 계획을 발표했다. 또한 행복도시 홍보관 내에 별도의 교량전시실을 마련해 행복도시 교량을 비롯한 국내외 유명 교량에 대한 정보를 한데 모아 교량전문가와 전공학생, 일반시민들이 행복도시에 오면 교량에 관한 모든 정보를 쉽게 얻을 수 있도록 교육의 장으로도 활용하고 있다. 아울러 교량 · 하천 · 자전거도로 · 둘레길 등을 상호 연계하고 스토리텔링도 발굴해 행복도시만의 독특한 관광자원으로 활용하는 방안도 검토하고 있다. 2016년 말 기준 현재까지 행복도시 교량은 총 52곳이 사장교, 아치교, 엑스트라 · 도즈드교 E/D, 라멘교 등 다양한 교량공법으로 건설됐으며, 다수의 신기술 · 특허가 적용되어 말그대로 교량의 박물관 역할을 하는 도시가 되었다.

특히 행복도시의 남측 관문인 「한두리교」는 국내최초의 비대칭 곡선주탑 사장교로 지어져서 보는 방향에 따라 모양이 달라진다는 특색을 갖는다. 「학나래교」는 국내최초 V형주탑 엑스트라 도즈드교로 건설됐으며, 금강의 아름다움과 첫마을 아파트 등이 함께 어우러져 행복도시의 대표적인 랜드마크로 많은 사랑을 받고 있다. 그 결과

세종시는 교량도시로 도시의 격을 높인다는 계획에 어긋나지 않고 있는 것 같다. 세종시의 다리에서 횡으로 가로보가 없다면 운전자 시인성이 좋아진다는 점을 반영하는 등의 기술적 부문 가미를 통해 이루어지는 교량을 통한 도시 가치 증진 작업은 타 지역보다는 교량이 주변 환경과 어우러져 보이는 부분에 초점을 두고 있다.

인천공항철도 노선 주변에도 교량전시장으로 일컬어도 손색이 없을 만큼 다양한 형식의 교량이 많다. 열차가 달리는 영종대교와 마곡대교, 차창 밖으로 방화대교와 가양대교를 만나고, 공항철도 노선과 나란히 이어지는 아라뱃길에는 무려 14개의 다리가 저마다의 자태를 자랑한다.

소규모의 다리로서 의미를 찾아 볼 수 있는 경기도 시흥시에는 갯골생태공원의 생태교량으로 자선거 다리가 있다. 「**자선거다리**」는 시흥시가 갯골생태공원을 이용하는 방문객의 편의를 위해 방산대교 옆에 조성한 생태 교량으로 처음에는 미래를 키우는 생명의 도시라는 의미를 담아 '미생의 다리'라 불리다가 후에 정식 명칭을 「**자전거다리**」로 하였으나 지금도 미생의 다리로 더 많이 알려진 곳이다. 2015년 이 자전거다리가 생기기 전에는 걷거나 자전거를 타는 사람들이 갯골에 막혀 발길을 돌려야 했던 곳이었으나 교량 설치로 공원을 크게 한 바퀴 돌 수 있게 되었다. 네 개의 시흥갯골 탐방코스 중 D 코스에 있는 언뜻 보기에 주변과 어울릴 것 같지 않은 「**자전거다리**」는 주변 생태환경과 어우러져 묘한 아름다움을 선사한다. 사진 애호가들이 더 많이 찾는 곳으로 일출이나 일몰 명소로 자리 잡은 곳이다.

이상과 같이 다리(교량)도 얼마든지 도시의 랜드마크가 될 수 있는 소재이다. 그리고 교량은 한번 만들어지면 수십 년, 길게는 100년 이상을 가는 내구성을 갖는다. 따라서 교량 설계는 그 자체만을 위한 디자인을 넘어, 장소에 대한 통합적인 안목과 도시의 장기적인 변화상을 고려하여 이루어져야 할 것이다. 지형의 한 부분을 만들어간다는 생각으로 기술·비용 등의 관계를 최적화할 때 장소에 적합한 가치와 아름다움을 지닌 교량이 탄생할 수 있음을 알아야 할 것이다.

다리 아래, 시민들의 삶을 꾸미다.

도시의 고가도로는 도심의 교통난을 해소하고 현대적인 도로로서의 자부심의 대상이었지만 많은 유휴공간有休空間을 만들었고, 그 아래는 쓰레기 집하장 및 창고 등 시민들의 무절제한 공간 사용으로 인해 지역의 계획적인 공공장소의 공간 활용보다, 소외된 지역으로 인식되고 있으며, 보행자의 활동과 연결이 되는 곳에서는 장소성과는 무관한 시설이 되어있기도 하여 외면되고 사용성이 떨어진다. 이는 도시내 많은 다리에서도 비슷한 상황이다.

「고가도로 하부공간」은 상부구조물로 인해 압박감 있는 어두운 공간이 되기 쉽고 더러워지는 경우가 종종 있다. 현재, 서울시 대부분의 고가차도 하부도로는 차도, 적재물 창고, 주차 공간, 단속 초소 등 다목적으로 활용되고 있으나 유지관리가 제대로 되질 않아 슬럼화 되고 있다.

일부 고가차도 구간은 전체 도로 폭원에서 고가차도가 차지하는 비중이 높아 상당 부분의 하부공간을 고가차도가 가리고 있어 하부공간이 매우 어두우며, 이로 인해 압박감을 주는 공간이 되고 있다. 이외에도 고가차도 밑이 비교적 넓음에도 불구하고 교각 등으로 인해 비효율적 도로 공간이 되어버린 곳들도 있다.

보통 「고가도로 아래」는 일반적인 차도로 활용되거나 단순하게 주변 주거지 근처의 단순 통행로, 또는 조경구역으로 활용되고 있다. 그나마 단순 기능 도입으로 공용주차장으로 활용하거나 지하공간을 위한 환풍구 등으로 사용되는 게 대부분이다.

이에 「하부공간」의 적극적 이용으로 변신하는 사례[18]가 늘고 있다. 도시경관 개념을 도입한 사례로서' 서소문고가차도 하부'처럼 정비계획을 통해 독창적 조형물로 태어나거나 '옥수역 공공프로젝트', 충남 아산의 '온양온천역 하부교각의 공공예술프로젝트'가 있다. 도심공원 운영사례로는 서대문구 홍은동에서부터 마

18) 남상국 · 이재규(2012), 도시 교량 하부 공간 활용에 관한 연구, 한국공간디자인학회 논문집 제7권 1호 통권19호, pp.48~49.

포구까지 이어지는 내부순환도로 하부의 친수공간, 수원 율전동 성대역 주변의 하부공간 계단형 분수대 사례가 있다. 더 나아가 상업시설로 이용하거나 체육시설로 이용한 경우도 나타나고 있다.

그림 3-27 | 서울 내부간선로 아래의 활용 모습
(공원, 트랙, 운동기구, 산책로 미술관 (©june))

독일의 경우, 지상철 구간중 많은 곳에서 철도시설 하부공간을 상업시설로 리모델링하여 활용하고 있다. 특히 지하철 역사 출입구 부분과 인접된 건축물의 가로는 자연스럽게 소규모 Mall이 형성되어 활성화 되어 있다.

「고가도로 하부공간」 활용의 대표적인 사례로 영국 런던의 교외 서쪽에 위치한 「웨스트웨이 Westway 마을의 고가도로 하부 공간」이 있다. 이 공간은 조성 배경의 아픔이 있다. 이 고가도로는 도시고속도로 건설의 일환으로 1970년에 개통되었는데 총 1.4km의 거리이다. 웨스트웨이라는 이름으로 불리는 이 고가도로의 건설을 위해 4년간 지속된 공사기간 내내, 이곳 지역주민들은 끊임없이 공사현장에서 들려오는 소음과 분진, 그리고 24시간 내내 켜져 있는 불빛으로 정부에 대한 불만과 스트레스가 점점 쌓여만 갔다. 특히 웨스트웨이가 갈라놓은 노스 켄싱턴 지역은 많은 이민자들이 모여 사는 빈곤지역으로, 고가도로 개통 후에도 고가도로로부터 불과 20피트 약 6미터 떨어져 있는 곳에 주거공간이 밀집되어 있었다. 1966년 건설로 주변에 살던 1,000명의 노동자가 이주해야 했고 주택 600호를 철거했기 때문에 주민들의 반대가 컸고, 소음 · 진동으로 인한 반대도 있었다. 도로가 개통하면서는 매일 평균 47,000대의 차량이 지나다니며 만들어내는 소음과 대기오염은 주민들의 주거환경을 위협하였다. 고가도로 건설 이전부터 어린이를 위한 안전한 놀이공간을 포함한 쾌적한 공공공간이 절대적으로 부족했던 지역주민들에게 고가도로의 개통은, 그들의 분노를 폭발시켰고 결국 그들은 거리로 나와 그들의 요구사항을 거세게 외치기 시작하였다. 주거지역으로 받아들이기 힘든 환경개선을 위한 특단의 조치를 런던 시정부에 요구하는 거리의 데모가 연일 계속되었던 것이다.

1966년 도시고속도로 건설 착공을 계기로 젊은 지역 활동가들은 지역의 지원을 받아 고속도로 예정 공지를 놀이터로 이용하여 어린이들이 마음껏 놀 수 있게 하려는데 뜻을 모았다. 그러나 고가 아래 토지의 지주였던 대런던청은 1967년 '교차부 아래의 대공간은 공원녹지, 중앙은 버스 주차장으로 이용한다'는 안을 내놓았다. 이에 주민들은 1968년 봄 보육원, 공원, 스포츠센터, 예술센터, 창고, 레스토랑을 포함한 종합적인 '대체안'을 독자적으로 정리했고 이를 행정기관에 통보하였다. 이 안을 계기로 '주민조직', '대런던청', '지자체'가 참여하는 회의체가 설립되고 그 지역의 유력자들이 적극적인 관심을 갖게 된 것이다. 이러한 과정 속에서 어린이놀이터를 만드는 커뮤니티의 모임은 점차 지역조직으로 인정받게 되고 '모터웨이 마을 만들기 사업체'로 발전되었고 1976년 시설이 완공된 이후 고가아래의 스포츠 레크리에이션 시설의 운영 이익금을 마을 만들기 사업에 이용하고 있다. 한편, 영국에서 발룬터리 조직은 사회적 기업화로 정부 및 시장원리에서 독립성을 획득해 파트너십의 주체로서 존재감을 높이고, 나아가서는 지역 커뮤니티에서 거버넌스로의 가능성을 열고자 하는 목적성을 갖는다. 「**웨스트웨이 마을**」의 경우 고가도로 공간을 사회적 사업의 수단으로 활용하고 있다.[19)]

19) 김연금(2011), 경의선 철도공원의 문화적 개선방안 연구, 한국문화관광연구원, pp.53~54.

「웨스트웨이 사례」가 시사하는 바는 다양하다. 현재 90%의 재정자립도를 이루고 다양한 주민프로그램을 제공해온 웨스트웨이 개발신탁의 40년 역사는 순탄하지만은 않았다. 웨스트웨이 개발신탁은 매순간 중요한 도전을 해결해 나가며 다음과 같은 그들만의 창조적인 노하우를 보유하게 되었다.

첫째, 어떠한 조건과 제약을 갖고 있는 공간이라도 창조적으로 활용할 수 있는 노하우를 갖게 된 것이다. 고가도로 아래의 버려진 공간의 활용은 예상하지 못했던 까다로운 절차가 요구되는 곳으로 공간의 활용 권리는 런던 시정부의 무상임대를 통해 이양 받았으나, 다음으로 넘어야 할 산은 '런던교통국Transportation of London'과 합의를 해야 할 복잡한 사용조건이었다. 고가도로 아래의 시설들은 고가도로의 안전에 방해가 되지 않는 선에서 이용되어야 하기 때문에, 안전관련 까다로운 규제와 각종 건축법을 충족시킬 수 있는 혁신적이고 창의적인 방법이 필요하였다. 예를 들어, 고가도로상의 화재 시 소방차의 접근이 용이하도록 고가도로 아래에는 영구적인 건축물에 대한 허가가 나지 않는다. 이러한 조건을 만족시키기 위해, 웨스트웨이의 시설 및 스포츠 공간은 80% 이상이 언제든지 쉽게 철거가 가능한 천장과 이어지는 구조물이 없는 형태로 만들어져 있다고 한다. 화재발생시 철거가 용이하도록 조립식 가건물의 형태로 스포츠와 레저공간 등을 만들어 낸 것이다. 이러한 제약에도 불구하고 런던 최대의 실내 암벽장 시설과 풋볼 경기장, 실내 테니스 코트 등이 주민들에게 사랑받는 시설로 창조되어 이용되고 있다.

둘째, 수익성을 최대화하는 동시에 지역주민의 수요를 충족시킬 수 있는 창조적 공간 활용의 노하우를 갖게 되었다. 웨스트웨이 개발신탁의 공간 활용의 탁월성은 수익성과 지역주민을 위한 공공의 목적, 두 마리 토끼를 함께 잡는 역량에서 빛을 발했다. 「웨스트웨이 고가도로」가 위치한 지역은 런던 최대의 골동품시장으로 명성을 갖고 있는 '포토벨로 마켓'의 끝자락에 위치해 있다. '포토벨로 마켓'을 방문하는 많은 관광객과 런던 시민들은 마켓 끝에 위치한 「웨스트웨이 고가도로」 밑의 빈티지 패션 마켓, 팝업 시네마 등도 잊지 않고 함께 이용한다. 이를 통해 네트워크와 타 상품과 연계의 중요성을 이해하게 된다. 빈티지 패션 마켓은 웨스트웨이 개발신탁이 직접 기획, 관리, 운영하는 런던시에서 가장 유명한 빈티지 패션 마켓 중 하나이며, 팝업 시네마는 지역의 독립영화 제작자와 배급자가 기획하고 운영하는 것으로 웨스트웨이 개발신탁이 지원하는 프로젝트이다. 이들의 특성은 이미 웨스트웨이 개발신탁의 초창기, 지역의 카라비안 이민자들이 주축이 되어 시작한 '노팅힐 카니발'처럼, 지역주민의 예술적 문화적 감수성을 불어넣은 런던의 고유한 유명 문화 상품을 만들어 내고 있다는 점이다. 웨스트웨이 개발신탁의 공간 활용 노하우는 의도적으로 짜투리 공간에 문화적 트렌드를 만들어낼 수 있는 새로운 단기 기획 프로그램을 지속적으로 시도한다는 점에 있다는 것을 강조한다. 이처럼 전세계에 존재하는 모든 민족과 인종들이 다 모여 있다는 평을 받고 있는 런던 중심부 한복판에서, 웨스트웨이 개발신탁은 이민자 주민들이 주축이 되는 놀이의 장과 문화상품을 끊임없이 개발하고 있다. 빈티지 패션 마켓 옆에 위치한 작은 광장에서는 주민들과 독립 아티스트들이 주도하는 다양한 전시회, 페스티벌, 파티 등이 수시로 열린다. 이러한 독특한 문화적 예술적 분위기를 만들어냄으로써, 빈곤층 주민들과 함께 런던의 다양한 시민들과 관광객들이 웨스트웨이가 직접 운영하는 시장과 스포츠센터, 문화프로그램의 이용객으로 참가하여 기꺼이 그들의 지갑을 열고 있다. 동시에 이러한 프로그램을 주도적으로 기획하고 운영하는 사람들을 주민들 중에서 발굴해내어, 그들의 문화적 창작 욕구를 발현시키는 동시에, 런던 내 다양한 그룹의 시민들이 서로 다른 문화를 이해할 수 있는 사회통합의 역할을 하고 있다.

셋째, 신뢰를 바탕으로 이루어진 민관 거버넌스 모델 수립이다. 두말할 것 없이 웨스트웨이 발전의 시작은 지역 주민 그룹이 제안한 지역개발 계획안을 런던시와 켄싱턴/첼시구가 승인하고, 고가도로 밑 유휴지를 무상으로 100년이라는 장기간 임대를 결정한 것과 1975년에 60만 파운드(약 10억 원)라는 대규모 개발자금을 보조한 것이다. 이러한 결과는 서로간의 불신으로 시작된 갈등이 초창기 10

여 년간 민관이 함께 참여하는 이사회를 구성하여 지역발전의 최선의 방책이 무엇인지를 장기간 함께 고민하고, 함께 현실화해나가면서 서로에 대한 신뢰를 쌓는 과정에서 만들어진 결과이다. 심지어 무상임대 기간인 100년이 종료되기까지 50여년의 시간이 남았음에도 불구하고, 이미 무상임대 기간 연장을 위한 협상을 런던시와 시작했다는 점에서 서로 다른 입장의 민과 관이 신뢰할 수 있는 합의안을 만들기 위해서, 우리로서는 상상할 수 없는 기간인 임대종료까지의 향후 50년 동안 함께 수긍할 수 있는 비전과 계획을 만들려는 노력을 기울인다는 것이다.

넷째, 지역주민을 비롯한 이해관계자들과의 신뢰쌓기의 노하우 확보이다. 웨스트웨이 개발신탁이 기획, 관리, 운영하고 있는 공간은 그 규모와 임대인, 이용자수를 고려해보면 결코 작지 않은 공간이다. 다시 말해 다양한 성격과 적지 않은 숫자의 서로 다른 이해관계자들이 다양한 용도와 방식으로 공간을 이용하고 있다. 이들 공간의 임대인과 이용자들은 자신만의 개인적 혜택만을 추구하는 것이 아니라, 지역 내 서로 다른 이해관계자 그룹들에게 골고루 혜택이 돌아가는 공간이용 방식에 동참해오고 있다. 이것이 가능하도록 한 것이 「웨스트웨이」의 또 다른 노하우이다. 예를 들어, 팝업시네마의 경우 「웨스트웨이」는 이를 기획하고 운영하는 독립영화 기획자와 배급자들에게 1년이라는 단기 임대만을 계약하고, 매년 이 프로젝트의 결과가 지역주민에게 어떠한 긍정적 효과를 가져다주었는지를 검토한 후 재계약을 체결한다. 이 과정에서 이들 프로젝트 기획/운영자들이 독립적인 사업체로 나설 수 있는 지원방법들도 함께 검토한다. 빈티지 마켓과 수공예품 아케이드 상인의 경우 지역주민을 위한 페스티벌이나 다양한 프로그램에 참여하는 것 등을 조건으로 임대계약을 맺는다고 한다. 이처럼 공간을 이용하는 모든 이들이 「웨스트웨이」의 리더십 하에 개인뿐 아니라 공동체를 위한 공간이용을 하고 있음을 항상 인지하고, 서로를 돕는 활동을 할 수 있는 기회를 지속적으로 제공하고 있다. 같은 목적으로 「웨스트웨이」의 다양한 스포츠/교육 프로그램은 지역의 초중등학교 및 주민센터와 연계하여, 좀 더 넓은 지역의 다양한 주민들이 동참하여 웨스트웨이의 지역개발여행에 함께 참여하도록 유도하고 있다.

지금도 웨스트웨이 개발 신탁에서는 지역주민들과 한 배를 탔다는 생각으로 지역주민이 이해하고 받아들이기 전까진 어떠한 것도 함부로 행동에 옮기지 않는다고 한다. 이 같은 자세로 한때 버림받은 주민들이 그들의 창조적 아이디어로 버려진 유휴지를 부활시켜, 런던시 최고의 커뮤니티 재생지역으로 지속시켜온 힘으로 볼 수 있는 것이다.

국내에도 고가도로 하부 공간을 활용한 몇몇 사례가 있다. 서울 성북구에 있는 「**미아리고개 예술극장**」은 미아리고개 고가 하부의 방치된 공간을 공공미술 작품, 공연장, 전시장 등으로 활용하기 위해 탄생한 문화시설이다. 공공미술 작가들이 주민들의 일상을 개선시킬 수 있는 공간을 구축하고 건축가는 고가차도 하부 공간을 개선시켜 지역에 새로운 활력을 불어넣었다는 평가를 받고 있다. '미아리고개 예술극장'은 개운산 둘레길과 이어져 있으며 개운산 둘레길은 울긋불긋한 단풍 아래 북한산을 조망하며 가볍게 걸을 수 있는 산책길로 주변 지역민들에게 인기가 높다. 이곳은 나름의 장치가 있다. 교각 아래 있는 극장으로 미아리 고가 아래 나무계단을 통해 만날 수 있는 미아리 성벽을 끼고 있는 야외로비, 성벽의 입구가 극장 안에 들어와 있는 듯한 성벽 기둥은 장소의 독특함을 더해 주고 있다.

그림 3-28 | 미아리고개 예술극장모습 (ⓒ성북문화재단/ 미아리고개예술극장)

그러나 우리나라에도 고속도로 교량 하부, 지상철 구간의 하부 구간은 법적으로 건축물이 설치될 수 없는 구간이나 실제로는 불법주차장, 인근공사 현장 사무실 등 가설건축물이 존재하여 도시환경에 악영향을 끼치고 있다. 따라서 법적 개정을 통해 공공시설 또는 상업시설로 용도변경하여 공공공간으로서의 기능을 할 수 있도록 열어주는 것도 방법이 될 수 있을 것이다.

넓은 하부공간의 경우 공익의 목적으로 쓰이고 있는 곳이 많지만 마땅히 보행자의 활동과 연결이 되는 곳에서는 공간 활용의 어려움이 있다. 공공장소로서의 활용을 극대화 한 도시교량 고가도로 중심 하부공간의 사용성과 도시에서의 삶의 질 향상을 위한 도시환경 발전을 위하여 대안이 필요하다. 고속화도로나 순환도로는 오히려 사유토지의 사용이 적은 고가 도로화로 진행되고 있으며 그로 인해 하부공간에 쾌적성을 부여하고 활용하는 것이 중요한 과제로 인식되고 있다. 체계적인 디자인과 관리를 통하여, 쾌적한 거리 환경 및 도시, 더 나아가 국가적 이미지를 확립하는데 기여해야할 것이다.

교각하부같은 공간을 활용하기 위해서 항상 떠올리는 말이 있다. "보이지 않는 곳도 아름답게 해야 한다." 몇 년 전에 수도권의 모 지자체와 공간활용방안을 고민하다가 나온 말이다. 그 것도 교각 하부공간을 재활용하자는 민원을 적은 글에서 본 말이다. 「**교각**」이나 「**고가도로 하부공간**」, 그리고 「**버려있는 공간**」을 볼 때 항상 생각하는 말이다. 아마도 이 명제 하나면 해결책이 나오지 않을까 생각해 본다. 그리고 여기에 더해 본다. "짜투리땅도 소홀히 해서는 안된다"라고 말이다.

에필로그

그리고, 온리 원(Only One)

본문을 정리하면, 도시 가치의 핵심은 전달하고자 하는 "**메시지**"의 중요성과 이를 달성하기 위해서 필요한 "**컨텐츠**"를 무엇으로 할 것인가, 그리고 최종적으로는 모든 행위의 최종점은 도시에서 살고 있는 "**시민**"을 향해야 한다는 것이다.

페이팔 마피아의 일원으로 페이스북 등에 초기 투자했던 피터 틸(Peter Thiel)은 그의 책 "제로 투 원(Zero to One)"에서 새로운 시장을 창조하고(0 to 1) 그 시장을 독점해야 한다고 강조했다. 이미 존재하는 시장에 n번째로 진입하는 경쟁을 피할 것을 당부하고 있는 것이다. 따라서 넘버원(NUMBER ONE)이 아니라 온리 원(ONLY ONE)이어야 한다고 밝혔다. 하지만 여전히 대부분의 기업들은 새로운 시장을 창출하기보다는 이미 시장에서 자리 잡기 시작한 비즈니스를 벤치마킹하는 방법을 택하고 있는 것이 현실이다.

최근 여러 도시에서 도시 만들기와 가치 올리기 작업에 심혈을 기울이고 있다. 이 같은 현상은 세계 각국이나 국내 상황 모두 마찬가지이다. 다양하고도 많은 여러 도시들이 여기저기에서 치열한 경쟁을 하고 있다. 이 같은 경쟁 속에서 도시만의 차별성이 정책과 추진에 있어 중요한 포인트가 되고 있다. 그 결과, 각기 성공하기 위한 다양한 전략이 동원되는데 그 중에 하나가 "**Only One**"이다.

이는 해당 도시나 시설에만 유일하게 있는 것을 말한다. 예로써 일본의 후나바시시(船橋市)는 "ONLY ONE CITY, FUNABASHI"라는 표어를 만들어 商工業戦略계획을 수립해 도시를 알리고 있다.

"**Only One**"은 도시의 정체성을 표명하는 데 활용되는 전술로서 우리 주변의 도시에도 적용할 수 있다는 점에서 주목할 필요가 있다. 특히 성공 사례가 많은 분야는 '상업시설'이다. 해당 상업시설에서 테넌트와 상품들을 만나볼 수 있도록 자리 잡은 시설을 말하는데, 유명한 성공 사례는 일본 동경의 「롯폰기 힐즈」이다. 「롯폰기 힐즈」는 여러 가지 다양한 의미를 가지고 있는 도심 복합 개발사례로, 일본 최대 규모의 기성 시가지 재개발 사업으로 사무실, 공동주택, 호텔, 점포, 미술관, 영화관, 학교, TV방송국 등이 들어선 복합시설이다.

민간주도형 공동 재개발 사업으로 완성된 이 시설의 개발에는 400여명 지권자(땅주인)의 의향을 조정하고, 도시계획 결정을 위한 내용과 절차의 합의 및 주민참여 등으로 약 17년(주민 설득기간 14년)이라는 오랜 시간이 소요되었다. 그 결과 「롯폰기 힐즈」는 정주인구 약 2,000여명, 취업인구 약 20,000여명, 내왕객수는 1일 10만 명에 이르는 새로운 도시 시설로 탄생하게 되었다. 원주민들과 1,000번이 넘는 회의를 하게 되는데 그 과정 속에서 14년이란 세월이 걸린, 우리나라의 개발상황에서는 상상하기 힘든 개발사례인 것이다.

개발 컨셉으로는 아크힐즈(ARK HILLS)를 모델로 문화도시의 창조를 내세워 문화도심을 컨셉으로 직(職), 주(住), 유(遊), 문화(文化)의 복합도시를 창출하고, 주택과 상업, 업무시설의 조화로운 공존을 이루어낸 사례라 할 수 있다. 이때, 「롯폰기 힐즈」 상업존에 대한 MD전략이 "Only One"이라는 컨셉으로 일본 전역에서 「롯폰기 힐즈」에만 있는, 또는 1호점 등의 형태로 상업시설이 들어선 것이다.

입점 매장들은 고급주거단지 및 상업시설에 맞춰 최고급명품 매장이거나 일본 업계 1위에서 10위까지의 브랜드만 입점시켰다. 또 입점업체들은 온리 원(only one)의 원칙에 의해 「롯폰기 힐즈」에서만 볼 수 있는 상품을 선보여야 한다는 것이 입점조건이었다. 식음료점들 역시 「롯폰기 힐즈」에서만 파는 메뉴 1가지씩 개발해야 했다. 그래도 모두 롯폰기 측의 요구를 수용하였고, 개장 당시 선풍적 인기를 끌었던 것이다.

이는 상업시설을 뛰어넘어 최근 환승객 유치도 중요하게 된 공항에서도 적용되고 있다. 2010년 새로 단장한 일본 동경 하네다 공항의 국제선터미널에서도 최초 설계부터 "Made In JAPAN, Haneda Only One" 컨셉을 적용한 것이다. 외국브랜드가 없이 일본내 브랜드만 모여 있다는 점은 많은 관광객에게 어필이 될 수 있는 상황인 것이다. 이는 서울의 인사동이나 명동, 동대문, 전국 공항, 철도역, 관광지 등 어디를 가도 특별함이 없이 다른 지역에 있는 정체불명의 상품이 넘쳐나는 우리의 상황에 시사하는 바가 크다. 심지어 일본의 경우는 해당 역에서만 먹을 수 있는 "역도시락: 에키벤 "이 많다. 관광상품 중에 전국의 에키벤만 찾아다니는 코스도 존재한다는 점에서 우리의 코레일에서 파는 "레일락"이 전국 어디서든 똑같게 판매된다는 점을 비교해보면, 그 차이는 더욱 드러나게 된다. 「Made in KOREA」를 갈망하는 외국인들에게 분명히 "Made in KOREA" 상품만 모여 있는 곳은 그 가능성이 충분할 것이다.

물론 최근에는 "Only One"이 무조건적으로 시설의 성공을 부르는 것은 아니다. 이제는 고객이 상품만 사러 오는 것이 아니고, 분위기를 즐기러 온다는 점에서 이제 "Only One"전략은 필요 없다 라고 주장하는 그룹도 있으나 해당 시설에서만 가능한 "Only One"의 컨셉을 제대로만 이해한다면, 얼마든지 앞으로 들어서는 시설에서도 활용할 수 있는 전략인 것이다. 그리고 이는 도시로, 지역으로, 국가 전체로 얼마든지 확대하여 사용할 수 있을 것이다.

필자는 기존 경영서처럼 레드 오션을 떠나 블루오션 시장을 가자는 것이 아니다. 수많은 경쟁자 중에서 "Best One"이 되는 것이 아니라 수많은 경쟁자 중에서 "Only One"이 되어야 만이 작은 도시도 얼마든지 자신만의 자리를 차지하여 경쟁하지 않고도 유일함과 독특함으로 세상의 변화를 주도할 수 있다는 것을 말하고자 한다. 내용적으로는 전달 메시지가 확고해야 할 것이고, 이는 다양한 컨텐츠 개발을 통해 달성할 수 있을 것이다.

우리나라만의, 우리 지역만의, 우리 도시만의, 우리 시설만의, 그리고 나만의 "Only One"은 무엇이고, 어떻게 적용해야 할까? 숙제다.